经济数学基础丛书

丛书主编　陶前功

高等数学（下）

（第二版）

陶前功　曾艳妮　主编

科学出版社

北京

内 容 简 介

  本套书是依据教育部《经济管理类数学课程教学基本要求》,针对高等学校经济类、管理类各专业的教学实际编写的高等数学教材或微积分课程教材,分上、下两册. 本书是下册,内容包括微分方程与差分方程、无穷级数、多元函数微分学、二重积分. 每节后配有(A)、(B)两组习题,每章后配有总习题,(B)组习题为满足有较高要求的读者配备,题型丰富,梯度难度恰到好处.

  本书适合经济、管理、部分理工科(非数学)、社科、人文等各专业学生使用.

图书在版编目(CIP)数据

高等数学.下/陶前功,曾艳妮主编. —2 版. —北京:科学出版社,2022.8
(经济数学基础丛书/陶前功主编)
ISBN 978-7-03-072604-9

Ⅰ.① 高… Ⅱ.① 陶… ②曾… Ⅲ.① 高等数学-高等学校-教材
Ⅳ.① O13

中国版本图书馆 CIP 数据核字(2022)第 112761 号

责任编辑:吉正霞/责任校对:杨 然
责任印制:彭 超/封面设计:图阅盛世

科学出版社 出版
北京东黄城根北街 16 号
邮政编码:100717
http://www.sciencep.com

武汉市首壹印务有限公司印刷
科学出版社发行 各地新华书店经销
*
开本:787×1092 1/16
2022 年 8 月第 二 版 印张:14 1/4
2022 年 8 月第一次印刷 字数:365 000
定价:48.00 元
(如有印装质量问题,我社负责调换)

第二版前言

本套教材基于科学性和应用性的有机结合、提高大学生的数学素质、适用面广的特色，自 2012 年出版以来，深受读者欢迎. 本套教材体现了语言准确、通俗易懂、深入浅出的特点，通过数学知识、数学能力、数学思维的融合，既能适应经济管理类专业对高等数学的知识能力要求，也兼顾了部分学生进一步学习深造的需求.

第一版出版已经 10 年了，我国科学技术和社会经济取得了巨大的发展，特别是信息技术的广泛应用，影响着人们的生活、工作和学习，其他专业对数学的要求也有所变化. 因此我们进行了改版，第二版在保持第一版特色的基础上，更加体现了如下几个特点.

（1）内容编排的科学性. 在内容安排和习题安排上由浅入深，符合认知规律，概念表述力求严谨，逻辑清晰，尽可能通过生活生产实际背景引入数学概念，便于学生理解与掌握.

（2）教材内容的先进性. 教材充分考虑内容的更新，选入一些相应学科的新思想、新要求的材料，充实教材内容，以适应新时代教育发展和教学改革创新的需要.

（3）教材内容的适用性. 教学是教师和学生共同完成的一个知识传授的过程，在这个过程中教材是根本也是媒介. 教材在概念、性质、推理演绎、例题和习题的选配等方面，都是从教学的实际要求出发，遵循教学活动自身的规律性，方便教师讲授和学生学习.

（4）教材内容的信息化技术应用. 教材在重点难点内容处补充视频等信息化材料，方便学生学习.

（5）课程思政的案例. 教材增加高等数学课程思政导引，为教师在教学中进行课程思政提供参考.

本套教材仍然分为上、下两册，上册由陶前功、严培胜任主编，游丽霞、刘云芳任副主编；下册由陶前功、曾艳妮任主编，郑昌红、刘云芳、严培胜任副主编.

参加本套教材编写的作者都是多年从事数学教学研究的学者，有丰富的教学经验，在编写中紧扣教学大纲的要求，结合自身的教学实践，研究学习同类教材，取长补短，使本套教材具有一定的新意和特色. 相信本套教材在使用的过程中，能够教学相长，在教育教学改革中发挥一定的作用.

本套教材在编写过程中参考了许多同类教材，得到了很多学校和教学管理部门的大力支持和指导，在此特别致谢！同时也希望在使用的过程中得到老师和同学的指导意见，以便在教学实践中不断完善.

编 者
2021 年 5 月

前　言

  本书是依据教育部《经济管理类数学课程教学基本要求》，针对高等学校经济类、管理类各专业的教学实际编写的高等数学或微积分课程教材.

  高等数学课程对经济类、管理类专业来说"非常重要"是普遍认同的. 在当前高等教育从精英化走向大众化的趋势下，高等数学课程在教与学两方面都产生了新的要求与挑战. 一方面，学生的数学基础更加参差不齐；另一方面，现代社会对人才的数学素质要求越来越高. 如何体现"数学教育不仅是培养现代专业技术人才最重要的素质教育，也是人才培养的关键因素"，如何实施将数学教学重点从"为专业课提供数学工具"扩展到"提高大学生的数学素质"上来，希望本书所做的尝试是有益的.

  数学有三个层面：一是作为科学思维的数学，它反映人类进行抽象和理性思维的能力；二是作为技术应用的数学，它使数学成为创造社会财富和价值的工具；三是作为文化修养的数学，使数学成为现代人类基本社会素养的一部分. 对于这三个层面，所有教材都希望具备，本教材也不例外. 但我们更侧重于上述二、三两个层面的把握.

  本教材具有以下特色：

  （1）继承与保持传统和经典的《高等数学》（或《微积分》）教材的优点和编排体系.

  （2）强调高等数学在经济管理中的应用. 凡是能够涉及的内容，都尽可能做一些经济学上的诠释，并在例题和习题中加以体现.

  （3）内容展开不简单套用"定义、定理、推论"的形式化演绎. 力求在语言准确的前提下，陈述通俗易懂，深入浅出，推理简洁直观，符合人们普遍的认知和心理过程.

  （4）适当弱化诸如极限、连续、微分、积分等内容的理论要求，强化利用几何直观、经济应用形成抽象概念，加强数学思想的融汇与培养——让概念在应用中形成.

  （5）适当弱化对解题技巧训练的要求，强调基本方法和基本技巧的训练，强化数值方法和软件计算的训练——将繁杂的计算留给计算机完成.

  （6）体现知识、能力、意识三者的关系. 既要讲授知识，还要培养运用知识的能力，更要有运用知识解决问题的意识.

  （7）适当兼顾学生的考研需求. 从教材的内容和结构上注意与考研大纲（数学三）衔接，从例题和（B）组习题上反映考研的典型题型和知识要点.

  （8）为方便学习，每一章都做了内容小结，对本章的基本内容、基本概念、基本方法和技巧做系统归纳.

  本教材分上、下两册. 上册由严培胜、陶前功任主编，曾艳妮、魏小燕、朱奋秀任副主编，易风华、黄传喜、潘志斌、邢婧、游丽霞等参加编写. 内容包括第 1 章：函数、极限与连续，第 2 章：导数与微分，第 3 章：中值定理与导数的应用，第 4 章：不定积分，

第 5 章：定积分及应用. 下册由陶前功、严培胜任主编，谢承义、赵琼、朱奋秀任副主编，耿智琳、陈兰、黄振东等参加编写，内容包括第 6 章：无穷级数，第 7 章：微分方程，第 8 章：多元函数微分学，第 9 章：二重积分. 各章都专设一节编入了 MATLAB 的应用方法作为讲授内容. 书中注有"*"号的内容可供不同专业、不同要求选用.

　　本教材在编写过程中，参考了众多的国内外教材，得到了学校及相关教学单位、教学管理部门和兄弟理学院的大力支持和指导，在此一并特别致谢！

　　由于编者水平有限，教材中疏漏和不足之处一定存在，真诚希望得到专家、同行、读者的批评指正，并在教学实践中不断完善.

编　者

2012 年 6 月

目　　录

第 6 章

微分方程与差分方程

　　微积分的研究对象是函数，因此如何寻找建立函数关系具有重要意义. 在许多实际问题中往往很难直接得到所研究的变量之间的函数关系，但经过适当数据分析处理和简化后，能够建立起关于未知函数的导数或微分的关系式，这种关系式就是微分方程. 例如，物体的冷却、人口的增长、病毒的扩散、新产品销售等都可以归结成微分方程的问题. 通过研究，用一定的方法找出满足方程的未知函数的过程，就称为解微分方程. 求解微分方程即可得到各变量间的函数关系，从而认知实际问题的规律，所以微分方程是数学联系实际，并应用于实际的重要途径和桥梁，是各学科进行科学研究的工具.

　　微分方程是一门独立的数学分支，有完整的理论体系，考虑到微分方程与微积分密切相关且在实际中有广泛应用，本书受篇幅限制，仅简单介绍微分方程的基本概念、几种常见的简单微分方程的解法，以及微分方程在实际中的简单应用.

　　此外，在自然科学、工程技术和社会现象中，很多数据都是按等时间间隔周期统计的，因此有关变量的取值是离散化的，如何寻求它们之间的关系和变化规律呢？差分方程是研究这类离散型数据的有力工具，基于应用的需要，在本章最后一节将简单介绍差分方程的概念、几种简单差分方程的解法及其在经济学中的简单应用.

6.1 微分方程的基本概念

6.1.1 引例

例 6.1.1 一曲线过点$(1, 2)$，且在该曲线上的任意点 $M(x, y)$处的切线的斜率为$2x$，求该曲线的方程.

解 设所求曲线的方程为$y=y(x)$，根据导数的几何意义，可知未知函数$y=y(x)$应满足如下关系：

$$\frac{\mathrm{d}y}{\mathrm{d}x}=2x \tag{6.1.1}$$

又因曲线$y=y(x)$过点$(1, 2)$，故$y=y(x)$应满足条件：

$$y(1)=2 \tag{6.1.2}$$

为求满足式（6.1.1）的未知函数$y=y(x)$，将式（6.1.1）两边积分，得

$$y=\int 2x\,\mathrm{d}x$$

即

$$y=x^2+C \quad (C\text{ 为任意常数})$$

将条件（6.1.2）代入上式得$C=1$，于是所求曲线方程为

$$y=x^2+1$$

式（6.1.1）就是一个微分方程.

例 6.1.2 假设某人以本金 p_0进行一项投资，投资的年利率为r，以连续复利计，求 t年后资金的总额.

解 设 t 时刻（以年为单位）的资金总额为 $p(t)$，且资金没有取出也没有新的投入，则

$$t\text{ 时刻资金总额的变化率}=t\text{ 时刻资金总额获得的利息}$$

即

$$\frac{\mathrm{d}p}{\mathrm{d}t}=rp \tag{6.1.3}$$

显然，未知函数$p(t)$满足下列条件：当 $t=0$ 时，$p(t)=p_0$，记为

$$p\big|_{t=0}=p_0$$

求满足微分方程（6.1.3）的函数$p(t)$的一般方法将在下一节介绍，根据条件 $p\big|_{t=0}=p_0$ 解出 $p=p(t)$，就可得到 t年后资金的总额.

6.1.2 基本概念

一般说来，微分方程就是联系自变量、未知函数与未知函数的导数或微分之间的关系式. 若其中的未知函数是一元函数，则称该微分方程为常微分方程；若未知函数是多元函数，并且在方程中出现偏导数，则称该微分方程为偏微分方程. 本书所介绍的都是常微

分方程，有时就简称微分方程或方程.

在一个常微分方程中，未知函数最高阶导数的阶数，称为方程的阶. 例如，$\dfrac{\mathrm{d}y}{\mathrm{d}x}=2x$ 是一阶微分方程，$y''+2y+x=0$ 是二阶微分方程，$2x^2y'''+x^3(y'')^2-4xy'=9x^2$ 是三阶微分方程等.

一阶常微分方程的一般形式可表示为

$$F(x,\ y,\ y')=0 \tag{6.1.4}$$

如果在式（6.1.4）中能将 y' 解出，那么得到方程

$$y'=f(x,\ y) \tag{6.1.5}$$

或

$$P(x,\ y)\mathrm{d}x+Q(x,\ y)\mathrm{d}y=0 \tag{6.1.6}$$

式（6.1.4）称为一阶隐式方程，式（6.1.5）称为一阶显式方程，式（6.1.6）称为微分形式的一阶方程.

n 阶隐式方程的一般形式为

$$F(x,\ y,\ y',\ \cdots,\ y^{(n)})=0 \tag{6.1.7}$$

如果能从方程（6.1.7）中解出最高阶导数，就得到微分方程

$$y^{(n)}=f(x,\ y,\ y',\ \cdots,\ y^{(n-1)}) \tag{6.1.8}$$

如果方程（6.1.7）可表示为如下形式：

$$y^{(n)}+a_1(x)y^{(n-1)}+\cdots+a_{n-1}(x)y'+a_n(x)y=f(x) \tag{6.1.9}$$

那么称方程（6.1.9）为 n 阶线性微分方程. 其中 $a_1(x),a_2(x),\cdots,a_n(x)$ 和 $f(x)$ 均为自变量 x 的已知函数.

不能表示为形如式（6.1.9）的微分方程，统称为非线性方程.

例如：

（1）方程 $2x\dfrac{\mathrm{d}^2y}{\mathrm{d}x^2}+y=x^2$ 中含有的 $\dfrac{\mathrm{d}^2y}{\mathrm{d}x^2}$ 和 y 都是一次的，故该方程是二阶线性微分方程；

（2）方程 $\left(\dfrac{\mathrm{d}y}{\mathrm{d}x}\right)^2+\dfrac{\mathrm{d}^2y}{\mathrm{d}x^2}=x^2+y$ 中含有 $\dfrac{\mathrm{d}y}{\mathrm{d}x}$ 的平方项，故该方程是二阶非线性微分方程；

（3）方程 $\sin y'''+\mathrm{e}^y=x+1$ 中含有非线性函数 $\sin y'''$ 和 e^y，故该方程是三阶非线性微分方程.

6.1.3　微分方程的解

微分方程的解就是满足方程的函数，可定义如下.

定义 6.1.1　设函数 $y=\varphi(x)$ 在区间 I 上有 n 阶连续导数，若在区间 I 上，有

$$F[x,\ \varphi(x),\ \varphi'(x),\ \varphi''(x),\ \cdots,\ \varphi^{(n)}(x)]=0$$

则称函数 $y=\varphi(x)$ 为微分方程（6.1.7）在区间 I 上的解.

这样，从定义 6.1.1 可以直接验证：

（1）函数 $y=x^2+C$ 是方程 $\dfrac{\mathrm{d}y}{\mathrm{d}x}=2x$ 在区间 $(-\infty,+\infty)$ 内的解，其中 C 为任意常数.

（2）函数 $y = \sin(\arcsin x + C)$ 是方程 $\dfrac{\mathrm{d}y}{\mathrm{d}x} = \dfrac{\sqrt{1-y^2}}{\sqrt{1-x^2}}$ 在区间 $(-1, 1)$ 内的解，其中 C 为任意常数. 又该方程有两个明显的常数解 $y = \pm 1$，这两个解不包含在上述解中.

（3）函数 $y = C_1\cos x + C_2\sin x$ 是方程 $y'' + y = 0$ 在区间 $(-\infty, +\infty)$ 内的解，其中 C_1 和 C_2 为独立的任意常数.

（4）函数 $y^2 = C_1 x + C_2$ 是方程 $yy'' + y'^2 = 0$ 在区间 $(-\infty, +\infty)$ 内的解，其中 C_1 和 C_2 为独立的任意常数.

这里仅验证（3），其余留给读者完成.

事实上，在 $(-\infty, +\infty)$ 内有

$$y' = -C_1\sin x + C_2\cos x$$
$$y'' = -(C_1\cos x + C_2\sin x)$$

所以在 $(-\infty, +\infty)$ 内有

$$y'' + y = 0$$

从而该函数是方程 $y'' + y = 0$ 的解.

从上面的讨论中可以看到一个重要事实，那就是微分方程的解中可以包含任意常数，其中任意常数的个数可以多到与方程的阶数相等，也可以不含任意常数.

一般地，微分方程的不含有任意常数的解称为微分方程的特解；含有相互独立的任意常数，且任意常数的个数与微分方程的阶数相等的解称为微分方程的通解（一般解）. 通解的意思是指，当其中的任意常数取遍所有实数时，就可以得到微分方程的所有解（至多有个别例外）.

注 这里所说的相互独立的任意常数，是指它们不能通过合并而使得通解中的任意常数的个数减少.

由上面的定义不难看出，函数 $y = x^2 + C$，$y = \sin(\arcsin x + C)$，$y = C_1\cos x + C_2\sin x$ 分别是对应方程的通解，而函数 $y = \pm 1$ 是方程 $\dfrac{\mathrm{d}y}{\mathrm{d}x} = \dfrac{\sqrt{1-y^2}}{\sqrt{1-x^2}}$ 的特解.

许多实际问题都需要寻求满足某些附加条件的解，而这些附加条件可以用来确定通解中的任意常数. 例如，例 6.1.1 中根据曲线过点 $(1, 2)$ 这个附加条件可确定 $C=1$，从而得到问题的特解为 $y = x^2 + 1$. 这类附加条件称为初始条件，也称定解条件.

设微分方程中的未知函数为 $y = y(x)$，若微分方程是一阶的，初始条件是 $x = x_0$，则

$$y = y_0 \quad 或 \quad y|_{x=x_0} = y_0 \qquad (6.1.10)$$

其中 x_0, y_0 都是给定的值. 若微分方程是二阶的，初始条件是 $x = x_0$，则

$$y = y_0,\ y' = y_1 \quad 或 \quad y|_{x=x_0} = y_0,\ y'|_{x=x_0} = y_1 \qquad (6.1.11)$$

其中 x_0, y_0, y_1 都是给定的值.

求微分方程满足初值条件的特解的问题称为微分方程的初值问题.

例 6.1.1 中，所求曲线方程 $y = x^2 + 1$ 就是初值问题

$$\begin{cases} \dfrac{\mathrm{d}y}{\mathrm{d}x} = 2x \\ y|_{x=1} = 2 \end{cases}$$

的解.

对于一阶方程，若已求出通解 $y = \varphi(x, C)$，只要将初值条件

$$y(x_0) = y_0$$

代入通解中，得到方程

$$y_0 = \varphi(x_0, C)$$

从中解出 C，设为 C_0，代入通解，即得满足初值条件的解 $y = \varphi(x, C_0)$.

为了便于研究方程解的性质，常常考虑解的图像. 一阶方程（6.1.5）的一个特解 $y = \varphi(x)$ 的图像是 xOy 平面上的一条曲线，称为方程（6.1.5）的积分曲线，而通解 $y = \varphi(x, C)$ 的图像是平面上的一族曲线，称为积分曲线族. 例如：方程（6.1.1）的通解 $y = x^2 + C$ 是 xOy 平面上的一族抛物线；而 $y = x^2$ 是过点 $(0, 0)$ 的一条积分曲线.

例 6.1.3 设一物体的温度为 $100\,℃$，将其放置在空气温度为 $20\,℃$ 的环境中冷却. 根据冷却定律：物体温度的变化率与物体和当时空气温度之差成正比，设物体的温度 T 与时间 t 的函数关系为 $T = T(t)$，则可建立起函数 $T(t)$ 满足的微分方程：

$$\frac{\mathrm{d}T}{\mathrm{d}t} = -k(T - 20)$$

其中 $k\ (k>0)$ 为比例常数. 这就是物体冷却的数学模型.

根据题意，$T = T(t)$ 还需满足条件

$$T|_{t=0} = 100$$

例 6.1.4 设某商品在 t 时刻的售价为 P，该商品的需求量和供给量分别是 P 的函数 $D(P)$，$S(P)$，则在 t 时刻的价格 $P(t)$ 对于时间 t 的变化率可认为与该商品在同时刻的超额需求量 $D(P) - S(P)$ 成正比，即有微分方程

$$\frac{\mathrm{d}P}{\mathrm{d}t} = k[D(P) - S(P)] \quad (k > 0)$$

在 $D(P)$ 和 $S(P)$ 确定情况下，可解出价格与 t 的函数关系，这就是商品的价格调整模型.

例 6.1.5 试指出下列方程是什么方程，并指出微分方程的阶数：

（1）$\dfrac{\mathrm{d}y}{\mathrm{d}x} = x^2 + y$；

（2）$x\left(\dfrac{\mathrm{d}y}{\mathrm{d}x}\right)^2 - 2\dfrac{\mathrm{d}y}{\mathrm{d}x} + 4x = 0$；

（3）$x\dfrac{\mathrm{d}^2 y}{\mathrm{d}x^2} - 2\left(\dfrac{\mathrm{d}y}{\mathrm{d}x}\right)^3 + 5xy = 0$；

（4）$\cos(y'') + \ln y = x + 1$.

解 （1）是一阶线性微分方程，因方程中含有的 $\dfrac{\mathrm{d}y}{\mathrm{d}x}$ 和 y 都是一次方.

（2）是一阶非线性微分方程，因方程中含有 $\dfrac{\mathrm{d}y}{\mathrm{d}x}$ 的平方项.

（3）是二阶非线性微分方程，因方程中含有 $\dfrac{\mathrm{d}y}{\mathrm{d}x}$ 的三次方.

（4）是二阶非线性微分方程，因方程中含有非线性函数 $\cos(y'')$ 和 $\ln y$.

例 6.1.6 求曲线族 $x^2 + Cy^2 = 1$ 满足的微分方程，其中 C 为任意常数.

解 求曲线族所满足的方程，就是求一微分方程，使所给的曲线族正好是该微分方程的积分曲线族. 因此所求微分方程的阶数应与已知曲线族中的任意常数的个数相等. 这里，通过消去任意常数的方法来得到所求的微分方程. 等式 $x^2 + Cy^2 = 1$ 两边对 x 求导得

$$2x + 2Cyy' = 0$$

再从 $x^2 + Cy^2 = 1$ 解出 $C = \dfrac{1-x^2}{y^2}$，代入上式得

$$2x + 2\dfrac{1-x^2}{y^2}yy' = 0$$

化简即得到所求微分方程

$$xy + (1-x^2)y' = 0$$

例 6.1.7 验证函数 $y = (x^2 + C)\sin x$（C 为任意常数）是方程

$$\dfrac{\mathrm{d}y}{\mathrm{d}x} - y\cot x - 2x\sin x = 0$$

的通解，并求满足初始条件 $y|_{x=\frac{\pi}{2}} = 0$ 的特解.

解 要验证一个函数是否是方程的通解，只要将函数代入方程，看是否恒等，再看函数式中所含独立的任意常数的个数是否与方程的阶数相同. 将 $y = (x^2 + C)\sin x$ 求一阶导数，得

$$\dfrac{\mathrm{d}y}{\mathrm{d}x} = 2x\sin x + (x^2 + C)\cos x$$

将 y 和 $\dfrac{\mathrm{d}y}{\mathrm{d}x}$ 代入方程左边得

$$\dfrac{\mathrm{d}y}{\mathrm{d}x} - y\cot x - 2x\sin x = 2x\sin x + (x^2 + C)\cos x - (x^2 + C)\sin x\cot x - 2x\sin x \equiv 0$$

因方程两边恒等，且 y 中含有一个任意常数，故 $y = (x^2 + C)\sin x$ 是题设方程的通解.

将初始条件 $y|_{x=\frac{\pi}{2}} = 0$ 代入通解 $y = (x^2 + C)\sin x$ 中得

$$0 = \dfrac{\pi^2}{4} + C$$

则

$$C = -\dfrac{\pi^2}{4}$$

从而所求特解为

$$y = \left(x^2 - \dfrac{\pi^2}{4}\right)\sin x$$

习 题 6.1

（A）

1. 指出下列微分方程的阶数：

（1）$xy' - y\ln y = 0$；

（2）$(y'')^3 + 5(y')^4 - y^5 + x = 0$；

（3）$xy''' + 5y'' + 2y = 0$；

（4）$\dfrac{\mathrm{d}^2 y}{\mathrm{d}x^2} + \dfrac{\mathrm{d}y}{\mathrm{d}x} + 3y = \cos x$.

2. 指出下列各题中的函数是否为所给微分方程的解：

（1）$xy' = 2y$，$y = 5x^2$；

（2）$y'' = x^2 + y^2$，$y = \dfrac{1}{x}$；

（3）$y'' - \dfrac{2}{x}y' + \dfrac{2y}{x^2} = 0$，$y = C_1 x + C_2 x^2$；

（4）$y'' - (\lambda_1 + \lambda_2)y' + \lambda_1\lambda_2 y = 0$，$y = C_1 e^{\lambda_1 x} + C_2 e^{\lambda_2 x}$；

（5）$y'' + y = 0$，$y = 3\sin x - 4\cos x$；

（6）$xy'' + 2y' - xy = 0$，$xy = C_1 e^x + C_2 e^{-x}$.

3. 在下列各题中确定函数中所含参数，使函数满足所给的初始条件：

（1）$x^2 - y^2 = C$，$y\big|_{x=0} = 5$；

（2）$y = (C_1 + C_2 x)e^{2x}$，$y\big|_{x=0} = 0$，$y'\big|_{x=0} = 1$.

4. 什么叫微分方程？微分方程的通解与特解的区别与联系是什么？

5. 验证由方程 $y = \ln(xy)$ 所确定的函数是微分方程 $(xy - x)y'' + x(y')^2 + yy' - 2y' = 0$ 的解.

6. 验证 $x^2 + 2xy - y^2 = C$ 是微分方程 $y' = \dfrac{y+x}{y-x}$ 的通解，并求满足条件 $y\big|_{x=-2} = 3$ 的特解.

7. 验证 $y = (C_1 + C_2 x)e^{-x}$ 是方程 $y'' + 2y' + y = 0$ 的通解，并求满足条件 $y\big|_{x=0} = 4$，$y'\big|_{x=0} = -2$ 的特解.

8. 曲线上点 $P(x,y)$ 处的法线与 x 轴的交点为 Q，且线段 PQ 被 y 轴平分，写出该曲线满足的微分方程.

9. 求下列微分方程在给定初始条件下的特解：

（1）$y' - 4x^2 + 2x - 1 = 0$，$y(0) = 1$；

（2）$y'' = e^{2x}$，$y(0) = 0$，$y'(0) = 0$；

（3）$y'' = x - \dfrac{2}{x}$，$y\big|_{x=1} = 0$，$y'\big|_{x=1} = 1$.

（B）

1. 验证 $y = x\left(\displaystyle\int \dfrac{e^x}{x}\mathrm{d}x + C\right)$ 是方程 $xy' - y = xe^x$ 的通解.

2. 求以 $y = C_1 e^x + C_2 e^{-x} - x$（$C_1, C_2$ 为任意常数）为通解的微分方程.

3. 设 $f(x) = \sin x - \displaystyle\int_0^x (x-t)f(t)\mathrm{d}t$，其中 f 为连续函数，求 $f(x)$ 所满足的微分方程.

4. 求连续函数 $f(x)$，使其满足 $\displaystyle\int_0^1 f(tx)\mathrm{d}t = f(x) + x\sin x$.

5. 某商品的销售量 x 是价格 P 的函数，若要使该商品的销售收入在价格变化的情况下保持不变，则销售量 x 对价格 P 的函数关系满足什么样的微分方程？在这种情况下，该商品的需求量相对价格 P 的弹性是多少？

6. 肿瘤体积随时间增长，但不是无限增长，当体积接近最大值时，增长率变慢. 所以，肿瘤体积 $V(t)$ 的增长率正比于当时的肿瘤体积 $V(t)$ 与最大可容纳体积和当时的肿瘤体积 $V(t)$ 之差的乘积. 设比例系数为 k，求肿瘤体积增长满足的微分方程.

6.2　一阶微分方程

微分方程的类型是多种多样的，它们的解法也各不相同. 从本节开始将根据微分方程的不同类型，给出相应的解法. 本节将介绍可分离变量的微分方程及一些可以化为这类方程的微分方程，如齐次方程等.

6.2.1　可分离变量的微分方程

设有一阶微分方程

$$\frac{\mathrm{d}y}{\mathrm{d}x} = F(x, y)$$

如果其右边函数能分解成 $F(x, y) = f(x)g(y)$，即有

$$\frac{\mathrm{d}y}{\mathrm{d}x} = f(x)g(y) \tag{6.2.1}$$

那么称方程（6.2.1）为可分离变量的微分方程，其中 $f(x)$, $g(y)$ 都是连续函数. 方程（6.2.1）的特点是，方程右边函数是两个因式的乘积，其中一个因式是只含 x 的函数，另一个因式是只含 y 的函数.

例如：方程

$$\frac{\mathrm{d}y}{\mathrm{d}x} = xy, \qquad \frac{\mathrm{d}y}{\mathrm{d}x} = \mathrm{e}^{x+y}$$

$$\frac{\mathrm{d}y}{\mathrm{d}x} = \frac{x}{y}, \qquad xy\,\mathrm{d}x + x^2\mathrm{e}^y\mathrm{d}y = 0$$

都是可分离变量方程；而方程

$$\frac{\mathrm{d}y}{\mathrm{d}x} = \frac{x}{x+y}, \qquad (x+y)\mathrm{d}x + (x^2 + \mathrm{e}^y)\mathrm{d}y = 0$$

$$\frac{\mathrm{d}y}{\mathrm{d}x} = x + y, \qquad \frac{\mathrm{d}y}{\mathrm{d}x} = \mathrm{e}^x + \mathrm{e}^y$$

都不是可分离变量方程.

（1）在方程（6.2.1）中，假设 $g(y)$ 是常数，不妨设 $g(y) = 1$. 此时，方程（6.2.1）变为

$$\frac{\mathrm{d}y}{\mathrm{d}x} = f(x) \tag{6.2.2}$$

设 $f(x)$ 在区间 (a, b) 内连续，那么求方程（6.2.2）的解就成为求 $f(x)$ 的原函数（不定积分）的问题. 直接积分得

$$y = \int f(x)\mathrm{d}x + C \tag{6.2.3}$$

就是方程（6.2.2）的通解，其中 C 为任意常数，$x \in (a, b)$ 为自变量.

（2）假设 $g(y)$ 不是常数，且 $g(y) \neq 0$，则可用分离变量法将方程写成

$$\frac{\mathrm{d}y}{g(y)} = f(x)\mathrm{d}x, \quad x \in (a,b) \tag{6.2.4}$$

将上式两边积分得

$$\int \frac{\mathrm{d}y}{g(y)} = \int f(x)\mathrm{d}x, \quad x \in (a,b) \tag{6.2.5}$$

设 $G(y)$ 与 $F(x)$ 分别是 $\dfrac{1}{g(y)}$ 与 $f(x)$ 的原函数，则有

$$G(y) = F(x) + C$$

事实上，若由上式确定的隐函数为 $y = y(x)$，则由复合函数求导法则，有

$$G'(y) \cdot y' = F'(x)$$

因 $G(y)$ 和 $F(x)$ 分别是 $\dfrac{1}{g(y)}$ 和 $f(x)$ 的原函数，即

$$G'(y) = \frac{1}{g(y)}, \qquad F'(x) = f(x)$$

故

$$\frac{1}{g(y)} \cdot y' = f(x)$$

即式（6.2.5）是方程（6.2.1）的解. 式（6.2.5）称为方程（6.2.1）的隐式解. 又关系式（6.2.5）中含有任意常数，因此该式所确定的函数是方程（6.2.1）的通解，称为该方程的隐式通解. 在求解过程中，对于式（6.2.5）应该尽量将它演算到底，即用初等函数表达出来. 但是，并不勉强从其中求出解的显式表达式. 如果积分不能用初等函数表达出来，此时也认为微分方程(6.2.1)已经解出来了，因为从微分方程求解的意义上讲，留下的是一个积分问题，而不是一个方程问题了.

（3）若存在 y_0，使得 $g(y_0) = 0$，则易见 $y = y_0$ 是方程（6.2.1）的一个解，这样的解称为常数解.

上述求解可分离变量方程的方法称为分离变量法.

例 6.2.1　求解方程 $\dfrac{\mathrm{d}y}{\mathrm{d}x} = \dfrac{y}{x}$ 的通解.

解　当 $y \neq 0$ 时，分离变量，方程化为

$$\frac{\mathrm{d}y}{y} = \frac{\mathrm{d}x}{x}$$

两边积分得

$$\ln|y| = \ln|x| + C_1 \quad \text{或} \quad \ln|y| = \ln|Cx| \quad (C \neq 0)$$

解出 y，得到通解为

$$y = Cx \ (C \neq 0)$$

另外，$y = 0$ 也是方程的解，所以在通解 $y = Cx$ 中，任意常数 C 可以取 0.

例 6.2.2　求解方程

$$\frac{\mathrm{d}y}{\mathrm{d}x} = \frac{\sqrt{1-y^2}}{\sqrt{1-x^2}}$$

解 当 $y \neq \pm 1$ 时，分离变量，两边积分得

$$\int \frac{\mathrm{d}y}{\sqrt{1-y^2}} = \int \frac{\mathrm{d}x}{\sqrt{1-x^2}}$$

即

$$\arcsin y = \arcsin x + C$$

解出 y，得到通解为

$$y = \sin(\arcsin x + C)$$

另外，方程还有常数解 $y = \pm 1$，它们不包含在上述通解中.

例 6.2.3 求微分方程 $\dfrac{\mathrm{d}y}{\mathrm{d}x} = \mathrm{e}^x y$ 的通解.

解 当 $y \neq 0$ 时，将此方程分离变量后得

$$\frac{\mathrm{d}y}{y} = \mathrm{e}^x \mathrm{d}x$$

两边积分得

$$\ln|y| = \mathrm{e}^x + C_1$$

从而

$$|y| = \mathrm{e}^{\mathrm{e}^x + C_1} = \mathrm{e}^{C_1} \cdot \mathrm{e}^{\mathrm{e}^x} = C_2 \cdot \mathrm{e}^{\mathrm{e}^x}$$

这里 C_2 为任意正常数，所以

$$y = \pm C_2 \mathrm{e}^{\mathrm{e}^x} = C_3 \mathrm{e}^{\mathrm{e}^x} \quad (C_3 \text{ 为任意非零常数})$$

注意到 $y = 0$ 也是方程的解，令 C 为任意常数，则所给微分方程的通解为

$$y = C \mathrm{e}^{\mathrm{e}^x} \quad (C \text{ 为任意常数})$$

例 6.2.4 求微分方程 $\mathrm{d}x + xy\mathrm{d}y = y^2\mathrm{d}x + y\mathrm{d}y$ 的通解.

解 先合并 $\mathrm{d}x$ 和 $\mathrm{d}y$ 的各项得

$$y(x-1)\mathrm{d}y = (y^2-1)\mathrm{d}x$$

设 $y^2 - 1 \neq 0$，$x - 1 \neq 0$，分离变量得

$$\frac{y}{y^2-1}\mathrm{d}y = \frac{1}{x-1}\mathrm{d}x$$

两边积分得

$$\int \frac{y}{y^2-1}\mathrm{d}y = \int \frac{1}{x-1}\mathrm{d}x$$

即

$$\frac{1}{2}\ln|y^2-1| = \ln|x-1| + \ln|C_1|$$

于是

$$y^2-1 = \pm C_1^2 (x-1)^2$$

记 $C = \pm C_1^2$，则得到题设方程的通解为

$$y^2-1 = C(x-1)^2$$

注　在用分离变量法解可分离变量的微分方程的过程中，在假定 $g(y) \neq 0$ 的前提下，用它除方程两边，这样得到的通解不包含使 $g(y)=0$ 的特解. 但是，有时若扩大任意常数 C 的取值范围，则其失去的解仍包含在通解中.

例 6.2.5　求方程

$$\frac{dy}{dx} = \frac{1+y^2}{xy+x^3 y}$$

满足初始条件 $y(1)=2$ 的解.

解　分离变量得

$$\frac{y}{1+y^2}dy = \frac{1}{x(x^2+1)}dx$$

两边积分得

$$\frac{1}{2}\ln(1+y^2) = \ln|x| - \frac{1}{2}\ln(1+x^2) + \frac{1}{2}\ln|C|$$

故所求通解为

$$1+y^2 = \frac{Cx^2}{1+x^2} \quad （C \text{ 为任意常数}）$$

因 $y(1)=2$，故 $C=10$，于是此初值问题的解为

$$1+y^2 = \frac{10x^2}{1+x^2}$$

例 6.2.6　设一物体的温度为 $100\,℃$，将其放置在空气温度为 $20\,℃$ 的环境中冷却. 试求物体温度随时间 t 的变化规律.

解　设物体的温度 T 与时间 t 的函数关系为 $T=T(t)$，根据冷却定律，物体温度变化率与物体温度和当时空气温度之差成正比，可建立微分方程的初值问题：

$$\begin{cases} \dfrac{dT}{dt} = -k(T-20) \\ T|_{t=0} = 100 \end{cases}$$

其中 $k\,(k>0)$ 为比例常数. 下面来求上述初值问题的解.

分离变量得

$$\frac{dT}{T-20} = -kdt$$

两边积分得

$$\int \frac{1}{T-20}dT = \int -kdt$$

得　　　　　$\ln|T-20| = -kt + C_1 \quad （C_1 \text{ 为任意常数}）$

即　　　　　$T-20 = \pm e^{-kt+C_1} = \pm e^{C_1}e^{-kt} = Ce^{-kt} \quad (C=\pm e^{C_1})$

从而 $T = 20 + Ce^{-kt}$. 再将条件 $T|_{t=0}=100$ 代入，得

$$C = 100 - 20 = 80$$

于是，所求规律为

$$T = 20 + 80\mathrm{e}^{-kt}$$

注 物体冷却的数学模型在多个领域有广泛的应用. 例如, 警方破案时, 法医要根据尸体当时的温度推断这个人的死亡时间, 就可以利用这个模型来计算解决等.

例 6.2.7 在一次谋杀发生后, 尸体的温度按照牛顿 (Newton) 冷却定律从原来的 37 ℃ 开始下降, 假设 2 h 后尸体温度变为 35 ℃, 并且假定周围空气的温度保持 20 ℃ 不变, 试求出尸体温度 T 随时间 t 的变化规律. 又如果尸体被发现时的温度是 30 ℃, 时间是下午 4 点整, 那么谋杀是何时发生的?

解 根据物体冷却的数学模型, 有

$$\begin{cases} \dfrac{\mathrm{d}T}{\mathrm{d}t} = -k(T - 20) \ (k > 0) \\ T(0) = 37 \end{cases}$$

其中 $k > 0$ 是常数, 分离变量并求解得

$$T - 20 = C\mathrm{e}^{-kt}$$

代入初值条件 $T(0) = 37$, 可求得 $C = 17$, 于是得该初值问题的解为

$$T = 20 + 17\mathrm{e}^{-kt}$$

为求出 k 值, 根据 2 h 后尸体温度为 35 ℃ 这一条件, 由

$$35 = 20 + 17\mathrm{e}^{-k \cdot 2}$$

求得 $k \approx 0.063$, 于是温度函数为

$$T = 20 + 17\mathrm{e}^{-0.063t}$$

将 $T = 30$ 代入上式求解 t, 有

$$\frac{10}{17} = \mathrm{e}^{-0.063t}$$

即得

$$t \approx 8.4 \ (\mathrm{h})$$

于是, 可以判定谋杀发生在下午 4 点尸体被发现前的 8.4 h, 即 8 h 24 min, 所以谋杀是在上午 7 点 36 分发生的.

6.2.2 齐次方程

若一阶微分方程 $\dfrac{\mathrm{d}y}{\mathrm{d}x} = f(x, y)$ 的右边函数 $f(x, y)$ 可以改写为 $\dfrac{y}{x}$ 的函数 $g\left(\dfrac{y}{x}\right)$, 即

$$\frac{\mathrm{d}y}{\mathrm{d}x} = f(x, y) = g\left(\frac{y}{x}\right) \tag{6.2.6}$$

则称该方程为一阶齐次微分方程.

例如, 方程

$$\frac{\mathrm{d}y}{\mathrm{d}x} = \frac{x + y}{x - y}, \qquad \frac{\mathrm{d}y}{\mathrm{d}x} = \frac{x^2 + y^2 \sin\dfrac{y}{x}}{x^2 - y^2 \cos\dfrac{y}{x}}$$

$$(x^2 + y^2)\mathrm{d}x + xy\mathrm{d}y = 0, \qquad \frac{\mathrm{d}y}{\mathrm{d}x} = \ln x - \ln y$$

可以分别改写为

$$\frac{\mathrm{d}y}{\mathrm{d}x} = \frac{1+\dfrac{y}{x}}{1-\dfrac{y}{x}}, \qquad \frac{\mathrm{d}y}{\mathrm{d}x} = \frac{1+\left(\dfrac{y}{x}\right)^2 \sin\dfrac{y}{x}}{1-\left(\dfrac{y}{x}\right)^2 \cos\dfrac{y}{x}}$$

$$\frac{\mathrm{d}y}{\mathrm{d}x} = -\frac{y}{x} - \left(\frac{y}{x}\right)^{-1}, \qquad \frac{\mathrm{d}y}{\mathrm{d}x} = -\ln\frac{y}{x}$$

所以它们都是一阶齐次方程. 有时，一阶齐次微分方程还可以写为

$$\frac{\mathrm{d}x}{\mathrm{d}y} = g\left(\frac{x}{y}\right) \tag{6.2.7}$$

齐次方程是一类可以转化为可分离变量的方程.

令 $u = \dfrac{y}{x}$ ，则有

$$\frac{\mathrm{d}y}{\mathrm{d}x} = u + x\frac{\mathrm{d}u}{\mathrm{d}x} \qquad (\text{或 } \mathrm{d}y = x\mathrm{d}u + u\mathrm{d}x)$$

代入方程（6.2.6）得

$$\frac{\mathrm{d}u}{\mathrm{d}x} = \frac{g(u) - u}{x} \tag{6.2.8}$$

方程（6.2.8）是一个可分离变量方程.

若 $g(u) - u \neq 0$，分离变量并积分，得到它的通解为

$$\int \frac{\mathrm{d}u}{g(u) - u} = \int \frac{\mathrm{d}x}{x} + \ln|C_1| \tag{6.2.9}$$

或

$$C_1 x = \mathrm{e}^{\int \frac{\mathrm{d}u}{g(u) - u}}$$

即

$$x = C\mathrm{e}^{\varphi(u)}$$

其中

$$\varphi(u) = \int \frac{\mathrm{d}u}{g(u) - u}, \qquad C = \frac{1}{C_1}$$

以 $u = \dfrac{y}{x}$ 代入，得到原方程（6.2.6）的通解为

$$x = C\mathrm{e}^{\varphi\left(\frac{y}{x}\right)}$$

若存在常数 u_0，使得

$$g(u_0) - u_0 = 0$$

则 $u = u_0$ 是（6.2.8）的解，由 $u = \dfrac{y}{x}$，得

$$y = u_0 x$$

是原方程（6.2.6）的解.

若 $g(u) - u \equiv 0$，则

$$g\left(\frac{y}{x}\right) = \frac{y}{x}$$

方程变为

$$\frac{\mathrm{d}y}{\mathrm{d}x} = \frac{y}{x}$$

可直接用变量分离法求解.

例 6.2.8 求解微分方程

$$\frac{\mathrm{d}y}{\mathrm{d}x} = \frac{y}{x} + \tan\frac{y}{x}$$

满足初始条件 $y|_{x=1} = \frac{\pi}{6}$ 的特解.

解 题设方程为齐次方程，设 $u = \frac{y}{x}$，则

$$\frac{\mathrm{d}y}{\mathrm{d}x} = u + x\frac{\mathrm{d}u}{\mathrm{d}x}$$

代入原方程得

$$u + x\frac{\mathrm{d}u}{\mathrm{d}x} = u + \tan u$$

分离变量得

$$\cot u \,\mathrm{d}u = \frac{1}{x}\,\mathrm{d}x$$

两边积分得

$$\ln|\sin u| = \ln|x| + \ln|C|, \qquad \sin u = Cx$$

将 $u = \frac{y}{x}$ 回代，则得到题设方程的通解为

$$\sin\frac{y}{x} = Cx$$

利用初始条件 $y|_{x=1} = \frac{\pi}{6}$，得到 $C = \frac{1}{2}$. 从而所求题设方程的特解为

$$\sin\frac{y}{x} = \frac{1}{2}x$$

例 6.2.9 求解微分方程 $y^2 + x^2\frac{\mathrm{d}y}{\mathrm{d}x} = xy\frac{\mathrm{d}y}{\mathrm{d}x}$.

解 原方程变形为

$$\frac{\mathrm{d}y}{\mathrm{d}x} = \frac{y^2}{xy - x^2} = \frac{\left(\dfrac{y}{x}\right)^2}{\dfrac{y}{x} - 1}$$

令 $u = \frac{y}{x}$，则

$$\frac{\mathrm{d}y}{\mathrm{d}x} = u + x\frac{\mathrm{d}u}{\mathrm{d}x}$$

故原方程变为

$$u + x\frac{\mathrm{d}u}{\mathrm{d}x} = \frac{u^2}{u-1}$$

即

$$x\frac{\mathrm{d}u}{\mathrm{d}x} = \frac{u}{u-1}$$

分离变量得

$$\left(1 - \frac{1}{u}\right)\mathrm{d}u = \frac{\mathrm{d}x}{x}$$

两边积分得

$$u - \ln|u| + C = \ln|x| \quad \text{或} \quad \ln|xu| = u + C$$

回代 $u = \dfrac{y}{x}$，便得所给方程的通解为

$$\ln|y| = \frac{y}{x} + C$$

例 6.2.10 求下列微分方程的通解：

$$x(\ln x - \ln y)\mathrm{d}y - y\mathrm{d}x = 0$$

解 原方程变形为

$$\ln\frac{y}{x}\mathrm{d}y + \frac{y}{x}\mathrm{d}x = 0$$

令 $u = \dfrac{y}{x}$，则

$$\frac{\mathrm{d}y}{\mathrm{d}x} = u + x\frac{\mathrm{d}u}{\mathrm{d}x}$$

代入原方程并整理得

$$\frac{\ln u}{u(\ln u + 1)}\mathrm{d}u = -\frac{\mathrm{d}x}{x}$$

两边积分得

$$\ln u - \ln|\ln u + 1| = -\ln x + \ln|C|$$

即

$$y = C(\ln u + 1)$$

变量回代得所求通解为

$$y = C\left(\ln\frac{y}{x} + 1\right)$$

例 6.2.11 设商品 A 和商品 B 的售价分别为 P_1 和 P_2，已知价格 P_1 与 P_2 相关，且价格 P_1 相对 P_2 的弹性为 $\dfrac{P_2\mathrm{d}P_1}{P_1\mathrm{d}P_2} = \dfrac{P_2 - P_1}{P_2 + P_1}$，求 P_1 与 P_2 的函数关系式.

解 所给方程为齐次方程，整理得

$$\frac{\mathrm{d}P_1}{\mathrm{d}P_2} = \frac{1 - \dfrac{P_1}{P_2}}{1 + \dfrac{P_1}{P_2}} \cdot \frac{P_1}{P_2}$$

令 $u = \dfrac{P_1}{P_2}$ ，则

$$u + P_2\frac{\mathrm{d}u}{\mathrm{d}P_2} = \frac{1-u}{1+u} \cdot u$$

分离变量得

$$\left(-\frac{1}{u} - \frac{1}{u^2}\right)\mathrm{d}u = 2\frac{\mathrm{d}P_2}{P_2}$$

两边积分得

$$\frac{1}{u} - \ln u = \ln(C_1 P_2)^2$$

将 $u = \dfrac{P_1}{P_2}$ 回代，则得到所求通解（即 P_1 与 P_2 的函数关系式）为

$$\frac{P_2}{P_1}\mathrm{e}^{\frac{P_2}{P_1}} = CP_2^2 \quad （C = C_1^2 \text{ 为任意正常数}）$$

齐次方程是通过变量替换转化为可分离变量的方程求解的. 在求解微分方程的过程中，通过变量替换将方程转化为所熟悉的微分方程，这种方法具有普遍性，而针对不同方程的特点，变量替换式也不一样，下面通过几个例子说明.

*例 6.2.12 利用变量代换法求方程 $\dfrac{\mathrm{d}y}{\mathrm{d}x} = (x+y)^2$ 的通解.

解 令 $x + y = u$，则

$$\frac{\mathrm{d}y}{\mathrm{d}x} = \frac{\mathrm{d}u}{\mathrm{d}x} - 1$$

代入原方程得

$$\frac{\mathrm{d}u}{\mathrm{d}x} = 1 + u^2$$

分离变量得

$$\frac{\mathrm{d}u}{1+u^2} = \mathrm{d}x$$

两边积分得

$$\arctan u = x + C$$

回代得

$$\arctan(x+y) = x + C$$

故原方程的通解为

$$y = \tan(x+C) - x$$

例 6.2.13 求解微分方程 $x\dfrac{\mathrm{d}y}{\mathrm{d}x} + y = y(\ln x + \ln y)$.

解 令 $u = xy$，则

$$x\frac{\mathrm{d}y}{\mathrm{d}x} + y = \frac{\mathrm{d}u}{\mathrm{d}x}$$

代入原方程得

$$\frac{\mathrm{d}u}{\mathrm{d}x} = \frac{u}{x}\ln u$$

分离变量得

$$\frac{\mathrm{d}u}{u\ln u} = \frac{\mathrm{d}x}{x}$$

两边积分得

$$\ln|\ln u| = \ln|x| + \ln|C|$$

即

$$\ln u = Cx$$

故原方程的解为

$$xy = \mathrm{e}^{Cx}$$

*例 6.2.14　求微分方程 $y' = \dfrac{1}{2}\tan^2(x+2y)$ 的通解.

解　令 $u = x + 2y$，则

$$\frac{\mathrm{d}u}{\mathrm{d}x} = 1 + 2\frac{\mathrm{d}y}{\mathrm{d}x}$$

代入原方程得

$$\frac{1}{2}\left(\frac{\mathrm{d}u}{\mathrm{d}x} - 1\right) = \frac{1}{2}\tan^2 u \Rightarrow \frac{\mathrm{d}u}{\mathrm{d}x} = 1 + \tan^2 u$$

即

$$\frac{\mathrm{d}u}{\mathrm{d}x} = \sec^2 u$$

分离变量得

$$\frac{\mathrm{d}u}{\sec^2 u} = \mathrm{d}x \quad 或 \quad \frac{1+\cos 2u}{2}\mathrm{d}u = \mathrm{d}x$$

两边积分得

$$\frac{1}{2}\left(u + \frac{1}{2}\sin 2u\right) = x + C$$

即

$$\frac{1}{4}\sin[2(x+2y)] + \frac{1}{2}(x+2y) = x + C$$

故所求通解为

$$y = \frac{x}{2} + C - \frac{1}{4}\sin(2x+4y)$$

6.2.3　一阶线性微分方程

形如

$$\frac{\mathrm{d}y}{\mathrm{d}x} + P(x)y = Q(x) \tag{6.2.10}$$

的方程称为一阶线性微分方程. 线性是指方程关于未知函数 y 及其导数 y' 是一次的方程. 其

中函数 $P(x), Q(x)$ 是某一区间 I 上的连续函数.

当 $Q(x)\equiv 0$ 时，方程（6.2.10）成为

$$\frac{dy}{dx} + P(x)y = 0 \tag{6.2.11}$$

这个方程称为一阶齐次线性方程. 相应地，方程（6.2.10）称为一阶非齐次线性方程.

对方程（6.2.11）可用分离变量法求出通解为

$$y = Ce^{-\int P(x)dx} \tag{6.2.12}$$

其中 C 为任意常数.

下面使用常数变易法来求非齐次线性微分方程（6.2.10）的通解.

常数变易法是：在求出对应齐次方程的通解（6.2.12）后，将通解中的常数 C 变易为待定函数 $u(x)$，并设一阶非齐次线性方程的通解为

$$y = u(x)e^{-\int P(x)dx} \tag{6.2.13}$$

于是
$$\frac{dy}{dx} = \frac{du}{dx}e^{-\int P(x)dx} + u(x)e^{-\int P(x)dx}\cdot[-P(x)]$$

一并代入式（6.2.10）有

$$u'(x)e^{-\int P(x)dx} - P(x)u(x)e^{-\int P(x)dx} + P(x)u(x)e^{-\int P(x)dx} = Q(x)$$

即
$$u'(x) = Q(x)e^{\int P(x)dx}$$

积分后得

$$u(x) = \int Q(x)e^{\int P(x)dx}dx + C$$

将上式代入（6.2.13），得到一阶非齐次线性方程（6.2.10）的通解为

$$y = \left[\int Q(x)e^{\int P(x)dx}dx + C\right]e^{-\int P(x)dx} \tag{6.2.14}$$

将上式改写为两项之和，即有

$$y = Ce^{-\int P(x)dx} + e^{-\int P(x)dx}\int Q(x)e^{\int P(x)dx}dx \tag{6.2.15}$$

可看出，一阶非齐次线性微分方程的通解等于其对应的齐次线性微分方程的通解与非齐次线性微分方程的一个特解之和.

例 6.2.15 求方程 $y' + \frac{1}{x}y = \frac{\sin x}{x}$ 的通解.

解 $P(x) = \frac{1}{x}$，$Q(x) = \frac{\sin x}{x}$，于是所求通解为

$$y = e^{-\int\frac{1}{x}dx}\left(\int\frac{\sin x}{x}\cdot e^{\int\frac{1}{x}dx}dx + C\right) = e^{-\ln x}\left(\int\frac{\sin x}{x}\cdot e^{\ln x}dx + C\right) = \frac{1}{x}(-\cos x + C)$$

例 6.2.16 求方程 $\frac{dy}{dx} - \frac{2y}{x+1} = (x+1)^{\frac{5}{2}}$ 的通解.

解 这是一个非齐次线性方程，可以不套用公式（6.2.14），采用常数变易法求解.

$$\frac{dy}{dx} - \frac{2}{x+1}y = 0 \Rightarrow \frac{dy}{y} = \frac{2dx}{x+1} \Rightarrow \ln y = 2\ln(x+1) + \ln C \Rightarrow y = C(x+1)^2$$

用常数变易法，将 C 换成 $u(x)$，即令 $y = u(x)(x+1)^2$，则有

$$\frac{dy}{dx} = u'(x)(x+1)^2 + 2u(x)(x+1)$$

代入所给非齐次方程得

$$u'(x) = (x+1)^{\frac{1}{2}}$$

两边积分得

$$u(x) = \frac{2}{3}(x+1)^{\frac{3}{2}} + C$$

回代即得所求方程的通解为

$$y = (x+1)^2\left[\frac{2}{3}(x+1)^{\frac{3}{2}}C\right]$$

例 6.2.17 求下列微分方程满足所给初始条件的特解：

$$x\ln x dy + (y-\ln x)dx = 0 \quad (y\big|_{x=e} = 1)$$

解 将方程标准化为 $y' + \frac{1}{x\ln x}y = \frac{1}{x}$，于是

$$y = e^{-\int\frac{dx}{x\ln x}}\left(\int\frac{1}{x}e^{\int\frac{dx}{x\ln x}}dx + C\right) = e^{-\ln\ln x}\left(\int\frac{1}{x}e^{\ln\ln x}dx + C\right) = \frac{1}{\ln x}\left(\frac{1}{2}\ln^2 x + C\right)$$

由初始条件 $(y\big|_{x=e} = 1$，得 $C = \frac{1}{2}$，故所求特解为

$$y = \frac{1}{2}\left(\ln x + \frac{1}{\ln x}\right)$$

例 6.2.18 求方程 $y^3 dx + (2xy^2-1)dy = 0$ 的通解.

解 若将 y 看成 x 的函数，则方程变为

$$\frac{dy}{dx} = \frac{y^3}{1-2xy^2}$$

这个方程不是一阶线性微分方程，不便求解. 若将 x 看成 y 的函数，则方程改写为

$$y^3\frac{dy}{dx} + 2y^2 x = 1$$

是一阶线性微分方程，其对应的齐次方程为

$$y^3\frac{dx}{dy} + 2y^2 x = 0$$

分离变量并积分得

$$\int\frac{dx}{x} = -\int\frac{2dy}{y}$$

即

$$x = C_1\frac{1}{y^2}$$

其中 C_1 为任意常数. 利用常数变易法，设 $x = u(y)\dfrac{1}{y^2}$，代入原方程得

$$u'(y) = \frac{1}{y}$$

积分得

$$u(y) = \ln|y| + C$$

故原方程的通解为

$$x = \frac{1}{y^2}(\ln|y| + C) \quad （C 为任意常数）$$

*6.2.4 伯努利方程

形如

$$\frac{\mathrm{d}y}{\mathrm{d}x} + P(x)y = Q(x)y^n \tag{6.2.16}$$

的方程称为伯努利（Bernoulli）方程，其中 n 为常数. 当 $n = 0$ 或 $n = 1$ 时，就是前面所讲的一阶线性微分方程. 当 $n \neq 0, 1$ 时，伯努利方程不是线性方程，但通过适当的变换，可化为线性方程. 方法如下：

方程（6.2.16）两边除以 y^n 得

$$y^{-n}\frac{\mathrm{d}y}{\mathrm{d}x} + P(x)y^{1-n} = Q(x) \tag{6.2.17}$$

或

$$\frac{1}{1-n}(y^{1-n})' + P(x)y^{1-n} = Q(x)$$

于是，令 $z = y^{1-n}$，就得到关于变量 z 的一阶线性方程

$$\frac{\mathrm{d}z}{\mathrm{d}x} + (1-n)P(x)z = (1-n)Q(x)$$

利用线性方程的求解方法求出通解后，再回代原变量，便可得到伯努利方程（6.2.16）的通解为

$$y^{1-n} = \mathrm{e}^{-\int(1-n)P(x)\mathrm{d}x}\left[\int Q(x)(1-n)\mathrm{e}^{\int(1-n)P(x)\mathrm{d}x}\mathrm{d}x + C\right] \tag{6.2.18}$$

例 6.2.19 求 $\dfrac{\mathrm{d}y}{\mathrm{d}x} - \dfrac{4}{x}y = x^2\sqrt{y}$ 的通解.

解 方程两边除以 $\sqrt{y}$ 得

$$\frac{1}{\sqrt{y}}\frac{\mathrm{d}y}{\mathrm{d}x} - \frac{4}{x}\sqrt{y} = x^2$$

令 $z = \sqrt{y}$，得

$$2\frac{\mathrm{d}z}{\mathrm{d}x} - \frac{4}{x}z = x^2$$

解得

$$z = x^2\left(\frac{x}{2} + C\right)$$

故所求通解为

$$y = x^4\left(\frac{x}{2} + C\right)^2$$

例 6.2.20 求方程 $\dfrac{\mathrm{d}y}{\mathrm{d}x} + \dfrac{y}{x} = (a\ln x)y^2$ 的通解.

解 方程两边除以 y^2 得

$$y^{-2}\frac{\mathrm{d}y}{\mathrm{d}x} + \frac{1}{x}y^{-1} = a\ln x$$

即

$$-\frac{\mathrm{d}(y^{-1})}{\mathrm{d}x} + \frac{1}{x}y^{-1} = a\ln x$$

令 $z = y^{-1}$，则上述方程变为

$$\frac{\mathrm{d}z}{\mathrm{d}x} - \frac{1}{x}z = -a\ln x$$

解此线性微分方程得

$$z = x\left[C - \frac{a}{2}(\ln x)^2\right]$$

以 y^{-1} 代 z，得所求通解为

$$xy\left[C - \frac{a}{2}(\ln x)^2\right] = 1$$

除伯努利方程外，还有一些方程，本身不是线性方程，但通过适当变量替换后，也可化为伯努利方程或一阶线性微分方程. 下面通过几个例子说明.

*例 6.2.21 求方程 $\dfrac{\mathrm{d}y}{\mathrm{d}x} + x(y-x) + x^3(y-x)^2 = 1$ 的通解.

解 令 $y - x = u$，则

$$\frac{\mathrm{d}y}{\mathrm{d}x} = \frac{\mathrm{d}u}{\mathrm{d}x} + 1$$

于是得到伯努利方程

$$\frac{\mathrm{d}u}{\mathrm{d}x} + xu = -x^3u^2$$

令 $z = u^{1-2} = \dfrac{1}{u}$，上式即变为一阶线性方程

$$\frac{\mathrm{d}z}{\mathrm{d}x} - xz = x^3$$

其通解为

$$z = \mathrm{e}^{\frac{x^2}{2}}\left(\int x^3\mathrm{e}^{-\frac{x^2}{2}}\mathrm{d}x + C\right) = C\mathrm{e}^{\frac{x^2}{2}} - x^2 - 2$$

回代原变量，即得到题设方程的通解为

$$y = x + \frac{1}{z} = x + \frac{1}{Ce^{\frac{x^2}{2}} - x^2 - 2}$$

*例 6.2.22　解方程 $y' - \dfrac{y}{x}\ln y = x^2 y$.

解　原方程化为

$$\frac{y'}{y} - \frac{1}{x}\ln y = x^2$$

令 $z = \ln y$，则原方程化为

$$\frac{\mathrm{d}z}{\mathrm{d}x} - \frac{1}{x}z = x^2$$

这是一阶非齐次线性微分方程，解得

$$z = \left(\frac{1}{2}x^2 + C\right)x$$

故原方程的通解为

$$\ln y = \left(\frac{1}{2}x^2 + C\right)x$$

习　题　6.2

（A）

1. 单项选择题：

（1）下列方程中，不属于可分离变量的微分方程的是（　　）.

A. $y' = \dfrac{1+y}{1+x}$　　　　　B. $y' = \dfrac{y-x}{y-1}$　　　　　C. $y^2\mathrm{d}x + x^2\mathrm{d}y = 0$　　　D. $\dfrac{\mathrm{d}x}{y} + \dfrac{\mathrm{d}y}{x} = 0$

（2）已知 $y = \dfrac{x}{\ln x}$ 是微分方程 $y' = \dfrac{y}{x} + \varphi\left(\dfrac{x}{y}\right)$ 的解，则 $\varphi(u)$ 的表达式为（　　）.

A. $-\dfrac{1}{u^2}$　　　　　　B. $\dfrac{1}{u^2}$　　　　　　C. $-u^2$　　　　　　D. u^2

（3）在方程① $\dfrac{\mathrm{d}y}{\mathrm{d}x} = y\sin x + \mathrm{e}^x$，② $\dfrac{\mathrm{d}y}{\mathrm{d}x} = x\sin y + \mathrm{e}^x$，③ $\dfrac{\mathrm{d}y}{\mathrm{d}x} = \sin x + \mathrm{e}^y$，④ $y\mathrm{d}x + \mathrm{d}y = \mathrm{e}^x\mathrm{d}y$ 中，不是一阶线性微分方程的是（　　）.

A. ①和②　　　　　B. ②和③　　　　　C. ③和④　　　　　D. ①和④

（4）以下微分方程中，方程（　　）是一阶非齐次线性微分方程.

A. $x\left(\dfrac{\mathrm{d}y}{\mathrm{d}x}\right)^2 - 2\dfrac{\mathrm{d}y}{\mathrm{d}x} + x = 0$　　　　　　　　B. $\dfrac{\mathrm{d}y}{\mathrm{d}x} = (x^2+1)y$

C. $y' = \dfrac{1}{x\cos y + \sin 2y}$　　　　　　　　D. $\sin(y') + \ln y = x + 1$

（5）方程 $(x-2xy-y^2)y'+y^2=0$ 是（   ）.

A. 关于 y 的一阶线性非齐次方程　　　　B. 关于 x 的一阶线性非齐次方程

C. 可分离变量方程　　　　D. 伯努利方程

2. 求下列微分方程的通解：

（1）$y'=e^{2x-y}$；

（2）$xy'-y\ln y=0$；

（3）$y'+y=0$；

（4）$x\mathrm{d}y+\mathrm{d}x=e^y\mathrm{d}x$；

（5）$y\ln x\mathrm{d}x+x\ln y\mathrm{d}y=0$；

（6）$(x-1)(y^2+1)\mathrm{d}x+2xy\mathrm{d}y=0$；

（7）$(y+1)^2\dfrac{\mathrm{d}y}{\mathrm{d}x}+x^3=0$；

（8）$\cos x\sin y\mathrm{d}x+\sin x\cos y\mathrm{d}y=0$.

3. 求下列微分方程的通解：

（1）$y'+\dfrac{2y}{x}=0$；

（2）$y'+y=e^{-x}$；

（3）$xy'+2y=\cos x^2$；

（4）$y'+2xy=4x$；

（5）$(y+x^3)\mathrm{d}x-2x\mathrm{d}y=0$；

（6）$y'+f'(x)y=f(x)f'(x)$；

（7）$y\ln y\mathrm{d}x+(x-\ln y)\mathrm{d}y=0$；

（8）$x\mathrm{d}y-y\mathrm{d}x=y\mathrm{d}y$；

（9）$\dfrac{\mathrm{d}y}{\mathrm{d}x}=\dfrac{y}{4x+y^2}$.

4. 求下列微分方程的通解：

（1）$xy'-y-\sqrt{y^2-x^2}=0\ (x>0)$；

（2）$(y^2+x^2)\mathrm{d}x-xy\mathrm{d}y=0$；

（3）$y'=e^{\frac{y}{x}}+\dfrac{y}{x}$；

（4）$y'=\dfrac{y}{x}(1+\ln y-\ln x)$.

5. 求下列各初值问题的解：

（1）$\dfrac{x}{1+y}\mathrm{d}x-\dfrac{y}{1+x}\mathrm{d}y=0, y|_{x=0}=1$；

（2）$y'=\dfrac{x}{y}+\dfrac{y}{x}, y|_{x=1}=2$；

（3）$\begin{cases}(y+\sqrt{x^2+y^2})\mathrm{d}x-x\mathrm{d}y=0\\y|_{x=1}=0\end{cases}(x>0)$.

6. 已知曲线 $y=f(x)$ 经过点 $\left(1,\dfrac{1}{e}\right)$，并且在任意点 (x,y) 处的切线在 y 轴上的截距为 xy，求该曲线方程.

7. 求一曲线方程，该曲线过原点，并且它在点 (x,y) 处的切线斜率等于 $2x+y$.

8. 设函数 $f(x)$ 连续，且满足 $y(x)=\int_0^x y(t)\mathrm{d}t+e^x$，求 $f(x)$.

9. 将质量为 m 的物体垂直上抛，假设初始速度为 v_0，空气阻力与速度成正比（比例系数为 k），求物体在上升过程中速度与时间的函数关系.

10. 在某池塘内养鱼，该池塘最多能养鱼 1 000 尾. 在 t 时刻，鱼数 y 是时间 t 的函数 $y=y(t)$，其变化率与鱼数 y 和 $1000-y$ 成正比. 已知在池塘内放养鱼 100 尾，3 个月后池塘内有鱼 250 尾，求放养 6 个月后池塘内鱼数.

11. 当陨石穿过大气层向地面高速坠落时，陨石表面与空气摩擦产生的高温使陨石燃烧并不断挥发. 实验证明，陨石挥发的速度（即体积减小的速度）与陨石表面积成正比，现有一陨石是质量均匀的球体，且在坠落过程中始终保持球状，若它在进入大气层开始燃烧的前 3 s 内，减少了体积的 $\dfrac{7}{8}$，问此陨石完全燃尽需要多长时间？

（B）

1. 设非齐次线性微分方程 $y' + P(x)y = Q(x)$ 有两个不同的解 $y_1(x), y_2(x)$ ，C 为任意常数，则微分方程的通解为（　　）.

A. $C[y_1(x) - y_2(x)]$

B. $y_1(x) + C[y_1(x) - y_2(x)]$

C. $C[y_1(x) + y_2(x)]$

D. $y_2(x) + C[y_1(x) + y_2(x)]$

2. 用适当的变量代换，求下列微分方程的通解：

（1）$\dfrac{dy}{dx} = \left(\dfrac{x+y-1}{x+y+1} \right)^2$;

（2）$\sec^2 y \dfrac{dy}{dx} + \dfrac{x}{1+x^2} \tan y = x$;

（3）$y' = \sin^2(x - y + 1)$.

3. 解下列伯努利方程：

（1）$x^2 \dfrac{dy}{dx} + xy = y^2$;

（2）$2xy^3 y' + x^4 - y^4 = 0$;

（3）$y' - xy + e^{-x^2} y^3 = 0$.

4. 设函数 $f(x)$ 连续，且满足 $\displaystyle\int_0^x f(x-t)dt + \int_0^x (x-t)f(t)dt = e^{-x} - 1$ ，求 $f(x)$.

5. 在 xOy 平面上，连续曲线 L 过点 $M(1,0)$ ，其上任意点 $P(x,y)(x \neq 0)$ 处的切线的斜率与直线 OP 的斜率之差等于 ax （常数 $a>0$ ）.

（1）求 L 的方程；

（2）当 L 与直线 $y = ax$ 所围成图形的面积为 $\dfrac{8}{3}$ 时，确定 a 的值.

6. 设曲线 $y = f(x)$ ，其中 $y = f(x)$ 是可导函数，且 $f(x) > 0$ ，已知曲线 $y = f(x)$ 与直线 $y = 0$ ，$x = 1$ ，$x = t (t>1)$ 所围成的曲边梯形，绕 x 轴旋转一周所得的立体体积值是曲边梯形面积值的 πt 倍，求该曲线的方程.

7. 设函数 $y = f(x)$ 在区间 $[1, +\infty)$ 上连续，若函数与 $x = 1$ ，$x = t (t>1)$ ，x 轴所围成平面图形绕 x 轴旋转所得旋转体的体积为 $V = \dfrac{\pi}{3}[t^2 f(t) - f(1)]$ ，求 $f(x)$ 满足的微分方程，并求满足初值 $y\big|_{x=2} = \dfrac{2}{9}$ 的解.

8. 现有两只桶分别盛有 10 L 浓度为 15 g/L 的盐水，现同时以 2 L/min 的速度向第一只桶中注入清水，搅拌均匀后以 2 L/min 的速度注入第二只桶中，然后以 2 L/min 的速度从第二只桶中排出，问 5 min 后第二只桶含盐多少克？

6.3　可降阶的二阶微分方程

对一般的二阶微分方程没有普遍的解法，本节讨论三种特殊形式的二阶微分方程，它们有的可以通过积分求得，有的经过适当的变量替换可降为一阶微分方程，然后求解一阶微分方程，再将变量回代，从而求得所给二阶微分方程的解.

6.3.1　$y'' = f(x)$型

方程 $y'' = f(x)$ 两边积分得

$$y' = \int f(x)\mathrm{d}x + C_1$$

再次积分得

$$y = \int \left[\int f(x)\mathrm{d}x + C_1 \right]\mathrm{d}x + C_2$$

注　这种类型的方程的解法可推广到 n 阶微分方程

$$y^{(n)} = f(x)$$

只要连续积分 n 次，就可得这个方程的含有 n 个任意常数的通解.

例 6.3.1　求方程 $y'' = \mathrm{e}^{2x} - \cos x$ 满足 $y(0) = 0$，$y'(0) = 1$ 的特解.

解　对所给方程连续积分两次分别得

$$y' = \frac{1}{2}\mathrm{e}^{2x} - \sin x + C_1 \tag{6.3.1}$$

$$y = \frac{1}{4}\mathrm{e}^{2x} + \cos x + C_1 x + C_2 \tag{6.3.2}$$

在式（6.3.1）中代入条件 $y'(0) = 1$ 得

$$C_1 = \frac{1}{2}$$

在式（6.3.2）中代入条件 $y(0) = 0$ 得

$$C_2 = -\frac{5}{4}$$

从而所求题设方程的特解为

$$y = \frac{1}{4}\mathrm{e}^{2x} + \cos x + \frac{1}{2}x - \frac{5}{4}$$

6.3.2　$y'' = f(x, y')$型

这种方程的特点是不显含未知函数 y，求解的方法如下：

令 $y' = p(x)$，则 $y'' = p'(x)$，原方程化为

$$p' = f(x, p)$$

这是一个关于变量 x, p 的一阶微分方程，设其通解为

$$p = \varphi(x, C_1)$$

又由 $y' = p$，代入得

$$\frac{\mathrm{d}y}{\mathrm{d}x} = \varphi(x, C_1)$$

对它进行积分，即可得到原方程的通解为

$$y = \int \varphi(x, C_1)\mathrm{d}x + C_2$$

例 6.3.2 求微分方程 $y'' = \dfrac{y'}{x} + x\mathrm{e}^x$ 的通解.

解 所给方程是 $y'' = f(x, y')$ 型. 设 $y' = p(x)$，则 $y'' = p'(x)$，代入原方程得

$$p' - \frac{p}{x} = x\mathrm{e}^x$$

这是关于 p 的一阶线性微分方程，解得

$$p = \mathrm{e}^{\int \frac{1}{x}\mathrm{d}x}\left(\int x\mathrm{e}^x \mathrm{e}^{-\int \frac{1}{x}\mathrm{d}x}\mathrm{d}x + C_1 \right) = x(\mathrm{e}^x + C_1)$$

所以

$$y' = x(\mathrm{e}^x + C_1)$$

两边再积分得

$$y = \int x(\mathrm{e}^x + C_1)\mathrm{d}x = (x-1)\mathrm{e}^x + \frac{C_1}{2}x^2 + C_2$$

例 6.3.3 求微分方程初值问题

$$(1 + x^2)y'' = 2xy', \quad y|_{x=0} = 1, \quad y'|_{x=0} = 3$$

的特解.

解 题设方程属 $y'' = f(x, y')$ 型. 设 $y' = p$，则

$$y'' = p'$$

代入方程并分离变量得

$$\frac{\mathrm{d}p}{p} = \frac{2x}{1+x^2}\mathrm{d}x$$

两边积分得

$$\ln|p| = \ln(1 + x^2) + C$$

即

$$p = y' = C_1(1 + x^2) \quad (C_1 = \pm\mathrm{e}^c)$$

由条件 $y'|_{x=0} = 3$，得 $C_1 = 3$，所以

$$y' = 3(1 + x^2)$$

两边再积分得

$$y = x^3 + 3x + C_2$$

又由条件 $y|_{x=0} = 1$ 得

$$C_2 = 1$$

于是原方程初值问题的特解为

$$y = x^3 + 3x + 1$$

6.3.3 $y'' = f(y, y')$ 型

这种方程的特点是不显含自变量 x. 解决的方法是：将 y 暂时看成自变量，并作变换 $y' = p(y)$，于是，由复合函数的求导法则有

$$y'' = \frac{\mathrm{d}p}{\mathrm{d}x} = \frac{\mathrm{d}p}{\mathrm{d}y} \cdot \frac{\mathrm{d}y}{\mathrm{d}x} = p\frac{\mathrm{d}p}{\mathrm{d}y}$$

这样就将原方程化为

$$p\frac{\mathrm{d}p}{\mathrm{d}y} = f(y, p)$$

这是一个关于变量 y, p 的一阶微分方程. 设它的通解为

$$y' = p = \varphi(y, C_1)$$

这是可分离变量方程，对其积分即得到原方程的通解为

$$\int \frac{\mathrm{d}y}{\varphi(y, C_1)} = x + C_2$$

例 6.3.4　求方程 $yy'' - y'^2 = 0$ 的通解.

解　该方程是 $y'' = f(y, y')$ 型. 设 $y' = p(y)$，则

$$y'' = p\frac{\mathrm{d}p}{\mathrm{d}y}$$

代入原方程得

$$y \cdot p\frac{\mathrm{d}p}{\mathrm{d}y} - p^2 = 0$$

即

$$p\left(y \cdot \frac{\mathrm{d}p}{\mathrm{d}y} - p\right) = 0$$

由 $y \cdot \frac{\mathrm{d}p}{\mathrm{d}y} - p = 0$ 得

$$p = C_1 y$$

所以

$$\frac{\mathrm{d}y}{\mathrm{d}x} = C_1 y$$

原方程通解为

$$y = C_2 \mathrm{e}^{C_1 x}$$

注　（1）$y = 0$ 或 $p = 0$，$y = C$ 都包含在上述通解中了.

（2）这个方程的两边同除以 y^2，方程变为

$$\frac{yy'' - y'^2}{y^2} = 0$$

方程左边恰好是 $\frac{y'}{y}$ 的导数，所以该方程也称恰当导数方程，故原方程变为

$$\left(\frac{y'}{y}\right)' = 0$$

于是

$$\frac{y'}{y} = C_1$$

即

$$y' = C_1 y$$

类似的问题还有 $yy'' + y'^2 = 0$，留着大家思考.

例 6.3.5 求微分方程 $yy'' = 2(y'^2 - y')$ 满足初始条件 $y(0) = 1$，$y'(0) = 2$ 的特解.

解 令 $y' = p$，由 $y'' = p\dfrac{\mathrm{d}p}{\mathrm{d}y}$，代入方程并化简得

$$y\frac{\mathrm{d}p}{\mathrm{d}y} = 2(p-1)$$

上式为可分离变量的一阶微分方程，解得

$$p = y' = Cy^2 + 1$$

再分离变量得

$$\frac{\mathrm{d}y}{Cy^2 + 1} = \mathrm{d}x$$

由初始条件 $y(0) = 1$，$y'(0) = 2$，解出 $C = 1$，从而得

$$\frac{\mathrm{d}y}{1 + y^2} = \mathrm{d}x$$

再两边积分得

$$\arctan y = x + C_1 \quad \text{或} \quad y = \tan(x + C_1)$$

由 $y(0) = 1$ 解出

$$C_1 = \arctan 1 = \frac{\pi}{4}$$

从而所求特解为

$$y = \tan\left(x + \frac{\pi}{4}\right)$$

习 题 6.3

（A）

1. 求下列微分方程的通解：

（1）$y'' = \mathrm{e}^{3x} + \sin x$；　　　　　　　（2）$y'' = x\mathrm{e}^x$；

（3）$xy'' + y' = 0$；　　　　　　　　　（4）$y'' = y' + x$；

（5）$y'' = \dfrac{1 + (y')^2}{2y}$.

2. 求下列微分方程满足所给初始条件的特解：

（1）$\begin{cases} y'' = 2yy', \\ y(0) = 1, \quad y'(0) = 2; \end{cases}$　　　　　（2）$\begin{cases} (1-x^2)y'' - xy' = 0, \\ y(0) = 0, \ y'(0) = 1; \end{cases}$

（3）$y'' = \dfrac{3}{2}y^2$ 满足初始条件 $y\big|_{x=0} = 1$，$y'\big|_{x=0} = 1$.

3. 试求 $xy'' = y' + x^2$ 经过点 $(1, 0)$ 且在此点的切线与直线 $y = 3x - 3$ 垂直的积分曲线.

（B）

1. 利用变量替换求下列二阶微分方程的解：

（1）$yy'' - (y')^2 = y^2 \ln y$；　　　　　　（2）$y'' + (y')^2 = 2\mathrm{e}^{-y}$.

2. 利用恰当导数求下列方程的通解：

（1）$yy'' + (y')^2 + 1 = 0$；   （2）$yy'' - (y')^2 - 6xy^2 = 0$.

3. 设函数 $y(x)$ $(x > 0)$ 二阶可导，曲线经过点 $(1, e)$，过曲线上任一点 $P(x, y)$ 作该曲线的切线及 x 轴的垂线，上述两直线与 x 轴所围成的三角形面积记为 s_1，区间 $[0, x]$ 上以 $y(x)$ 为曲边的曲边梯形面积记为 s_2，且 $2s_1 - s_2 = 1$，求此曲线方程.

4. 已知某曲线在第一象限内且过坐标原点，其上任一点 M 的切线 MT（与 x 轴交于点 T）、点 M 与点 M 在 x 轴上的投影点 P 连成线段 MP，和 x 轴所围成的三角形 MPT 的面积，与曲边三角形 OMP 的面积之比恒为常数 $k\left(k > \dfrac{1}{2}\right)$，又知道点 M 处的导数总为正，试求该曲线的方程.

6.4 二阶线性微分方程的性质及解的结构

二阶线性微分方程的一般形式为

$$\frac{\mathrm{d}^2 y}{\mathrm{d}x^2} + P(x)\frac{\mathrm{d}y}{\mathrm{d}x} + Q(x)y = f(x) \qquad (6.4.1)$$

其中 $P(x), Q(x), f(x)$ 是自变量为 x 的已知函数，函数 $f(x)$ 称为方程（6.4.1）的自由项. 当 $f(x) = 0$ 时，方程（6.4.1）成为

$$\frac{\mathrm{d}^2 y}{\mathrm{d}x^2} + P(x)\frac{\mathrm{d}y}{\mathrm{d}x} + Q(x)y = 0 \qquad (6.4.2)$$

这个方程称为二阶齐次线性微分方程. 相应地，方程（6.4.1）称为二阶非齐次线性微分方程. 若 $P(x), Q(x)$ 均为实常数，则分别称为二阶常系数齐次线性微分方程和二阶常系数非齐次线性微分方程.

定理 6.4.1 如果函数 $y_1(x)$ 和 $y_2(x)$ 是方程（6.4.2）的两个解，那么

$$y = C_1 y_1(x) + C_2 y_2(x) \qquad (6.4.3)$$

也是方程（6.4.2）的解，其中 C_1, C_2 为任意常数.

对于任意两个函数 $y_1(x)$ 和 $y_2(x)$，若它们的比为常数，称它们是线性相关的；否则它们是线性无关的.

定理 6.4.2 如果 $y_1(x)$ 和 $y_2(x)$ 是方程（6.4.2）的两个线性无关的特解，那么

$$y = C_1 y_1(x) + C_2 y_2(x)$$

就是方程（6.4.2）的通解，其中 C_1, C_2 为任意常数.

例 6.4.1 验证 $y_1 = \cos x$ 和 $y_2 = \sin x$ 是方程 $y'' + y = 0$ 的线性无关的解，并写出其通解.

证 因为

$$y_1'' + y_1 = -\cos x + \cos x = 0$$
$$y_2'' + y_2 = -\sin x + \sin x = 0$$

所以 $y_1 = \cos x$ 和 $y_2 = \sin x$ 都是方程的解.

定理 6.4.1
证明

又因为 $\dfrac{\sin x}{\cos x} = \tan x$ 不恒为常数，所以 $\cos x$ 与 $\sin x$ 在 $(-\infty, +\infty)$ 内是线性无关的.

因此，$y_1 = \cos x$ 和 $y_2 = \sin x$ 是方程 $y'' + y = 0$ 的两个线性无关的解，故方程的通解为

$$y = C_1\cos x + C_2\sin x$$

定理6.4.3 设 y^* 是方程（6.4.1）的一个特解，而 Y 是其对应的齐次方程（6.4.2）的通解，则

$$y = Y + y^* \tag{6.4.4}$$

就是二阶非齐次线性微分方程（6.4.1）的通解.

定理6.4.3证明

定理6.4.4 设 y_1^* 和 y_2^* 分别是方程

$$y'' + P(x)y' + Q(x)y = f_1(x) \quad 和 \quad y'' + P(x)y' + Q(x)y = f_2(x)$$

的特解，则 $y_1^* + y_2^*$ 也是方程

$$y'' + P(x)y' + Q(x)y = f_1(x) + f_2(x) \tag{6.4.5}$$

的特解.

***定理6.4.5** 设 $y_1 + iy_2$ 是方程

$$y'' + P(x)y' + Q(x)y = f_1(x) + if_2(x) \tag{6.4.6}$$

的解，其中 $P(x), Q(x), f_1(x), f_2(x)$ 为实值函数，i 为纯虚数，则 y_1 和 y_2 分别是方程

$$y'' + P(x)y' + Q(x)y = f_1(x) \quad 和 \quad y'' + P(x)y' + Q(x)y = f_2(x)$$

的解.

例6.4.2 已知 $y_1 = xe^x + e^{2x}$，$y_2 = xe^x - e^{-x}$，$y_3 = xe^x + e^{2x} - e^{-x}$ 是某二阶非齐次线性微分方程的三个特解，求：

（1）此方程的通解；

（2）此微分方程；

（3）此微分方程满足 $y(0) = 7$，$y'(0) = 6$ 的特解.

解 （1）由题设知，$e^{2x} = y_3 - y_2$，$e^{-x} = y_1 - y_2$ 是相应齐次线性方程的两个线性无关的解，且 $y_1 = xe^x + e^{2x}$ 是非齐次线性方程的一个特解，故所求方程的通解为

$$y = xe^x + e^{2x} + C_0e^{2x} + C_2e^{-x} = xe^x + C_1e^{2x} + C_2e^{-x} \quad (C_1 = 1 + C_0)$$

（2）因为 $\qquad y = xe^x + C_1e^{2x} + C_2e^{-x}$ （6.4.7）

所以 $\qquad y' = e^x + xe^x + 2C_1e^{2x} - C_2e^{-x}$ （6.4.8）

$$y'' = 2e^x + xe^x + 4C_1e^{2x} + C_2e^{-x}$$

从这两个式子中消去 C_1, C_2，即所求方程为

$$y'' - y' - 2y = e^x - 2xe^x$$

（3）在（6.4.7）和（6.4.8）两式中代入初始条件 $y(0) = 7$，$y'(0) = 6$，得

$$C_1 + C_2 = 7, 2C_1 - C_2 + 1 = 6 \Rightarrow C_1 = 4, C_2 = 3$$

从而所求特解为

$$y = 4e^{2x} + 3e^{-x} + xe^x$$

习　题　6.4

（A）

1. 设 y_1，y_2 是 $y'' + P(x)y' + Q(x)y = f(x)$ 的任意两个解，证明：$\alpha y_1 + \beta y_2$（α，β 为常数）是该方程解的充要条件是 $\alpha + \beta = 1$，其中 $f(x) \neq 0$.

2. 证明：$y = C_1 e^x + C_2 x^2 e^x + x e^{2x}$ 是微分方程 $xy'' - (2x + 1)y' + (x + 1)y = (x^2 + x - 1)e^{2x}$ 的通解.

3. 已知 $xy'' + y' = 4x$ 的一个特解为 x^2，又对应的齐次方程 $xy'' + y' = 0$ 有一个特解 $\ln x$，则 $xy'' + y' = 4x$ 的通解 $y = $（　　）.

A. $C_1 \ln x + C_2 + x^2$　　　　　　　B. $C_1 \ln x + C_2 x + x^2$

C. $C_1 \ln x + C_2 e^x + x^2$　　　　　D. $C_1 \ln x + C_2 e^{-x} + x^2$

（B）

1. 已知 $y_1 = \cos 2x - \dfrac{1}{4} x \cos 2x$，$y_2 = \sin 2x - \dfrac{1}{4} x \cos 2x$ 是某二阶非齐次线性微分方程的两个解，$y_3 = \cos 2x$ 是其所对应的齐次方程的一个解，求：

（1）此微分方程的通解；

（2）此微分方程；

（3）此微分方程满足初始条件 $y(0) = 1$，$y'(0) = 0$ 的特解.

6.5　二阶常系数线性微分方程

根据二阶线性微分方程解的结构，二阶线性微分方程的求解问题，关键在于如何求得二阶齐次方程的通解和非齐次方程的一个特解. 本节讨论二阶线性方程的一个特殊类型，即二阶常系数线性微分方程及其解法.

6.5.1　二阶常系数齐次线性微分方程及其解法

对于二阶常系数齐次线性微分方程

$$y'' + py' + qy = 0 \tag{6.5.1}$$

常用特征根法，将解微分方程的问题转化为求解一元二次代数方程的问题.

先看一阶常系数齐次微分方程

$$y' + ky = 0$$

其通解为

$$y = Ce^{-kx}$$

受此启发，设方程（6.5.1）的一个解为 $y = e^{rx}$，其中 r 待定，则

$$y' = re^{rx}, \qquad y'' = r^2e^{rx}$$

代入方程（6.5.1）中得

$$r^2e^{rx} + pre^{rx} + qe^{rx} = 0$$

因为 $e^{rx} \neq 0$，上式化为

$$r^2 + pr + q = 0 \qquad\qquad (6.5.2)$$

由此可见，只要 r 满足式（6.5.2），函数 $y = e^{rx}$ 就是方程（6.5.1）的解. 将方程（6.5.2）称为方程（6.5.1）的特征方程，称特征方程的两个根 r_1, r_2 为特征根. 于是微分方程（6.5.1）的解的问题归结为求解其特征方程的问题.

特征方程（6.5.2）的两根 r_1, r_2 可用公式 $r_{1,2} = \dfrac{-p \pm \sqrt{p^2 - 4q}}{2}$ 求出，它们有三种不同情形，分别对应着微分方程（6.5.1）的通解的三种不同情形：

（1）$p^2 - 4q > 0$. 方程（6.5.2）有两个不相等实根 $r_1 \neq r_2$，这时 $y_1 = e^{r_1x}$，$y_2 = e^{r_2x}$ 是方程（6.5.2）的两个解，且

$$\frac{y_2}{y_1} = \frac{e^{r_2x}}{e^{r_1x}} = e^{(r_2 - r_1)x}$$

不是常数，因此，微分方程（6.5.1）的通解为

$$y = C_1e^{r_1x} + C_2e^{r_2x}$$

（2）$p^2 - 4q = 0$. 方程（6.5.2）有两个相等实根 $r_1 = r_2 = -\dfrac{p}{2}$，这时得到微分方程（6.5.1）的一个解 $y_1 = e^{rx}$，还需求出另一个解 y_2，且 $\dfrac{y_2}{y_1}$ 不是常数. 设 $\dfrac{y_2}{y_1} = u(x)$，$u(x)$ 是 x 的待定函数，则

$$y_2 = u(x)y_1 = u(x)e^{rx}$$

对 y_2 求导得

$$y_2' = e^{rx}(u' + ru)$$
$$y_2'' = e^{rx}(u'' + 2ru' + r^2u)$$

代入微分方程 $y'' + py' + qy = 0$ 中得

$$e^{rx}[(u'' + 2ru' + r^2u) + p(u' + ru) + qu] = 0$$

约去 e^{rx}，整理得

$$u'' + (2r + p)u' + (r^2 + pr + q)u = 0$$

由 $2r + p = 0$ 且 $r^2 + pr + q = 0$，有 $u'' = 0$，只要取 $u(x) = x$ 即可. 由此得到微分方程的另一个解为

$$y_2 = xe^{-\frac{p}{2}x}$$

于是得微分方程（6.5.1）的通解为

$$y = C_1e^{r_1x} + C_2e^{r_2x}$$

即

$$y = (C_1 + C_2x)e^{rx}$$

（3）$p^2-4q<0$. 方程（6.5.2）有一对共轭复根：

$$r_1 = \alpha + \beta\mathrm{i}, \qquad r_2 = \alpha-\beta\mathrm{i} \quad (\beta\neq0)$$

其中

$$\alpha = -\frac{p}{2}, \qquad \beta = \frac{\sqrt{4q-p^2}}{2}$$

这时可验证微分方程（6.5.1）有两个线性无关的解：

$$y_1 = \mathrm{e}^{\alpha x}\cos\beta x, \qquad y_2 = \mathrm{e}^{\alpha x}\sin\beta x$$

从而微分方程（6.5.1）的通解为

$$y = \mathrm{e}^{\alpha x}(C_1\cos\beta x + C_2\sin\beta x)$$

综上所述，求二阶常系数齐次线性微分方程（6.5.1）通解的步骤如下：

（1）写出微分方程（6.5.1）的特征方程；

（2）求特征方程（6.5.2）的两个根 r_1, r_2；

（3）根据特征方程（6.5.2）两个根的不同情形，按表 6.5.1 写出微分方程（6.5.1）的通解.

表 6.5.1

特征方程 $r^2+pr+q=0$ 的根	微分方程 $y''+py'+qy=0$ 的通解
有两个不相等的实根 r_1, r_2	$y = C_1\mathrm{e}^{r_1 x} + C_2\mathrm{e}^{r_2 x}$
有二重根 $r_1 = r_2$	$y = (C_1+C_2 x)\mathrm{e}^{r_1 x}$
有一对共轭复根 $r_1 = \alpha+\mathrm{i}\beta$，$r_2 = \alpha-\mathrm{i}\beta$	$y = \mathrm{e}^{\alpha x}(C_1\cos\beta x + C_2\sin\beta x)$

这种根据二阶常系数齐次线性方程的特征方程的根直接确定其通解的方法称为特征方程法.

例 6.5.1 求方程 $y''-2y'-3y = 0$ 的通解.

解 所给微分方程的特征方程为

$$r^2-2r-3 = 0$$

其根 $r_1 = -1$，$r_2 = 3$ 是两个不相等的实根，因此所求通解为

$$y = C_1\mathrm{e}^{-x} + C_2\mathrm{e}^{3x}$$

例 6.5.2 求方程 $y''+4y'+4y = 0$ 的通解.

解 特征方程为 $r^2+4r+4 = 0$，解得

$$r_1 = r_2 = -2$$

故所求通解为

$$y = (C_1+C_2 x)\mathrm{e}^{-2x}$$

例 6.5.3 求方程 $y''+2y'+5y = 0$ 的通解.

解 特征方程为 $r^2+2r+5 = 0$，解得

$$r_{1,2} = -1\pm2\mathrm{i}$$

故所求通解为

$$y = \mathrm{e}^{-x}(C_1\cos2x + C_2\sin2x)$$

6.5.2 二阶常系数非齐次线性微分方程及其解法

二阶常系数非齐次线性方程的一般形式为

$$y'' + py' + qy = f(x) \tag{6.5.3}$$

根据线性微分方程解的结构定理可知，要求方程（6.5.3）的通解，只要求出它的一个特解及其对应的齐次方程的通解，两个解相加就得到了方程（6.5.3）的通解. 前面已经解决了求其对应齐次方程通解的方法，下面要解决的问题是如何求得方程（6.5.3）的一个特解 y^*.

方程（6.5.3）特解的形式与右边的自由项 $f(x)$ 有关，如果要对 $f(x)$ 的一般情形来求方程（6.5.3）的特解仍是非常困难的，这里只就 $f(x)$ 的两种常见的情形进行讨论.

类型 1 若 $f(x) = P_m(x)e^{\lambda x}$，其中 λ 为常数，$P_m(x)$ 是 x 的一个 m 次多项式，即

$$P_m(x) = a_0 x^m + a_1 x^{m-1} + \cdots + a_{m-1}x + a_m$$

其中 $a_i(i = 0, 1, 2, \cdots, m)$ 为常数且 $a_0 \neq 0$. 当 $f(x) = P_m(x)e^{\lambda x}$ 时，二阶常系数非齐次线性微分方程（6.5.3）具有形如

$$y^* = x^k Q_m(x)e^{\lambda x} \tag{6.5.4}$$

的特解，其中 $Q_m(x)$ 是与 $P_m(x)$ 同次（m 次）的多项式，而 k 按 λ 是不是特征方程的根、是特征方程的单根还是重根依次取 0, 1, 2.

例 6.5.4 下列方程具有什么样形式的特解？

（1）$y'' + 5y' + 6y = e^{3x}$；　　　　　　　（2）$y'' + 5y' + 6y = 3xe^{-2x}$；

（3）$y'' + 2y' + y = -(3x^2 + 1)e^{-x}$.

解 （1）因 $\lambda = 3$ 不是特征方程 $r^2 + 5r + 6 = 0$ 的根，故方程特解形式为

$$y^* = b_0 e^{3x}$$

（2）因 $\lambda = -2$ 是特征方程 $r^2 + 5r + 6 = 0$ 的单根，故方程特解形式为

$$y^* = x(b_0 x + b_1)e^{-2x}$$

（3）因 $\lambda = -1$ 是特征方程 $r^2 + 2r + 1 = 0$ 的二重根，故方程特解形式为

$$y^* = x^2(b_0 x^2 + b_1 x + b_2)e^{-x}$$

例 6.5.5 求方程 $y'' - 2y' - 3y = 3x + 1$ 的一个特解.

解 题设方程右边的自由项为 $f(x) = P_m(x)e^{\lambda x}$ 型，其中

$$P_m(x) = 3x + 1, \qquad \lambda = 0$$

其对应的齐次方程的特征方程为

$$r^2 - 2r - 3 = 0$$

特征根为

$$r_1 = -1, \qquad r_2 = 3$$

由于 $\lambda = 0$ 不是特征方程的根，设特解为

$$y^* = b_0 x + b_1$$

代入题设方程得

$$-3b_0 x - 2b_0 - 3b_1 = 3x + 1$$

比较系数得

$$\begin{cases} -3b_0 = 3 \\ -2b_0 - 3b_1 = 1 \end{cases}$$

解得

$$\begin{cases} b_0 = -1 \\ b_1 = \dfrac{1}{3} \end{cases}$$

于是，所求特解为

$$y^* = -x + \frac{1}{3}$$

例 6.5.6　求方程 $y'' - 3y' + 2y = x\mathrm{e}^{2x}$ 的通解.

解　该方程对应的齐次方程的特征方程为

$$r^2 - 3r + 2 = 0$$

特征根为

$$r_1 = 1, \qquad r_2 = 2$$

于是，该齐次方程的通解为

$$Y = C_1\mathrm{e}^x + C_2\mathrm{e}^{2x}$$

因 $\lambda = 2$ 是特征方程的单根，故可设题设方程的特解为

$$y^* = x(b_0 x + b_1)\mathrm{e}^{2x}$$

代入题设方程得

$$2b_0 x + b_1 + 2b_0 = x$$

比较等式两边同次幂的系数得

$$b_0 = \frac{1}{2}, \qquad b_1 = -1$$

于是，求得题设方程的一个特解为

$$y^* = x\left(\frac{1}{2}x - 1\right)\mathrm{e}^{2x}$$

从而，所求题设方程的通解为

$$y = C_1\mathrm{e}^x + C_2\mathrm{e}^{2x} + x\left(\frac{1}{2}x - 1\right)\mathrm{e}^{2x}$$

例 6.5.7　求微分方程 $y'' + y = x + \mathrm{e}^x$ 的通解.

解　特征方程为 $r^2 + 1 = 0$，特征根为

$$r_1 = \mathrm{i}, \qquad r_2 = -\mathrm{i}$$

故其对应的齐次方程的通解为

$$Y = C_1\cos x + C_2\sin x$$

易解得 $y'' + y = x$ 的一个特解为

$$y_1^* = x$$

$y'' + y = \mathrm{e}^x$ 的一个特解为

$$y_2^* = \frac{1}{2}\mathrm{e}^x$$

则题设方程的特解为

$$y^* = y_1^* + y_2^* = x + \frac{1}{2}e^x$$

原方程的通解为

$$y = Y + y^* = C_1\cos x + C_2\sin x + x + \frac{1}{2}e^x$$

例 6.5.8 求方程 $y'' - 2y' + y = (6x^2 - 4)e^x + x + 1$ 的特解.

解 其对应的齐次方程的特征方程为

$$r^2 - 2r + 1 = 0$$

解得特征根为

$$r_1 = r_2 = 1$$

由 6.4 节定理 6.4.4 知，题设方程的特解是下列两个方程特解的和：

$$y'' - 2y' + y = (6x^2 - 4)e^x \tag{6.5.5}$$

$$y'' - 2y' + y = x + 1 \tag{6.5.6}$$

因为特征方程有重根 $r = 1$，所以设方程（6.5.5）的特解为

$$y_1^* = (b_0x^2 + b_1x + b_2)x^2e^x$$

将其代入方程（6.5.5）并消去 e^x，整理后得

$$12b_0x^2 + 6b_1x + 2b_2 = 6x^2 - 4$$

即

$$b_0 = \frac{1}{2}, \qquad b_1 = 0, \qquad b_2 = -2$$

于是得特解为

$$y_1^* = \left(\frac{1}{2}x^2 - 2\right)x^2e^x$$

又因为 0 不是特征根，所以设方程（6.5.6）的特解为

$$y_2^* = Ax + B$$

求导后代入方程，解得 $A = 1$，$B = 3$，故特解为

$$y_2^* = x + 3$$

所以题设方程的特解为

$$y^* = y_1^* + y_2^* = \left(\frac{1}{2}x^2 - 2\right)x^2e^x + x + 3$$

类型 2 若 $f(x) = e^{\lambda x}[P_l(x)\cos\omega x + P_n(x)\sin\omega x]$，其中 $P_l(x)$ 和 $P_n(x)$ 分别为 x 的 l 次和 n 次多项式，ω 为常数，则微分方程（6.5.3）的特解可设为

$$y^* = x^k e^{\lambda x}[R_m^{(1)}(x)\cos\omega x + R_m^{(2)}(x)\sin\omega x]$$

其中 $R_m^{(1)}(x)$ 和 $R_m^{(2)}(x)$ 为 x 的 m 次多项式，$m = \max\{l, n\}$，而 k 的取值如下确定：

（i）若 $\lambda + i\omega$（或 $\lambda - i\omega$）不是特征方程的根，取 $k = 0$；

（ii）若 $\lambda + i\omega$（或 $\lambda - i\omega$）是特征方程的单根，取 $k = 1$.

*例 6.5.9 求微分方程 $y'' + y = x\cos 2x$ 的一个特解.

解 该方程是二阶常系数非齐次线性方程, 且 $f(x)$ 属于

$$e^{\lambda x}[P_l(x)\cos\omega x + P_n(x)\sin\omega x]$$

型, 其中 $P_l(x) = x$, $P_n(x) = 0$, $\lambda = 0$, $\omega = 2$. 该方程对应的齐次方程为

$$y'' + y = 0$$

其特征方程为

$$r^2 + 1 = 0$$

由于 $\lambda + \omega i = 2i$ 不是特征方程的根, 应设特解为

$$y^* = (ax + b)\cos 2x + (cx + d)\sin 2x$$

代入方程中得

$$(-3ax - 3b + 4c)\cos 2x - (3cx + 3d + 4a)\sin 2x = x\cos 2x$$

比较两边同类次系数得

$$\begin{cases} -3a = 1 \\ -3b + 4c = 0 \\ -3c = 0 \\ -3d - 4a = 0 \end{cases}$$

由此解得 $a = -\dfrac{1}{3}$, $b = 0$, $c = 0$, $d = \dfrac{4}{9}$. 于是求得一个特解为

$$y^* = -\frac{1}{3}x\cos 2x + \frac{4}{9}\sin 2x$$

习　题　6.5

（A）

1. 选择题:

（1）已知微分方程 $y'' - y' + py = 0$ 的通解为 $y = e^{\frac{x}{2}}(C_1 + C_2 x)$, 则 p 的值为（　　）.

A. 1　　　　　　B. 0　　　　　　C. $\dfrac{1}{2}$　　　　　　D. $\dfrac{1}{4}$

（2）设 $y = e^{-2x} + (x^2 + 2)e^x$ 是微分方程 $y'' + ay' + by = (cx + d)e^x$ 的一个解, 则方程中的系数 a 和 b 以及非齐次项中的常数 c 和 d 分别为（　　）.

A. $a = 1, b = -2, c = 6, d = 2$　　　　　　B. $a = 1, b = 2, c = 6, d = 2$

C. $a = 1, b = -2, c = -6, d = 2$　　　　　　D. $a = 1, b = -2, c = 6, d = -2$

（3）微分方程 $y'' - y' = x^2$ 的特解具有形式（　　）.

A. Ax^2　　　　　B. $Ax^2 + Bx + C$　　　　　C. Ax^3　　　　　D. $x(Ax^2 + Bx + C)$

（4）微分方程 $y'' - y' = e^x + 1$ 的特解具有形式（　　）.

A. $Ae^x + B$　　　　B. $Axe^x + Bx$　　　　C. $Ae^x + Bx$　　　　D. $Axe^x + B$

（5）二阶常系数非齐次线性微分方程 $y'' - 2y' + y = xe^x + \sin x$ 的特解形式应为（　　）.

A. $x^2(ax + b)e^x + A\sin x$　　　　　　B. $x(ax + b)e^x + A\sin x + B\cos x$

C. $x(ax + b)e^x + A\sin x$　　　　　　D. $x^2(ax + b)e^x + A\sin x + B\cos x$

2. 验证 $y=C_1\mathrm{e}^x+C_2\mathrm{e}^{2x}+\dfrac{1}{12}\mathrm{e}^{5x}$ （C_1,C_2 为任意常数）是方程 $y''-3y'+2y=\mathrm{e}^{5x}$ 的通解.

3. 求下列微分方程的通解：

（1）$y''+7y'+12y=0$；   （2）$y''-12y'+36y=0$；

（3）$y''+y'=0$；   （4）$y''-4y'+5y=0$；

（5）$y''+\mu y=0$（μ 为实数）.

4. 设二阶常系数齐次线性微分方程的两个特征根为 $r_1=2$，$r_2=3$，求该二阶常系数齐次线性微分方程及其通解.

5. 设二阶常系数齐次线性微分方程 $y''+ay'+by=0$ 的通解为 $y=\mathrm{e}^{-x}(C_1\cos x+C_2\sin x)$，其中 C_1,C_2 为任意常数，求 a,b 的值.

6. 求下列微分方程的通解：

（1）$2y''+y'-y=2\mathrm{e}^x$；   （2）$y''+y'-2y=x^2$；

（3）$y''-5y'+6y=\mathrm{e}^{2x}$；   （4）$y''+y'-2y=(x-2)\mathrm{e}^{-x}$；

（5）$y''-6y'+9y=(x+1)\mathrm{e}^{3x}$；   （6）$y''+4y=\cos 2x$.

7. 求微分方程 $y''+y'-2y=x\mathrm{e}^x+\cos 2x$ 的通解.

8. 求下列微分方程满足所给初始条件的特解：

（1）$y''-4y'+3y=0,y(0)=6,y'(0)=10$；   （2）$4y''+4y'+y=0,y(0)=2,y'(0)=0$；

（3）$y''+9y=0,y(0)=0,y'(0)=3$；   （4）$y''-3y'+2y=5,y(0)=1,y'(0)=2$；

（5）$y''-y=4x\mathrm{e}^x,y(0)=0,y'(0)=1$；   （6）$y''-2y'=(x^2+x-3)\mathrm{e}^x,y(0)=2,y'(0)=2$.

9. 设 $y=\dfrac{1}{2}\mathrm{e}^{2x}+\left(x-\dfrac{1}{3}\right)\mathrm{e}^x$ 是二阶常系数非齐次线性微分方程 $y''+ay'+by=c\mathrm{e}^x$ 的一个解，求 a,b,c 及方程的通解.

（B）

1. 设 $y=y(x)$ 是 $y''+by'+cy=0$ 的解，b,c 为正常数，则 $\lim\limits_{x\to+\infty}y(x)$（   ）.

A. 与解 $y(x)$ 的初值 $y(0),y'(0)$ 有关，与 b,c 无关

B. 与解 $y(x)$ 的初值 $y(0),y'(0)$ 及 b,c 均无关

C. 与解 $y(x)$ 的初值 $y(0),y'(0)$ 及 c 无关，只与 b 有关

D. 与解 $y(x)$ 的初值 $y(0),y'(0)$ 及 b 无关，只与 c 有关

2. 已知 $y_1=\mathrm{e}^x+\mathrm{e}^{-2x}\cos x$，$y_2=\mathrm{e}^x+\mathrm{e}^{-2x}\sin x$，$y_3=\mathrm{e}^x$ 是某二阶常系数非齐次线性微分方程的三个特解.

（1）求该方程的通解；

（2）写出此微分方程；

（3）求此微分方程满足 $y(0)=0$，$y'(0)=5$ 的特解.

3. 设 $f(x),g(x)$ 满足 $f'(x)=g(x)$，$g'(x)=2\mathrm{e}^x-f(x)$，且 $f(0)=0$，$g(0)=2$，求 $\displaystyle\int_0^{\pi}\left[\dfrac{g(x)}{1+x}-\dfrac{f(x)}{(1+x)^2}\right]\mathrm{d}x$.

4. 设 $4xy''+2(1-\sqrt{x})y'-6y=\mathrm{e}^{3\sqrt{x}}$（$x>0$），用变换 $t=\sqrt{x}$ 将原方程化为 y 关于 t 的微分方程，并求原方程的通解.

5. 若函数 $f(x)$ 满足 $f''(x)+f'(x)-2f(x)=0$，$f''(x)+f(x)=2\mathrm{e}^x$，求 $f(x)$.

6.6　微分方程的应用举例

微分方程作为现代数学的一个重要分支，在自然科学、社会经济等领域都有其广泛的应用，下面举一些例子.

6.6.1　衰变问题

例 6.6.1　镭、铀等放射性元素因不断放射出各种射线而逐渐减少其质量，这种现象称为放射性物质的衰变. 根据实验得知，衰变速度与现存物质的质量成正比，求放射性元素在 t 时刻的质量.

解　用 x 表示该放射性物质在 t 时刻的质量，则 $\dfrac{\mathrm{d}x}{\mathrm{d}t}$ 表示 x 在 t 时刻的衰变速度，于是"衰变速度与现存的质量成正比"可表示为

$$\frac{\mathrm{d}x}{\mathrm{d}t} = -kx \tag{6.6.1}$$

这是一个以 x 为未知函数的一阶方程，它就是放射性元素衰变的数学模型，其中 $k>0$ 为比例常数，称为衰变常数，因元素的不同而异. 方程右边的负号表示当时间 t 增加时质量 x 减少.

解方程（6.6.1）得通解为

$$x = Ce^{-kt}$$

若已知当 $t = t_0$ 时，$x = x_0$，代入通解 $x = Ce^{-kt}$ 中可得 $C = x_0 e^{-kt_0}$，则可得到方程（6.6.1）的特解为

$$x = x_0 e^{-k(t-t_0)}$$

它反映了该放射性元素衰变的规律.

注　物理学中，称放射性物质从最初的质量到衰变为该质量自身一半所花费的时间为半衰期，不同物质的半衰期差别极大. 例如，铀的普通同位素（^{238}U）的半衰期约为 50 亿年；通常的镭（^{226}Ra）的半衰期是上述放射性物质的特征，然而半衰期却不依赖于该物质的初始量，1 g ^{226}Ra 衰变成 0.5 g 所需要的时间与 1 t ^{226}Ra 衰变成 0.5 t 所需要的时间同样都是 1 600 年，正是这种事实才构成了确定考古发现日期时使用的著名的 ^{14}C 测验的基础.

6.6.2　逻辑斯谛方程

逻辑斯谛（logistic）方程是一种在许多领域有着广泛应用的数学模型，下面借助树的增长来建立该模型.

一棵小树刚栽下去的时候长得比较慢，渐渐地，小树长高了，而且长得越来越快，几年不见，绿荫底下已经可乘凉了；但长到某一高度后，它的生长速度趋于稳定，然后慢慢降下来. 这一现象很具有普遍性. 现在来建立这种现象的数学模型.

若假设树的生长速度与其目前的高度成正比，则显然不符合两头尤其是后期的生长情形，因为树不可能越长越快；但若假设树的生长速度正比于最大高度与目前高度的差，则又明显不符合中间一段的生长过程. 折中一下，假定树的生长速度既与目前的高度成正比，又与最大高度和目前高度之差成正比.

设树生长的最大高度为 H(m)，在 t(年)时的高度为 $h(t)$，则有

$$\frac{\mathrm{d}h(t)}{\mathrm{d}t} = kh(t)[H-h(t)] \tag{6.6.2}$$

其中 $k > 0$ 为比例常数. 这个方程称为逻辑斯谛方程，它是可分离变量的一阶微分方程.

下面来求解方程（6.6.2）. 分离变量得

$$\frac{\mathrm{d}h}{h(H-h)} = k\mathrm{d}t$$

两边积分

$$\int \frac{\mathrm{d}h}{h(H-h)} = \int k\mathrm{d}t$$

得 $\quad \frac{1}{H}[\ln h - \ln(H-h)] = kt + C_1 \quad$ 或 $\quad \frac{h}{H-h} = \mathrm{e}^{kHt+C_1H} = C_2\mathrm{e}^{kHt}$

故所求通解为

$$h(t) = \frac{C_2H\mathrm{e}^{kHt}}{1+C_2\mathrm{e}^{kHt}} = \frac{H}{1+C\mathrm{e}^{-kHt}}$$

其中 $C\left(C = \frac{1}{C_2} = \mathrm{e}^{-C_1H} > 0\right)$ 为正常数.

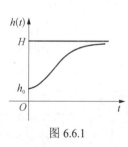

图 6.6.1

函数 $h(t)$ 的图像称为逻辑斯谛曲线. 图 6.6.1 中所示的是一条典型的逻辑斯谛曲线，由于它的形状，一般也称为 S 曲线. 可以看到，它基本符合描述的树的生长情形. 另外还可以算得

$$\lim_{t\to+\infty} h(t) = H$$

这说明树的生长有一个限制，因此也称限制性增长模式.

注 logistic 的中文音译名是"逻辑斯谛"."逻辑"在字典中的解释是"客观事物发展的规律性"，因此许多现象本质上都符合这种规律，除生物种群的繁殖外，还有信息的传播、新技术的推广、传染病的扩散，以及某些商品的销售等. 例如，流感的传染，在任其自然发展（初期未引起人们注意）的阶段，可以设想它的速度既正比于得病的人数，又正比于未传染到的人数. 开始时患病的人不多，因而传染速度较慢；但随着健康人与患者接触，受传染的人越来越多，传染的速度也越来越快；最后，传染速度自然而然地渐渐降低，因为已经没有多少人可被传染了.

下面举两个例子说明逻辑斯谛的应用.

例 6.6.2　（人口阻滞增长模型）　1837 年，荷兰生物学家弗胡斯特（Verhulst）提出一个人口模型：

$$\frac{\mathrm{d}y}{\mathrm{d}t} = y(k-by), \qquad y(t_0)=y_0 \tag{6.6.3}$$

其中 k, b 称为生命系数.

这里不详细讨论这个模型，只提应用它预测世界人口的两个有趣的结果.

有生态学家估计 k 的自然值是 0.029. 利用 20 世纪 60 年代世界人口年平均增长率为 2% 以及 1965 年人口总数 33.4 亿这两个数据，计算得 $b=2$，从而估计得：

（1）世界人口总数将趋于极限 107.6 亿；

（2）到 2000 年时世界人口总数为 59.6 亿.

后一个数字很接近 2000 年时的实际人口，世界人口在 1999 年刚进入 60 亿.

例 6.6.3　（新产品的推广模型）　设有某种新产品要推向市场，t 时刻的销量为 $x(t)$. 由于产品性能良好，每个产品都是一个宣传品，t 时刻产品销售的增长率 $\frac{\mathrm{d}x}{\mathrm{d}t}$ 与 $x(t)$ 成正比，同时，考虑到产品销售存在一定的市场容量 N，统计表明 $\frac{\mathrm{d}x}{\mathrm{d}t}$ 与尚未购买该产品的潜在顾客的数量 $N-x(t)$ 也成正比，于是有

$$\frac{\mathrm{d}x}{\mathrm{d}t} = kx(N-x) \tag{6.6.4}$$

其中 k 为比例系数. 分离变量再积分，可以解得

$$x(t) = \frac{N}{1+Ce^{-kNt}} \tag{6.6.5}$$

由　　$$\frac{\mathrm{d}x}{\mathrm{d}t} = \frac{CN^2 ke^{-kNt}}{(1+Ce^{-kNt})^2}, \qquad \frac{\mathrm{d}^2x}{\mathrm{d}t^2} = \frac{Ck^2 N_3 e^{-kNt}(Ce^{-kNt}-1)}{(1+Ce^{-kNt})^2}$$

可知：当 $x(t^*)<N$ 时，有 $\frac{\mathrm{d}x}{\mathrm{d}t}>0$，即销量 $x(t)$ 单调增加；当 $x(t^*)=\frac{N}{2}$ 时，$\frac{\mathrm{d}^2x}{\mathrm{d}t^2}=0$；当 $x(t^*)>\frac{N}{2}$ 时，$\frac{\mathrm{d}^2x}{\mathrm{d}t^2}<0$；当 $x(t^*)<\frac{N}{2}$ 时，$\frac{\mathrm{d}^2x}{\mathrm{d}t^2}>0$. 即当销量达到最大需求量 N 的一半时，产品最为畅销；当销量不足 N 一半时，销售速度不断增大；当销量超过一半时，销售速度逐渐减小.

国内外许多经济学家调查表明，许多产品的销售曲线与公式（6.6.5）的曲线（逻辑斯谛曲线）十分接近. 根据对曲线性状的分析，许多分析家认为：在新产品推出初期，应采用小批量生产并加强广告宣传；而在产品用户达到 20%～80%期间，产品应大批量生产；在产品用户超过 80%时，应适时转产，可以达到最大的经济效益.

6.6.3　价格调整问题

一种商品的价格变化主要服从市场供求关系. 一般情况下，商品供给量 S 是价格 P 的

单调递增函数，商品需求量 Q 是价格 P 的单调递减函数，为简单起见，分别设该商品的供给函数和需求函数分别为

$$S(P) = a + bP, \qquad Q(P) = \alpha - \beta P \tag{6.6.6}$$

其中 a, b, α, β 均为常数，且 $b>0$，$\beta>0$.

当供给量与需求量相等时，由式（6.6.6）可得供求平衡时的价格

$$P_e = \frac{\alpha - a}{\beta + b}$$

并称 P_e 为均衡价格.

一般说，当某种商品供不应求，即 $S<Q$ 时，该商品价格要涨；当供大于求，即 $S>Q$ 时，该商品价格要落. 因此，假设 t 时刻的价格 $P(t)$ 的变化率与超额需求量 $Q-S$ 成正比，则有方程

$$\frac{\mathrm{d}P}{\mathrm{d}t} = k[Q(P) - S(P)]$$

其中 $k>0$ 用来反映价格的调整速度.

将式（6.6.6）代入方程得

$$\frac{\mathrm{d}P}{\mathrm{d}t} = \lambda(P_e - P) \tag{6.6.7}$$

其中常数 $\lambda = (b + \beta)k>0$. 方程（6.6.7）的通解为

$$P(t) = P_e + Ce^{-\lambda t}$$

假设初始价格 $P(0) = P_0$，代入上式得 $C = P_0 - P_e$，于是上述价格调整模型的解为

$$P(t) = P_e + (P_0 - P_e)e^{-\lambda t}$$

由 $\lambda>0$ 知，当 $t \to +\infty$ 时，$P(t) \to P_e$. 这说明，随着时间不断推延，实际价格 $P(t)$ 将逐渐趋近于均衡价格 P_e.

6.6.4 人才分配问题

每年大学毕业生中都有一定比例的人员进入学校充实教师队伍，其余人员将进入社会从事科学技术与管理工作. 设 t 年教师人数为 $x_1(t)$，科学技术与管理人员人数为 $x_2(t)$，又设 1 个教员每年平均培养 α 个毕业生，每年教育、科技和经济管理岗位退休、死亡或调出人员的比率为 $\delta(0<\delta<1)$，每年大学毕业生中从事教师职业的人员所占比率为 β（$0<\beta<1$），则有方程

$$\frac{\mathrm{d}x_1}{\mathrm{d}t} = \alpha\beta x_1 - \delta x_1 \tag{6.6.8}$$

$$\frac{\mathrm{d}x_2}{\mathrm{d}t} = \alpha(1-\beta)x_1 - \delta x_2 \tag{6.6.9}$$

方程（6.6.8）的通解为

$$x_1 = C_1 e^{(\alpha\beta-\delta)t} \qquad\qquad (6.6.10)$$

若设 $x_1(0) = x_0^1$，则 $C_1 = x_0^1$，于是得特解为

$$x_1 = x_0^1 e^{(\alpha\beta-\delta)t} \qquad\qquad (6.6.11)$$

将式（6.6.11）代入式（6.6.9），方程变为

$$\frac{\mathrm{d}x_2}{\mathrm{d}t} + \delta x_2 = \alpha(1-\beta) x_0^1 e^{(\alpha\beta-\delta)t} \qquad\qquad (6.6.12)$$

求解方程（6.6.12）得通解为

$$x_2 = C_2 e^{-\delta t} + \frac{(1-\beta)x_0'}{\beta} e^{(\alpha\beta-\delta)t} \qquad\qquad (6.6.13)$$

若设 $x_2(0) = x_0^2$，则

$$C_2 = x_0^2 - \frac{1-\beta}{\beta} x_0^1$$

于是得特解为

$$x_2 = \left(x_0^2 - \frac{1-\beta}{\beta} x_0^1 \right) e^{-\delta t} + \frac{1-\beta}{\beta} x_0^1 e^{(\alpha\beta-\delta)t} \qquad\qquad (6.6.14)$$

式（6.6.11）和式（6.6.14）分别表示在初始人数分别为 $x_1(0), x_2(0)$ 的情况下，对应于 β 的取值，在 t 年教师队伍的人数和科技管理人员人数. 从结果可以看出，若取 $\beta = 1$，即毕业生全部留在教育界，则当 $t \to \infty$ 时，由于 $\alpha > \delta$，必有 $x_1(t) \to \infty$，而 $x_2(t) \to 0$，说明教师队伍将迅速增加. 而技术与管理队伍不断萎缩，势必要影响经济发展，反过来也会影响教育的发展. 若将 β 接近于 0，则 $x_1(t) \to 0$，同时也导致 $x_2(t) \to 0$，说明如果不保证适当比例的毕业生充实教师选择好比率 β，将关系到两支队伍的建设，以及整个国家经济建设的大局.

6.6.5　追迹问题

例 6.6.4　设开始时甲、乙水平距离为 1 单位，乙从点 A 沿垂直于 OA 的直线以等速 v_0 向正北行走；甲从乙的左侧点 O 出发，始终对准乙以 $nv_0 (n > 1)$ 的速度追赶. 求追迹曲线方程，并问乙行多远时，被甲追到？

解　设所求追迹曲线方程为 $y = y(x)$. t 时刻甲在追迹曲线上的点为 $P(x, y)$，乙在点 $B(1, v_0 t)$，则有

$$\tan\theta = y' = \frac{v_0 t - y}{1 - x} \qquad\qquad (6.6.15)$$

由题设，曲线的弧长 OP 为

$$\int_0^x \sqrt{1 + y'^2}\,\mathrm{d}x = nv_0 t$$

解出 $v_0 t$，代入式（6.6.15）得

$$(1-x)y' + y = \frac{1}{n}\int_0^x \sqrt{1 + y'^2}\,\mathrm{d}x$$

两边对 x 求导，整理得

$$(1-x)y'' = \frac{1}{n}\sqrt{1+y'^2}$$

这就是追迹问题的数学模型.

这是一个不显含 y 的可降阶的方程，设 $y' = p(x)$，$y'' = p''$，代入方程得

$$(1-x)p' = \frac{1}{n}\sqrt{1+p^2} \quad \text{或} \quad \frac{\mathrm{d}p}{\sqrt{1+p^2}} = \frac{\mathrm{d}x}{n(1-x)}$$

两边积分得

$$\ln(p + \sqrt{1+p^2}) = -\frac{1}{n}\ln|1-x| + \ln|C_1|$$

即

$$p + \sqrt{1+p^2} = \frac{C_1}{\sqrt[n]{1-x}}$$

将初始条件 $y'|_{x=0} = p|_{x=0}$ 代入上式，得 $C_1 = 1$. 于是

$$y' + \sqrt{1+y'^2} = \frac{1}{\sqrt[n]{1-x}} \qquad (6.6.16)$$

两边同乘 $y' - \sqrt{1+y'^2}$，并化简得

$$y' - \sqrt{1+y'^2} = -\sqrt[n]{1-x} \qquad (6.6.17)$$

式（6.6.16）与式（6.6.17）相加，得

$$y' = \frac{1}{2}\left(\frac{1}{\sqrt[n]{1-x}} - \sqrt[n]{1-x}\right)$$

两边积分得

$$y = \frac{1}{2}\left[-\frac{n}{n-1}(1-x)^{\frac{n-1}{n}} + \frac{n}{n+1}(1-x)^{\frac{n+1}{n}}\right] + C_2$$

代入初始条件 $y|_{x=0} = 0$ 得

$$C_2 = \frac{n}{n^2-1}$$

故所求追迹曲线方程为

$$y = \frac{n}{2}\left[\frac{(1-x)^{\frac{n+1}{n}}}{n+1} - \frac{(1-x)^{\frac{n-1}{n}}}{n+1}\right] + \frac{n}{n^2-1} \qquad (n>1)$$

甲追到乙时，曲线上点 P 的横坐标 $x=1$，此时 $y = \frac{n}{n^2-1}$，即乙行走至离点 A $\frac{n}{n^2-1}$ 个单位距离时被甲追到.

习 题 6.6

1. 在某一人群中推广新技术是通过其中已掌握新技术的人进行的，设该人群的总人数为 N，在 $t=0$ 时刻已掌握新技术的人数为 x_0，在任意 t 时刻已掌握新技术的人数为 $x(t)$，其变化率与已掌握新技术人数和未掌握新技术人数之积成正比，比例常数 $k>0$，求 $x(t)$.

2. 已知某商品的需求量 Q 对价格 P 的弹性为 $\eta = -3P^2$，而市场对该商品的最大需求量为 1 万件，求

需求函数.

3. 某飞机在机场降落时，为了减小滑行距离，在触地的瞬间，飞机尾部张开减速伞，以增大阻力，使飞机迅速减速直至停下来. 现有一质量为 9 000 kg 的飞机，着陆时的水平速度为 700 km/h. 经测试，减速伞打开后，飞机所受的总阻力与飞机的速度成正比（比例系数为 $k = 6.0 \times 10^6$）. 问从着陆点算起，飞机滑行的最长距离是多少？

4. 人工繁殖细菌，其增长速度与当时的细菌数成正比.

（1）如果 4 h 的细菌数为原细菌数的 2 倍，那么经过 12 h 应为原细菌数的多少倍？

（2）如果在 3 h 时的细菌数为 10^4 个，在 5 h 时的细菌数为 4×10^4 个，那么在开始时有多少个细菌？

5. 设一容器内有 100 L 盐溶液，其中含盐 54 g，清水以 3 L/min 的速度流入容器，以同样的速度流出，通过搅拌保持浓度均匀，求 t 时刻及 1 h 后溶液内含多少盐.

6. 放射性碘 I^{131} 广泛用来研究甲状腺的机能，I^{131} 的瞬时放射速率与它当时所存在的量成正比. 已知 I^{131} 初始质量为 M_0，I^{131} 的半衰期为 8 天（即当 $t = 8$ 时，$M = 0.5M_0$），问 20 天后 I^{131} 还剩多少？

7. 某车间体积为 12 000 m³，开始时空气中含有 0.1% 的 CO_2，为了降低车间内空气中 CO_2 的含量，用一台风量为 2 000 m³/s 的鼓风机通入含 0.03% 的 CO_2 的新鲜空气，同时以同样的风量将混合均匀的空气排出，问鼓风机开动 6 min 后，车间内 CO_2 的百分比降低到多少？

6.7 差 分 方 程

至此所研究的变量基本上都属于连续变化的类型，但在经济管理或其他实际问题中，大多数变量是以定义在整数集上的数列形式变化的，如银行中的定期存款按所设定的时间等间隔计息，国家财政预算按年制定等，通常称这类变量为离散型变量. 对这类变量，可以得到在不同取值点上的各离散变量之间的关系，如递推关系等. 描述各离散型变量之间关系的数学模型称为离散型模型，求解这类模型就可以得到各离散型变量的运行规律. 本节将介绍在经济学和管理学中最常见的一种离散型数学模型——差分方程.

6.7.1 差分的概念及性质

设变量 y 是时间 t 的函数. 在连续变化的时间范围内，变量 y 关于时间 t 的变化率用 $\dfrac{dy}{dt}$ 来刻画；但有些问题中，时间 t 只能离散地取值，从而变量 y 只能按离散时间相应离散地随之变化，这时常取在规定时间区间上的差商 $\dfrac{\Delta y}{\Delta t}$ 来刻画变量 y 的变化率. 若选择 $\Delta t = 1$，则

$$\Delta y = y(t + 1) - y(t)$$

可以近似表示变量 y 的变化率. 由此给出差分的定义.

定义 6.7.1 设函数 $y_t = y(t)$，称改变量 $y_{t+1} - y_t$ 为函数 y_t 的差分，也称函数 y_t 的一阶差分，记为 Δy_t，即

$$\Delta y_t = y_{t+1} - y_t \quad \text{或} \quad \Delta y(t) = y(t + 1) - y(t) \quad (t = 0, 1, 2, \cdots)$$

一阶差分的差分称为二阶差分 $\Delta^2 y_t$，即

$$\Delta^2 y_t = \Delta(\Delta y_t) = \Delta y_{t+1} - \Delta y_t = (y_{t+2} - y_{t+1}) - (y_{t+1} - y_t) = y_{t+2} - 2y_{t+1} + y_t$$

类似可定义三阶差分、四阶差分……

$$\Delta^3 y_t = \Delta(\Delta^2 y_t), \quad \Delta^4 y_t = \Delta(\Delta^3 y_t), \quad \cdots$$

一般地，函数 y_t 的 $n-1$ 阶差分的差分称为 n 阶差分，记为 $\Delta^n y_t$，即

$$\Delta^n y_t = \Delta^{n-1} y_{t+1} - \Delta^{n-1} y_t = \sum_{i=0}^{n} (-1)^i \, C_n^i \, y_{t+n-i}$$

二阶及二阶以上的差分统称为高阶差分.

根据定义容易得到差分的四则运算法则：

（ⅰ）$\Delta(Cy_t) = C\Delta y_t$（$C$ 为常数）；

（ⅱ）$\Delta(y_t \pm z_t) = \Delta y_t \pm \Delta z_t$；

（ⅲ）$\Delta(y_t \cdot z_t) = z_t \Delta y_t + y_{t+1}\Delta z_t = y_t \Delta z_t + z_{t+1}\Delta y_t$；

（ⅳ）$\Delta\left(\dfrac{y_t}{z_t}\right) = \dfrac{z_t \Delta y_t - y_t \Delta z_t}{z_{t+1} \cdot z_t} = \dfrac{z_{t+1}\Delta y_t - y_{t+1}\Delta z_t}{z_{t+1} \cdot z_t}$ $(z_t \neq 0)$.

例 6.7.1 已知 $y_t = c$（c 为常数），求 Δy_t.

解 因为 $\qquad\qquad\qquad \Delta y_t = y_{t+1} - y_t = c - c = 0$

所以常数的差分为 0.

例 6.7.2 设 $y_t = a^t$（$a > 0$ 且 $a \neq 1$），求 Δy_t.

解 因为 $\qquad\qquad\qquad \Delta y_t = y_{t+1} - y_t = a^{t+1} - a^t = a^t(a-1)$

所以指数函数的差分等于指数函数乘以一个常数.

例 6.7.3 设 $y_t = t^2$，求 $\Delta(y_t), \Delta^2(y_t), \Delta^3(y_t)$.

解 $\qquad\qquad \Delta y_t = \Delta(t^2) = (t+1)^2 - t^2 = 2t + 1$

$\qquad\qquad \Delta^2 y_t = \Delta^2(t^2) = \Delta(2t+1) = [2(t+1)+1] - (2t+1) = 2$

$\qquad\qquad \Delta^3 y_t = \Delta(\Delta^2 y_t) = 2 - 2 = 0$

例 6.7.4 设 $y_t = t^{(n)} = t(t-1)(t-2)\cdots(t-n+1)$，$t^{(0)} = 1$，求 Δy_t.

解 设 $y_t = t^{(n)} = t(t-1)(t-2)\cdots(t-n+1)$，则

$\qquad \Delta y_t = (t+1)^{(n)} - t^{(n)} = (t+1)t(t-1)\cdots(t+1-n+1) - t(t-1)\cdots(t-n+2)(t-n+1)$

$\qquad\qquad = [(t+1)-(t-n+1)]t(t-1)\cdots(t-n+2) = nt^{(n-1)}$

例 6.7.5 求 $y_t = t^2 \cdot 3^t$ 的差分.

解 **方法 1** 由差分的定义，有

$$\Delta y_t = (t+1)^2 \cdot 3^{t+1} - t^2 \cdot 3^t = 3^t(2t^2 + 6t + 3)$$

方法 2 由差分的性质，有

$$\Delta y_t = \Delta(t^2 \cdot 3^t) = 3^t \Delta t^2 + (t+1)^2 \Delta(3^t) = 3^t(2t+1) + (t+1)^2 \cdot 2 \cdot 3^t = 3^t(2t^2 + 6t + 3)$$

例 6.7.6 设 $y = t^2 + 2t$，求 $\Delta y_t, \Delta^2 y_t, \Delta^3 y_t$.

解 由差分的定义，有

$$\Delta y_t = (t+1)^2 + 2(t+1) - (t^2 + 2t) = 2t + 3$$

由二阶差分的定义及差分的性质，有

$$\Delta^2 y_t = \Delta(\Delta y_t) = \Delta(2t+3) = 2\Delta(t) + \Delta(3) = 2 \cdot 1 = 2$$

由三阶差分的定义，有

$$\Delta^3 y_t = \Delta(\Delta^2 y_t) = \Delta(2) = 0$$

注　若 $f(t)$ 为 n 次多项式，则 $\Delta^n f(t)$ 为常数，且 $\Delta^m f(t) = 0$ $(m > n)$.

6.7.2　差分方程的概念

定义 6.7.2　含有未知函数 y_t 的差分的方程称为差分方程.

差分方程的一般形式为

$$F(t, y_t, \Delta y_t, \Delta^2 y_t, \cdots, \Delta^n y_t) = 0$$

或

$$G(t, y_t, y_{t+1}, y_{t+2}, \cdots, y_{t+n}) = 0$$

差分方程中所含未知函数的最大下标与最小下标的差称为该差分方程的阶. 差分方程的不同形式可以相互转化.

例如，差分方程 $y_{t+2} - 2y_{t+1} - y_t = 3^t$ 可化为

$$\Delta^2 y_t - 2y_t = 3^t$$

$$y_{t+2} - 2y_{t+1} - y_t = (y_{t+2} - y_{t+1}) - (y_{t+1} - y_t) - 2y_t = \Delta y_{t+1} - \Delta y_t - 2y_t = \Delta^2 y_t - 2y_t$$

又如，对于差分方程 $\Delta^3 y_t + \Delta^2 y_t = 0$，由

$$\Delta^2 y_t = y_{t+2} - 2y_{t+1} + y_t$$

$$\Delta^3 y_t = y_{t+3} - 3y_{t+2} + 3y_{t+1} - y_t$$

代入得

$$(y_{t+3} - 3y_{t+2} + 3y_{t+1} - y_t) + (y_{t+2} - 2y_{t+1} + y_t) = 0$$

即

$$y_{t+3} - 2y_{t+2} + y_{t+1} = 0$$

定义 6.7.3　满足差分方程的函数称为该差分方程的解.

例如，对差分方程 $y_{t+1} - y_t = 2$，将 $y_t = 2t + 7$ 代入该方程得

$$y_{t+1} - y_t = 2(t+1) + 7 - (2t+7) = 2$$

易知，$y_t = 2t + 7$ 是该方程的解.

如果差分方程的解中含有相互独立的任意常数的个数恰好等于方程的阶数，那么称这个解为该差分方程的通解.

我们往往要根据系统在初始时刻所处的状态对差分方程附加一定的条件，这种附加条件称为初始条件，满足初始条件的解称为特解.

定义 6.7.4　若差分方程中所含未知函数及未知函数的各阶差分均为一次，则称该差分方程为线性差分方程.

线性差分方程的一般形式为

$$y_{t+n} + a_1(t)y_{t+n-1} + \cdots + a_{n-1}(t)y_{t+1} + a_n(t)y_t = f(t)$$

其特点是 $y_{t+n}, y_{t+n+1}, \cdots, y_t$ 都是一次的.

例 6.7.7　试确定下列差分方程的阶：

（1）$y_{t+3} - y_{t-2} + y_{t-4} = 0$；　　　　　　（2）$5y_{t+5} + 3y_{t+1} = 7$；

（3）$\Delta^3 y_t + \Delta^2 y_t - \Delta y_t - y_t = 0$.

解 （1）由于方程中未知函数下标的最大差为 7，由阶的定义，此方程的阶为 7.

（2）由于方程中未知函数下标的最大差为 4，由阶的定义，此方程的阶为 4.

（3）因为

$$\Delta y_t = y_{t+1} - y_t$$
$$\Delta^2 y_t = y_{t+2} - 2y_{t+1} + y_t$$
$$\Delta^3 y_t = y_{t+3} - 3y_{t+2} + 3y_{t+1} - y_t$$

代入方程中，方程化为

$$y_{t+3} - 2y_{t+2} = 0$$

所以此方程为一阶差分方程.

例 6.7.8 指出下列等式是否为差分方程，若是，进一步指出是否为线性方程.

（1）$-3\Delta y_t = 3y_t + a^t$；　　　　　　（2）$y_{t+2} - 2y_{t+1} + 3y_t = 4$.

解 （1）将原方程变形为

$$-3y_{t+1} = a^t$$

即知此方程不是差分方程.

（2）由定义知此方程是差分方程，且是线性差分方程.

微分和差分都是描述变量变化的状态，前者描述的是连续变化过程，后者描述的是离散变化过程. 当取单位时间为 1 时，在单位时间间隔很小的情况下，有

$$\Delta y_t = f(t+1) - f(t) \approx \mathrm{d}y = \frac{\mathrm{d}y}{\mathrm{d}t} \cdot \Delta t = \frac{\mathrm{d}y}{\mathrm{d}t}$$

即差分方程可视为连续变化的一种近似. 因此，差分方程与微分方程无论在方程结构、解的结构还是求解方法上都有很多相似之处.

6.7.3 一阶常系数线性差分方程

一阶常系数线性差分方程的一般形式为

$$y_{t+1} - ay_t = f(t) \tag{6.7.1}$$

其中 a 为非零常数，$f(t)$ 为已知函数. 若 $f(t) \equiv 0$，则方程变为

$$y_{t+1} - ay_t = 0 \quad (a \neq 0) \tag{6.7.2}$$

方程（6.7.2）称为一阶常系数线性齐次差分方程；相应地，若 $f(t) \not\equiv 0$，则方程（6.7.1）称为一阶常系数线性非齐次差分方程.

1. 一阶常系数线性齐次差分方程的求解

一阶常系数线性齐次差分方程的通解可用迭代法和特征根法求得.

1）迭代法

设 y_0 已知，由方程（6.7.2）依次可得

$$y_1 = ay_0$$
$$y_2 = ay_1 = a^2 y_0$$

$$y_3 = ay_2 = a^3 y_0$$
$$\cdots\cdots$$

于是 $y_t = a^t \cdot y_0$，故
$$y_t = a^t y_0$$

为方程（6.7.2）的解.

容易验证，对任意常数 A，$y_t = A \cdot a^t$ 都是方程（6.7.2）的解，故方程（6.7.2）的通解为
$$y_t = A \cdot a^t \tag{6.7.3}$$

2）特征根法

设 $y_t = \lambda^t \, (\lambda \neq 0)$，代入方程（6.7.2）得
$$\lambda^{t+1} - a\lambda^t = 0$$
即
$$\lambda - a = 0 \tag{6.7.4}$$

得 $\lambda = a$，称方程（6.7.4）为齐次方程（6.7.2）的特征方程，而 $\lambda = a$ 为特征方程的根，于是 $y_t = a^t$ 是齐次方程的一个解，从而
$$y_t = A \cdot a^t \quad (A \text{ 为任意常数}) \tag{6.7.5}$$
是齐次方程的通解.

例 6.7.9　求差分方程 $y_{t+1} - 3y_t = 0$ 的通解.

解　由式（6.7.5）得，原方程的通解为
$$y_t = A \cdot 3^t \quad (A \text{ 为任意常数})$$

例 6.7.10　求方程 $2y_t + y_{t-1} = 0$ 满足初始条件 $y_0 = -1$ 的解.

解　原方程 $2y_t + y_{t-1} = 0$ 可改写为
$$2y_{t+1} + y_t = 0$$
特征方程为
$$2\lambda + 1 = 0$$
特征方程的根为 $\lambda = -\dfrac{1}{2}$. 于是原方程的通解为
$$y_t = A\left(-\frac{1}{2}\right)^t$$

将初始条件 $y_0 = -1$ 代入得 $A = -1$，因此所求特解为
$$y_t = -\left(-\frac{1}{2}\right)^t$$

2. 一阶常系数线性非齐次差分方程的求解

定理 6.7.1　设 Y_t 是方程（6.7.2）的通解，y_t^* 是方程（6.7.1）的一个特解，则 $y_t = Y_t + y_t^*$ 是方程（6.7.1）的通解.

证　由题设，有
$$y_{t+1}^* - ay_t^* = f(t), \quad Y_{t+1} - aY_t = 0$$
两式相加得
$$(Y_{t+1} + y_{t+1}^*) - a(Y_t + y_t^*) = f(t)$$

即 $y_t = Y_t + y_t^*$ 是方程（6.7.1）的通解.

该定理表明，要求非齐次方程（6.7.1）的通解，可先求对应的齐次方程（6.7.2）的通解，再找非齐次方程（6.7.1）的一个特解，然后相加. 该定理称为常系数非齐次线性差分方程的通解的结构定理. 下面对右边 $f(t)$ 的几种特殊形式给出求其特解 y_t^* 的方法.

1）$f(t) = C$（C 为非零常数）

给定 y_0，由 $y_{t+1}^* - ay_t^* = C$ 得

$$y_{t+1}^* = ay_t^* + C$$

按迭代法，有

$$y_1^* = ay_0 + C$$
$$y_2^* = ay_1^* + C = a(ay_0 + C) + C = a^2 y_0 + C(a+1)$$
$$y_3^* = ay_2^* + C = a^3 y_0 + C(1 + a + a^2)$$
$$\cdots\cdots$$
$$y_t^* = a^t y_0 + C(1 + a + a^2 + \cdots + a^{t-1})$$
$$= \begin{cases} \left(y_0 - \dfrac{C}{1-a}\right)a^t + \dfrac{C}{1-a}, & a \neq 1 \\ y_0 + Ct, & a = 1 \end{cases}$$

又方程 $y_{t+1} - ay_t = 0$ 的通解为

$$Y_t = C_1 a^t \quad (C_1 为任意常数)$$

于是方程 $y_{t+1} - ay_t = f(t)$ 的通解为

$$y_t = Y_t + y_t^* = \begin{cases} \dfrac{C}{1-a} + Aa^t, & a \neq 1 \\ A + Ct, & a = 1 \end{cases} \tag{6.7.6}$$

其中 A 为任意常数，且当 $a \neq 1$ 时，有

$$A = y_0 - \frac{C}{1-a} + C_1$$

当 $a = 1$ 时，有

$$A = y_0 + C_1$$

例 6.7.11 求差分方程 $y_{t+1} - 3y_t = -2$ 的通解.

解 先求出其对应的齐次方程 $y_{t+1} - 3y_t = 0$ 的通解为

$$Y_t = C_1 \cdot 3^t$$

再求出非齐次方程的一个特解为

$$y_t^* = (y_0 - 1) \cdot 3^t + 1$$

因 $a = 3$，故原方程的通解为

$$y_t = A \cdot 3^t + 1 \quad (A = y_0 - 1 + C_1)$$

2）$f(t) = P_n(t)$

$P_n(t)$表示 t 的 n 次多项式，此时方程为

$$y_{t+1} - ay_t = P_n(t) \quad (a \neq 0)$$

由 $\Delta y_t = y_{t+1} - y_t$，上式可改写为

$$\Delta y_t + (1-a)y_t = P_n(t) \quad (a \neq 0)$$

采用待定系数法，设 y_t^* 是它的解，则有

$$\Delta y_t^* + (1-a) y_t^* = P_n(t)$$

因为 $P_n(t)$是多项式，所以 y_t^* 也应该是多项式.

若 $1-a \neq 0$，即 1 不是其对应的齐次方程的特征方程的根，则 y_t^* 是一个 n 次多项式，于是令

$$y_t^* = Q_n(t) = b_0 t^n + b_1 t^{n-1} + \cdots + b_{n-1} t + b_n$$

代入方程得

$$y_{t+1} - ay_t = P_n(t)$$

比较两边系数，便可求出 $Q_n(t)$.

若 $1-a = 0$，即 1 是其对应的齐次方程的特征方程的根，则 y_t^* 是一个 $n+1$ 次多项式，于是令

$$y_t^* = tQ_n(t) = t(b_0 t^n + b_1 t^{n-1} + \cdots + b_{n-1} t + b_n)$$

代入方程得

$$y_{t+1} - ay_t = P_n(t)$$

比较两边系数，便可求出 $Q_n(t)$.

综上所述，若 $f(t) = P_n(t)$，则一阶常系数非齐次线性差分方程

$$y_{t+1} - ay_t = f(t)$$

具有形如

$$y_t^* = t^k Q_n(t) \tag{6.7.7}$$

的特解，其中 $Q_n(t)$为与 $P_n(t)$同次的待定多项式，而 k 的取值如下确定：

（1）若 1 不是特征方程的根，取 $k = 0$；

（2）若 1 是特征方程的根，取 $k = 1$.

例 6.7.12　求差分方程 $y_{t+1} + 4y_t = 2t^2$ 的通解.

解　先求其对应的齐次方程 $y_{t+1} - 4y_t = 0$ 的通解 Y_t. 由于特征方程为 $\lambda + 4 = 0$，得特征根为 $\lambda = -4$，于是

$$Y_t = A(-4)^t$$

再求非齐次方程的一个特解 y_t^*. 由于 1 不是特征方程的根，令 $y_t^* = b_0 t^2 + b_1 t + b_2$，代入原方程得

$$b_0(t+1)^2 + b_1(t+1) + b_2 + 4(b_0 t^2 + b_1 t + b_2) = 2t^2$$

比较两边同次幂的系数得

$$b_0 = \frac{2}{5}, \quad b_1 = -\frac{4}{25}, \quad b_2 = -\frac{2}{25}$$

故
$$y_t^* = \frac{2}{5}t^2 - \frac{4}{25}t - \frac{2}{25}$$
于是原方程的通解为
$$y_t = A(-4)^t + \frac{2}{5}t^2 - \frac{4}{25}t - \frac{2}{25}$$

例 6.7.13 求差分方程 $y_{t+1} - y_t = t^3 - 3t^2 + 2t$ 的通解.

解 由于 1 是原方程所对应的齐次方程的特征方程的根，这类方程可用另一种较简单的方法求解.

方程的左边为 Δy_t，而右边化为
$$t^3 - 3t^2 + 2t = t(t-1)(t-2) = t^{(3)}$$
故
$$\Delta y_t = t^{(3)}$$
于是原方程的通解为
$$y_t = \frac{1}{4}t^{(4)} + C = \frac{1}{4}t(t-1)(t-2)(t-3) + C \quad (C \text{ 为任意常数})$$

（3）$f(t) = Cb^t$（C, b 为非零常数，且 $b \neq 1$).

当 $b \neq a$ 时，设 $y_t^* = kb^t$ 为方程 $y_{t+1} - ay_t = f(t)$ 的特解，其中 k 为待定系数. 将其代入方程得
$$bb^{t+1} - akb^t = Cb^t$$
解得
$$k = \frac{C}{b-a}$$
于是所求特解为
$$y_t^* = kb^t = \frac{C}{b-a}b^t$$
于是方程 $y_{t+1} - ay_t = Cb^t$ 的通解为
$$y_t = Aa^t + \frac{C}{b-a}b^t$$
当 $b = a$ 时，设 $y_t^* = ktb^t$ 为方程 $y_{t+1} - ay_t = f(t)$ 的特解. 代入方程得
$$k = \frac{C}{a}$$
所以，当 $b = a$ 时，方程通解为
$$y_t = Aa^t + Ctb^{t-1}$$
于是，方程 $y_{t+1} - ay_t = Cb^t$ 的通解为
$$y_t = \begin{cases} Aa^t + \dfrac{C}{b-a}b^t, & a \neq b \\ Aa^t + Ctb^{t-1}, & a = b \end{cases} \tag{6.7.8}$$

例 6.7.14 求差分方程 $y_{t+1} - \frac{1}{2}y_t = 3\left(\frac{3}{2}\right)^t$ 在初始条件 $y_0 = 5$ 下的特解.

解 由 $a = \frac{1}{2}$，$C = 3$，$b = \frac{3}{2}$，得原方程的通解为

$$y_t = 3\left(\frac{3}{2}\right)^t + A\left(\frac{1}{2}\right)^t$$

将 $y_0 = 5$ 代入上式，得 $A = 2$. 故所求原方程的特解为

$$y_t = 3\left(\frac{3}{2}\right)^t + 2\left(\frac{1}{2}\right)^t$$

6.7.4 二阶常系数线性差分方程

二阶常系数线性差分方程的一般形式为

$$y_{t+2} + ay_{t+1} + by_t = f(t) \tag{6.7.9}$$

其中 a, b 均为常数，且 $b \neq 0$，$f(t)$ 为已知函数. 当 $f(t) = 0$ 时，方程（6.7.9）变为

$$y_{t+2} + ay_{t+1} + by_t = 0 \tag{6.7.10}$$

方程（6.7.10）称为二阶常系数线性齐次差分方程；当 $f(t) \neq 0$ 时，方程（6.7.9）称为二阶常系数线性非齐次差分方程.

仿照二阶线性微分方程解的结构，可写出关于二阶线性差分方程解的结构定理.

定理 6.7.2 设 Y_t 是方程（6.7.10）的通解，y_t^* 是方程（6.7.9）的一个特解，则 $y_t = Y_t + y_t^*$ 是方程（6.7.9）的通解.

1. 二阶常系数线性齐次差分方程的求解

将方程（6.7.10）改写为

$$\Delta^2 y_t + (2 + a)\Delta y_t + (1 + a + b)y_t = 0 \quad (b \neq 0)$$

由上式可看出，设 $y = \lambda^t \ (\lambda \neq 0)$ 为方程（6.7.10）的一个特解，代入方程得

$$\lambda^{t+2} + a\lambda^{t+1} + b\lambda^t = \lambda^t(\lambda^2 + a\lambda + b) = 0$$

又 $\lambda^t \neq 0$，即有

$$\lambda^2 + a\lambda + b = 0 \tag{6.7.11}$$

称此方程为齐次方程的特征方程，特征方程的根称为特征根.

由此可见，$y_t = \lambda^t$ 为齐次方程（6.7.10）的特解的充要条件是：λ 是特征方程（6.7.11）的根. 仿照二阶常系数齐次线性微分方程，根据特征根的三种情况，分别给出方程（6.7.10）的通解.

（1）若特征方程有两个相异实特征根 λ_1, λ_2，则通解形式为

$$y_t = A_1 \lambda_1^t + A_2 \lambda_2^t \quad (A_1, A_2 \text{ 为任意常数})$$

（2）若特征方程有两个相等实特征根 $\lambda_1 = \lambda_2 = \lambda$，则通解形式为

$$y_t = (A_1 + A_2 t)\lambda^t \quad (A_1, A_2 \text{ 为任意常数})$$

（3）若特征方程有两个共轭复特征根 $\lambda_{1,2} = \alpha \pm \beta i$，则通解形式为

$$y_t = A_1(\alpha + \beta i)^t + A_2(\alpha - \beta i)^t \quad (A_1, A_2 \text{ 为任意常数})$$

利用欧拉（Euler）公式，记

$$\alpha \pm \beta i = r(\cos\theta \pm i\sin\theta)$$

其中 $r = \sqrt{\alpha^2 + \beta^2}$，$\tan\theta = \dfrac{\beta}{\alpha}$ ($0 < \theta < \pi$, $\beta > 0$). 差分方程（6.7.10）的实数形式的通解为

$$y_t = r^t(A_1\cos\theta t + A_2\sin\theta t) \quad (A_1, A_2 \text{ 为任意常数})$$

上面讨论求解二阶常系数齐次线性差分方程的步骤可归结如下：

（1）写出差分方程（6.7.10）的特征方程 $\lambda^2 + a\lambda + b = 0$ ($b \neq 0$)；

（2）求特征方程的两个特征根 λ_1, λ_2；

（3）根据求出的两个特征根，按不同情形写出通解，见表 6.7.1.

表 6.7.1

特征方程 $\lambda^2 + a\lambda + b = 0$ 的两个根 λ_1, λ_2	差分方程 $y_{t+2} + ay_{t+1} + by_t = 0$ ($b \neq 0$)的通解
两个不相等的实根 $\lambda_1 \neq \lambda_2$	$y_t = A_1\lambda_1^t + A_2\lambda_2^t$
两个相等的实根 $\lambda_1 = \lambda_2 = \lambda$	$y_t = (A_1 + A_2 t)\lambda^t$
一对共轭复根 $\lambda_{1,2} = \alpha \pm \beta i$	$y_t = r^t(A_1\cos\theta t + A_2\sin\theta t)$, 其中 $r = \sqrt{\alpha^2 + \beta^2}$，$\tan\theta = \dfrac{\beta}{\alpha}$ ($\beta > 0$, $0 < \theta < \pi$)

例 6.7.15 求差分方程 $y_{t+2} - 3y_{t+1} - 4y_t = 0$ 的通解.

解 题设方程的特征方程为

$$\lambda^2 - 3\lambda - 4 = 0$$

即

$$(\lambda - 4)(\lambda + 1) = 0$$

因而特征根为 $\lambda_1 = -1$，$\lambda_2 = 4$. 故原方程的通解为

$$y_t = A_1(-1)^t + A_2 4^t \quad (A_1, A_2 \text{ 为任意常数})$$

例 6.7.16 求差分方程 $y_{t+2} + 4y_{t+1} + 4y_t = 0$ 的通解.

解 题设方程的特征方程为

$$\lambda^2 + 4\lambda + 4 = 0$$

即

$$(\lambda + 2)^2 = 0$$

因而特征根为 $\lambda_1 = \lambda_2 = -2$. 所以题设方程的通解为

$$y_t = (A_1 + A_2 t)(-2)^t \quad (A_1, A_2 \text{ 为任意常数})$$

例 6.7.17 求差分方程 $y_{t+2} - 2y_{t+1} + 4y_t = 0$ 的通解.

解 此方程为二阶常系数线性齐次方程，其通解的求法应采用特征根法. 此方程对应的特征方程为

$$\lambda^2 - 2\lambda + 4 = 0$$

解得共轭复根为

$$\lambda_1 = 1 + i\sqrt{3}, \qquad \lambda_2 = 1 - i\sqrt{3}$$

即

$$\alpha = 1, \qquad \beta = \sqrt{3}$$

故

$$r = \sqrt{\alpha^2 + \beta^2} = 2$$

又

$$\tan\theta = \frac{\beta}{\alpha} = \sqrt{3}$$

故
$$\theta = \frac{\pi}{3}$$

于是原方程的通解为
$$y_t = 2^t\left(A_1\cos\frac{\pi}{3}t + A_2\sin\frac{\pi}{3}t\right) \quad (A_1, A_2 \text{ 为任意常数})$$

例 6.7.18　求差分方程 $y_{t+2} + 4y_{t+1} + 16y_t = 0$ 的满足初始条件 $y_0 = 1$，$y_1 = \sqrt{3} - 2$ 的特解.

解　该差分方程的特征方程为
$$\lambda^2 + 4\lambda + 16 = 0$$

解出特征根为
$$\lambda_{1,2} = -2 \pm 2\sqrt{3}i$$

得
$$\alpha = -2, \qquad \beta = 2\sqrt{3}$$

于是
$$r = \sqrt{\alpha^2 + \beta^2} = 4, \qquad \theta = \frac{2}{3}\pi$$

故原方程的通解为
$$y_t = 4^t\left(A_1\cos\frac{2}{3}\pi t + A_2\sin\frac{2}{3}\pi t\right)$$

由初始条件 $y_0 = 1$，$y_1 = \sqrt{3} - 2$ 得
$$A_1 = 1, \qquad A_2 = \frac{1}{2}$$

故所求特解为
$$y_t = 4^t\left(\cos\frac{2}{3}\pi t + \frac{1}{2}\sin\frac{2}{3}\pi t\right)$$

2. 二阶常系数线性非齐次差分方程的求解

仅考虑方程（6.7.9）中的 $f(x)$ 取某些特殊形式的函数时的情形.

1）$f(t) = P_m(t)$　（$P_m(t)$ 是 t 的 m 次多项式）

方程（6.7.9）具有形如 $y_t^* = t^k R_m(t)$ 的特解，其中 $R_m(t)$ 为 t 的 m 次待定多项式.
当 $1 + a + b \neq 0$ 时，取 $k = 0$，设
$$y_t^* = R_m(t) = b_0 t^m + b_1 t^{m-1} + \cdots + b_{m-1}t + b_m$$
当 $1 + a + b = 0$，且 $a \neq -2$ 时，取 $k = 1$，设
$$y_t^* = t R_m(t) = t(b_0 t^m + b_1 t^{m-1} + \cdots + b_{m-1}t + b_m)$$
当 $1 + a + b = 0$，且 $a = -2$ 时，取 $k = 2$，设
$$y_t^* = t^2 R_m(t) = t^2(b_0 t^m + b_1 t^{m-1} + \cdots + b_{m-1}t + b_m)$$

根据上述情形，分别将所设特解 y_t^* 代入方程（6.7.9）中，比较两边同次项的系数，确定 $R_m(t)$ 的系数，即得方程（6.7.9）的特解.

例 6.7.19 求差分方程 $y_{t+2} + 3y_{t+1} - 4y_t = t$ 的通解.

解 易见题设方程所对应的齐次方程的通解为

$$Y_t = A_1(-4)^t + A_2$$

因 $\qquad 1 + a + b = 1 + 3 - 4 = 0 \quad 且 \quad a = 3 \neq -2$

故设特解形式为

$$y_t^* = t(B_0 + B_1 t)$$

代入方程得

$$B_0(t+2) + B_1(t+2)^2 + 3B_0(t+1) + 3B_1(t+1)^2 - 4B_0 t - 4B_1 t^2 = t$$

比较两边同次项系数得

$$B_0 = -\frac{7}{50}, \qquad B_1 = \frac{1}{10}$$

所以 $\qquad\qquad\qquad y_t^* = t\left(-\frac{7}{50} + \frac{1}{10}t\right)$

故所求通解为

$$y_t = t\left(-\frac{7}{50} + \frac{1}{10}t\right) + A_1(-4)^t + A_2$$

2）$f(t) = P_m(t) \cdot \mu^t$ （μ 为常数，且 $\mu \neq 0$，$\mu \neq 1$）

方程（6.7.9）即为

$$y_{t+2} + ay_{t+1} + by_t = P_m(t) \cdot \mu^t \quad (b \neq 0)$$

该方程具有形如

$$y_t^* = t^k \cdot R_m(t) \cdot \mu^t$$

的特解，其中 $R_m(t)$ 为关于 t 的 m 次多项式.

当 $\mu^2 + \mu a + b \neq 0$ 时，取 $k = 0$，设

$$y_t^* = R_m(t) \cdot \mu^t$$

当 $\mu^2 + \mu a + b = 0$，且 $2\mu + a \neq 0$ 时，取 $k = 1$，设

$$y_t^* = t \cdot R_m(t) \cdot \mu^t$$

当 $\mu^2 + \mu a + b = 0$，且 $2\mu + a = 0$ 时，取 $k = 2$，设

$$y_t^* = t^2 \cdot R_m(t) \cdot \mu^t$$

分别就以上情形，将所设特解代入方程（6.7.9），比较两边同次项的系数，求出 $R_m(t)$，即得方程（6.7.9）的特解.

例 6.7.20 求差分方程 $y_{t+2} + 2y_{t+1} + y_t = 3 \cdot 2^t$ 的通解.

解 其对应的齐次方程的特征方程为

$$\lambda^2 + 2\lambda + 1 = 0$$

解得 $\qquad\qquad\qquad \lambda_1 = \lambda_2 = -1$

故其对应的齐次方程的通解为

$$Y_t = (A_1 + A_2 t)(-1)^t$$

又
$$C^2 + Ca + b = 4 + 4 + 1 = 9 \neq 0$$

设特解 $y_t^* = B_0 2^t$，代入方程得

$$B_0 2^{t+2} + 2B_0 2^{t+1} + B_0 2^t = 3 \cdot 2^t$$

消去 2^t 得

$$4B_0 + 4B_0 + B_0 = 3$$

于是 $B_0 = \dfrac{1}{3}$，得特解

$$y_t^* = \frac{2^t}{3}$$

故所求方程的通解为

$$y_t = \frac{2^t}{3} + (A_1 + A_2 t)(-1)^t$$

例 6.7.21　求差分方程 $y_{t+2} + y_{t+1} - 2y_t = 12$ 的通解及 $y_0 = 0$，$y_1 = 0$ 的特解.

解　特征方程

$$\lambda^2 + \lambda - 2 = 0$$

即
$$(\lambda + 2)(\lambda - 1) = 0$$

得
$$\lambda_1 = -2, \qquad \lambda_2 = 1$$

故得其对应的齐次方程的通解为

$$Y_t = A_1(-2)^t + A_2$$

因为
$$1 + a + b = 1 + 1 - 2 = 0 \quad 且 \quad a = 1 \neq 2$$

所以设题设的特解形式为

$$y_t^* = B_0 t$$

代入原方程解得

$$B_0 = 4$$

即 $y_t^* = 4t$. 从而所给方程的通解为

$$y_t = 4t + A_1(-2)^t + A_2$$

由 $y_0 = A_1 + A_2$ 及定解条件得

$$A_1 + A_2 = 0$$

由 $y_1 = 4 - 2A_1 + A_2$ 及定解条件得

$$2A_1 - A_2 = 4$$

解得
$$A_1 = \frac{4}{3}, \qquad A_2 = -\frac{4}{3}$$

故所求特解为

$$\tilde{y}_t = 4t + \frac{4}{3}(-2)^t - \frac{4}{3}$$

6.7.5 差分方程在经济学中的应用

采用与微分方程完全类似的方法，可以建立在经济学中的差分方程模型，下面举例说明其应用.

1. 抵押贷款模型

例 6.7.22 某人购买一套商品房，向银行抵押贷款 50 万元，月利率 0.4%，期限 20 年，请问他每月要还多少钱？

解 假设抵押贷款期限为 N 个月，贷款额为 A. 月利率为 r，按复利计算，每月还钱 x 元，还款约定从借款日的下一个月开始，则还款的第一个月还了 x 元后还欠款：

$$A_1 = (1+r)A_0 - x$$

第二个月还款后还欠款：

$$A_2 = (1+r)A_1 - x$$

第三个月还款后还欠款：

$$A_3 = (1+r)A_2 - x$$

第 N 个月还款后还欠款：

$$A_N = (1+r)A_{N-1} - x$$

这是特殊差分方程，逐项迭代即得

$$A_N = A_0(1+r)^N - x[(1+r)^{N-1} + (1+r)^{N-2} + \cdots + 1] = A_0(1+r)^N - x\frac{(1+r)^N - 1}{R}$$

若 N 个月还清贷款，即 $A_N = 0$ ，由上式解得

$$x = \frac{A_0 r(1+r)^N}{(1+r)^N - 1}$$

其中 $A_0 = 50$ 万，$r = 0.004$，$N = 240$ 月. 代入得 $x = 3\,244.8$ 元. 即该贷款人每月向银行还款 3 244.8 元.

2. 价格与库存模型

本模型考虑库存与价格之间的关系.

设 $P(t)$ 为第 t 个时段某类产品的价格，$L(t)$ 为第 t 个时段的库存量，$\bar{L}$ 为该产品的合理库存量. 一般情况下，若库存量超过合理库存量，则该产品的售价要下跌；若库存量低于合理库存量，则该产品售价要上涨. 于是有方程

$$P_{t+1} - P_t = k(\bar{L} - L_t)$$

其中 k 为比例常数.

3. 国民收入的稳定分析模型

本模型主要讨论国民收入与消费和积累之间的关系.

设第 t 期内的国民收入 y_t 主要用于该期内的消费 C_t. 再生产投资 I_t 和政府用于公共设施的开支 G（定为常数），即有

$$y_t = C_t + I_t + G$$

又设第 t 期的消费水平与前一期的国民收入水平有关，即

$$C_t = Ay_{t-1} \quad (0 < A < 1)$$

第 t 期的生产投资应取决于消费水平的变化，即有

$$I_t = B(C_t - C_{t-1})$$

由上述三个方程合并整理得

$$y_t - A(1+B)y_{t-1} + BAy_{t-2} = G$$

于是，对应 A, B, G 以及 y_0，可求解方程，并讨论国民收入的变化趋势和稳定性.

例 6.7.23　设某产品在时期 t 的价格、供给量和需求量分别为 P_t, S_t, D_t ($t = 0, 1, 2, \cdots$). 当① $S_t = 2P_t + 1$，② $D_t = -4P_{t-1} + 5$，③ $S_t = D_t$ 时：

（1）由①、②、③推出差分方程 $P_{t+1} + 2P_t = 2$；

（2）已知 P_0，求上述差分方程的解.

解　（1）因为 $S_t = D_t$，所以

$$2P_t + 1 = -4P_{t-1} + 5$$

即

$$P_t + 2P_{t-1} = 2$$

从而

$$P_{t+1} + 2P_t = 2$$

（2）方程 $P_{t+1} + 2P_t = 2$ 是一阶常系数线性非齐次方程，其对应的齐次方程为

$$P_{t+1} + 2P_t = 0$$

由特征方程 $\lambda + 2 = 0$ 得 $\lambda = -2$，故齐次方程的通解为

$$P_t^* = A(-2)^t$$

又方程 $P_{t+1} + 2P_t = 2$ 的右边项 $f(t) = 2$，且 $\lambda \neq 1$，故方程 $P_{t+1} + 2P_t = 2$ 的特解为

$$P = \frac{2}{3}$$

于是方程 $P_{t+1} + 2P_t = 2$ 的通解为

$$P_t = P + P_t^* = \frac{2}{3} + A(-2)^t$$

当 P_0 已知时，有

$$A = P_0 - \frac{2}{3}$$

所以满足初始条件 P_0 的解为

$$P_t = \frac{2}{3} + \left(P_0 - \frac{2}{3}\right)(-2)^t$$

习 题 6.7

（A）

1. 指出下列等式是否是差分方程，若是，进一步指出是否是线性方程：

（1）$-2\Delta y_t = 2y_t + a^t$；

（2）$y_{t+2} - 2y_{t+1} + 3y_t = 4$.

2. 确定下列差分方程的阶：

（1）$y_{t+4} - t^3 y_t + 3y_{t-3} = 2$；

（2）$y_{t-2} - y_{t-4} = y_{t+2}$.

3. 给定一阶差分方程 $y_{t+1} + py_t = Aa^t$，验证：

（1）当 $p + a \neq 0$ 时，$y_t = \dfrac{A}{p+a} a^t$ 是方程的解；

（2）当 $p + a = 0$ 时，$y_t = Ata^{t-1}$ 是方程的解.

4. 求下列一阶常系数齐次线性差分方程的通解：

（1）$y_{t+1} - y_t = 0$；

（2）$y_{t+1} - 2y_t = 0$；

（3）$2y_{t+1} + 3y_t = 0$.

5. 求下列一阶差分方程的通解：

（1）$\Delta y_t - 4y_t = 3$；

（2）$y_{t+1} - 2y_t = 6t^2$；

（3）$y_{t+1} + 3y_t = t \cdot 2^t$；

（4）$y_{t+1} - 2y_t = t \cdot 2^t$；

（5）$\Delta^2 y_t - \Delta y_t - 2y_t = t$；

（6）$y_{t+1} - \alpha y_t = e^{\beta t}$（$\alpha, \beta$ 为非零常数）.

6. 求下列一阶差分方程在给定初始条件下的特解：

（1）$y_{t+1} - y_t = 3, y_0 = 2$；

（2）$\Delta y_t = t, y_0 = 2$；

（3）$y_{t+1} - 2y_t = 2^t, y_0 = 3$；

（4）$y_t = -7y_{t-1} + 16, y_0 = 5$.

7. 求下列差分方程的通解和特解：

（1）$\Delta^2 y_t - y_t = 5$；

（2）$y_{t+2} - 3y_{t+1} + 2y_t = 3 \cdot 5^t$；

（3）$y_{t+2} - 2y_{t+1} + 2y_t = 0$，$y_0 = 2, y_1 = 2$；

（4）$y_{t+2} + y_{t+1} - 2y_t = 12, y_0 = 1, y_1 = 0$；

（5）$y_{t+2} - 3y_{t+1} + \dfrac{9}{4} y_t = \left(\dfrac{3}{2}\right)^t$，$y_0 = 6, y_1 = 3$；

（6）$y_{t+2} - 5y_{t+1} + 4y_t = 4^t$，$y_0 = 0, y_1 = 0$.

（B）

1. 设 Y_t, C_t, I_t 分别表示 t 期的国民收入、消费、投资，三者之间满足如下关系：

$$\begin{cases} Y_t = C_t + I_t \\ C_t = \alpha Y_t + \beta, & 0 < \alpha < 1, \ \beta \geqslant 0 \\ Y_{t+1} = Y_t + \gamma I_t, & \gamma > 0 \end{cases}$$

其中 α, β, γ 均为常数，试求 Y_t, C_t, I_t.

2. 设 Y_t 为 t 期国民收入，S_t 为 t 期储蓄，I_t 为 t 期投资，三者之间满足如下关系：

$$\begin{cases} S_t = \alpha Y_t + \beta, & 0 < \alpha < 1, \ \beta \geqslant 0 \\ I_t = \gamma(Y_t - Y_{t-1}), & \gamma > 0 \\ S_t = \delta I_t, & \delta > 0 \end{cases}$$

其中 $\alpha, \beta, \gamma, \delta$ 均为常数，试求 Y_t, S_t, I_t.

3. 挪威数学家汉森（Hanssen）研究局部化理论模型遇到如下差分方程：

$$D_{n+2}(t) - 4(ab+1)D_{n+1}(t) + 4a^2 b^2 D_n(t) = 0$$

其中 a, b 为常数，而 $D_n(t)$ 为未知函数，若 $1 + 2ab > 0$，试求方程的解.

4. 某公司每年工资总额在比前一年增加10%的基础上再追加200万元，若以 y_t 表示第 t 年的工资总额（单位：百万元），求满足的方程. 若2000年该公司的工资总额为 1 000 万元，则 5 年后工资总额将是2000年的多少倍？

5. 设某商品在 t 时期的供给量 S_t 与需求量 D_t 都是这一时期该商品的价格 P_t 的线性函数. 已知 $S_t = 3P_t - 2, D_t = 4 - 5P_t$，且在 t 时期的价格 P_t 由 $t-1$ 时期的价格 P_{t-1} 以及供给量与需求量之差 $S_{t-1} - D_{t-1}$ 按关系式 $P_t = P_{t-1} - \dfrac{1}{16}(S_{t-1} - D_{t-1})$ 确定，试求该商品的价格随时间变化的规律.

6. 已知 $y_1 = 4t^3, y_2 = 3t^2, y_3 = t$ 是方程 $y_{t+2} + a_1(t)y_{t+1} + a_2(t)y_t = f(t)$ 的三个特解，问是否能构造出所给方程的通解？若可以，给出方程的通解.

MATLAB 求解
微分方程

小　结

　　微分方程和差分方程是本课程的重要组成部分，它们在各领域都有着广泛的应用. 本章介绍了微分方程和差分方程的基本概念以及一些简单类型微分方程和差分方程的解法.

一、微分方程的基本概念

　　（1）微分方程. 称表示未知函数、未知函数的导数或微分与自变量之间关系的方程为微分方程.

　　（2）微分方程的阶. 称微分方程中出现的未知函数的最高阶导数为微分方程的阶.

　　（3）微分方程的解. 若函数 $y = y(x)$ 及其各阶导数代入微分方程中，能使微分方程成为恒等式，则称 $y = y(x)$ 为该微分方程的解.

　　（4）微分方程的通解. n 阶微分方程中含有 n 个相互独立的任意常数的解，称为该微分方程的通解.

　　（5）微分方程的特解. 确定了通解中一组任意常数的值，所得到的就是微分方程的一个特解.

　　（6）初值问题. 求微分方程满足初始条件的特解的问题称为微分方程的初值问题.

二、一阶微分方程的标准型及其解法

1. 可分离变量的微分方程

标准型：

$$\frac{\mathrm{d}y}{\mathrm{d}x} = f(x)g(y) \quad 或 \quad y' = f(x)g(y)$$

解法：

（1）分离变量

$$\frac{1}{g(y)}\mathrm{d}y = f(x)\mathrm{d}x$$

（2）两边积分

$$\int \frac{1}{g(y)}\mathrm{d}y = \int f(x)\mathrm{d}x + C$$

2. 齐次方程

标准型：

$$\frac{\mathrm{d}y}{\mathrm{d}x} = \varphi\left(\frac{y}{x}\right) \quad 或 \quad y' = \varphi\left(\frac{y}{x}\right)$$

解法：令 $u = \dfrac{y}{x}$，则

$$y = ux, \qquad \frac{\mathrm{d}y}{\mathrm{d}x} = u + x\frac{\mathrm{d}y}{\mathrm{d}x}$$

代入方程得

$$x\frac{\mathrm{d}u}{\mathrm{d}x} = \varphi(u) - u$$

转化为可分离变量的微分方程解之.

3. 一阶线性微分方程

标准型：

$$\frac{\mathrm{d}y}{\mathrm{d}x} + P(x)y = Q(x)$$

解法 1 （常数变易法） 步骤：

（1）求出其对应的齐次方程 $\dfrac{\mathrm{d}y}{\mathrm{d}x} + P(x)y = 0$ 的通解为

$$y = C\mathrm{e}^{-\int P(x)\mathrm{d}x}$$

（2）令 $y = u(x)\mathrm{e}^{-\int P(x)\mathrm{d}x}$，代入方程中求出 $u(x)$；

（3）写出通解.

解法 2 （公式法） 微分方程 $y' + P(x)y = Q(x)$ 的通解为

$$y = \mathrm{e}^{-\int P(x)\mathrm{d}x}\left[\int Q(x)\mathrm{e}^{\int P(x)\mathrm{d}x}\mathrm{d}x + C\right]$$

4. 伯努利方程

标准型：

$$\frac{\mathrm{d}y}{\mathrm{d}x} + P(x)y = Q(x)y^n \quad (n \neq 0, 1)$$

解法 1　方程两边同除以 y^n，令 $z=y^{1-n}$，方程化为

$$\frac{\mathrm{d}z}{\mathrm{d}x}+(1-n)P(x)z=(1-n)Q(x)$$

利用线性方程求解方法求出通解后，再回代原变量，便可得到通解为

$$y^{1-n}=\mathrm{e}^{-\int(1-n)P(x)\mathrm{d}x}\left[\int Q(x)(1-n)\mathrm{e}^{\int(1-n)P(x)\mathrm{d}x}\mathrm{d}x+C\right]$$

解法 2　（公式法）　微分方程 $y'+P(x)y=Q(x)y^n\ (n\neq0,1)$ 的通解为

$$y^{1-n}=\mathrm{e}^{-\int(1-n)P(x)\mathrm{d}x}\left[\int Q(x)(1-n)\mathrm{e}^{\int(1-n)P(x)\mathrm{d}x}\mathrm{d}x+C\right]$$

三、三种可降阶的二阶微分方程及其解法

1. $y''=f(x)$ 型

解法：直接积分两次即可得到方程的通解．

2. $y''=f(x,y')$ 型

解法：令 $p=y'$，代入原方程，化为 $\dfrac{\mathrm{d}p}{\mathrm{d}x}=f(x,p)$ 解之．

3. $y''=f(y,y')$ 型

解法：令 $p=y'$，则 $y''=p\dfrac{\mathrm{d}p}{\mathrm{d}y}$，代入原方程，化为 $p\dfrac{\mathrm{d}p}{\mathrm{d}y}=f(y,p)$ 解之．

四、二阶线性微分方程的性质及解的结构

1. 二阶线性齐次微分方程解的性质

设 $y_1(x),y_2(x)$ 都是二阶线性齐次微分方程

$$y''+p(x)y'+q(x)y=0$$

的解，则对任意常数 C_1,C_2，$y=C_1y_1(x)+C_2y_2(x)$ 也是该方程的解．

2. 二阶线性齐次微分方程通解的结构

若 $y_1(x),y_2(x)$ 是

$$y''+p(x)y'+q(x)y=0$$

的两个线性无关的解，则该方程的通解为

$$y=C_1y_1(x)+C_2y_2(x)$$

3. 二阶线性非齐次微分方程通解的结构

二阶线性非齐次微分方程

$$y''+p(x)y'+q(x)y=f(x)$$

的通解为

$$y = Y + y^* = C_1 y_1(x) + C_2 y_2(x) + y^*$$

其中 y^* 为该非齐次方程的一个特解，$Y = C_1 y_1(x) + C_2 y_2(x)$ 为该方程所对应的齐次方程的通解.

五、二阶常系数线性微分方程通解的求法

1. 二阶常系数线性齐次微分方程的解法

标准型：

$$y'' + py' + qy = 0 \quad (p, q \text{ 为常数})$$

解法：采用特征根法求解.

（1）写出特征方程 $r^2 + pr + q = 0$，并求出特征根 r_1, r_2；

（2）根据特征根的不同情况，写出该方程的通解.

特征方程根的情况	方程 $y'' + py' + qy = 0$ 的通解
两个不相等的实根 $r_1 \neq r_2$	$y = C_1 e^{r_1 x} + C_2 e^{r_2 x}$
两个相等实根 $r_1 = r_2 = r$	$y = (C_1 + C_2 x) e^{rx}$
一对共轭复根 $\alpha \pm \beta i$	$y = e^{\alpha x}(C_1 \cos \beta x + C_2 \sin \beta x)$

2. 二阶常系数线性非齐次微分方程的解法

标准型：

$$y'' + py' + qy = f(x)$$

解法：先求出其对应的齐次微分方程的通解及非齐次微分方程的一个特解，再写出该方程的通解为

$$y = Y + y^*$$

其中特解 y^* 的求法如下：

类型 1 $f(x) = e^{\lambda x} P_m(x)$，其中 $P_m(x)$ 为 m 次多项式. 由 λ 的情况按下表可得该方程的特解形式.

λ 的情况	方程的特解形式
λ 不是其对应的齐次方程的特征根	$y^* = e^{\lambda x} Q_m(x)$
λ 是其对应的齐次方程的特征根且为单根	$y^* = x e^{\lambda x} Q_m(x)$
λ 是其对应的齐次方程的特征根且为二重根	$y^* = x^2 e^{\lambda x} Q_m(x)$

表中 $Q_m(x)$ 为 m 次多项式，其系数 $b_0, b_1, \cdots, b_m$ 用待定系数法确定.

类型 2　若
$$f(x) = e^{\lambda x}[P_l(x)\cos \omega x + P_n(x)\sin \omega x]$$
其中 $P_l(x), P_n(x)$ 为 x 的 l 次和 n 次多项式，ω 为常数，则微分方程的特解可设为
$$y^* = x^k e^{\lambda x}[R_m^{(1)}(x)\cos \omega x + R_m^{(2)}(x)\sin \omega x]$$
其中 $R_m^{(1)}(x), R_m^{(2)}(x)$ 为 x 的 m 次多项式，$m = \max\{l, n\}$，而 k 的取值如下确定：

（1）若 $\lambda + i\omega$（或 $\lambda - i\omega$）不是特征方程的根，取 $k = 0$；

（2）若 $\lambda + i\omega$（或 $\lambda - i\omega$）是特征方程的单根，取 $k = 1$.

六、差分方程的概念及解法

1. 差分的概念

当 x 连续变化时，$\dfrac{dy}{dx}$ 表示变量 $y = y(x)$ 的变化速度；当 x 离散变化时，$\dfrac{dy}{dx}$ 不存在，可取 x 最小改变，即 $\Delta x = 1$ 时的改变量 $\dfrac{\Delta y}{\Delta x} = \Delta y = y(x+1) - y(x)$，即 $\Delta y_x = y_{x+1} - y_x$ 来近似表示变量 $y = y(x)$ 的变化速度，这就是变量 y 的差分.

2. 一阶常系数线性差分方程的解法

标准型：
$$y_{t+1} - ay_t = f(t)$$
其中 $a \neq 0$ 为常数，$f(t)$ 为已知函数.

若 $f(t) \equiv 0$，称方程
$$y_{t+1} - ay_t = 0 \quad (a \neq 0)$$
为一阶常系数线性齐次差分方程.

若 $f(t) \neq 0$，称方程
$$y_{t+1} - ay_t = f(t)$$
为一阶常系数线性非齐次差分方程.

（1）一阶常系数线性齐次差分方程的解法：①迭代法；②特征值法.

（2）一阶常系数线性非齐次差分方程的通解为
$$y_t = Y_t + y_t^*$$
其中 Y_t 为其对应的齐次差分方程的通解，y_t^* 为该非齐次差分方程的一个特解.

3. 二阶常系数线性差分方程的解法

标准型：
$$y_{t+2} + ay_{t+1} + by_t = f(t)$$
其中 a, b 为常数，且 $b \neq 0$，$f(t)$ 为 t 的已知函数.

当 $f(t) \equiv 0$ 时，称方程
$$y_{t+2} + ay_{t+1} + by_t = 0$$
为二阶常系数线性齐次差分方程.

当 $f(t) \neq 0$ 时，称方程
$$y_{t+2} + ay_{t+1} + by_t = f(t)$$
为二阶常系数线性非齐次差分方程.

（1）二阶常系数线性齐次差分方程的通解.

可根据其特征方程 $\lambda^2 + a\lambda + b = 0$ 的根的不同情况，按下表写出其通解.

特征方程 $\lambda^2 + a\lambda + b = 0$ 的两个根 λ_1, λ_2	差分方程 $y_{t+2} + ay_{t+1} + by_t = 0$ $(b \neq 0)$ 的通解
两个不相等实根 $\lambda_1 \neq \lambda_2$	$y_t = C_1\lambda_1^t + C_2\lambda_2^t$
两个相等实根 $\lambda_1 = \lambda_2 = \lambda$	$y_t = (C_1 + C_2t)\lambda^t$
一对共轭复根 $\lambda_{1,2} = \alpha \pm \beta i$	$y_t = r^t(C_1\cos\theta t + C_2\sin\theta t)$, 其中 $r = \sqrt{\alpha^2 + \beta^2}$, $\tan\theta = \dfrac{\beta}{\alpha}$ $(\beta > 0, 0 < \theta < \pi)$

（2）二阶常系数线性非齐次差分方程的通解.

二阶常系数线性非齐次差分方程的通解为

$$y_t = Y_t + y_t^*$$

其中 Y_t 为其对应的齐次差分方程的通解，y_t^* 为该非齐次差分方程的一个特解.

总 习 题 6

1. 指出下列微分方程的阶：

（1）$(y')^2 + 2xy^{\frac{1}{2}} = x^2$ ；

（2）$y''' + 2xy = x^2$ ；

（3）$y''' + \sin^2 y' = x^3$.

2. 在下列一阶线性微分方程中哪些是齐次的，哪些是非齐次的？

（1）$x^3 \dfrac{dy}{dx} + y = 0$ ；

（2）$\dfrac{dy}{dx} + 2y + x = 0$ ；

（3）$y' = \dfrac{1}{x\cos y + \sin 2y}$.

3. 求下列微分方程的通解：

（1）$(xy^2 + x)dx + (y - x^2y)dy = 0$ ；

（2）$\sqrt{1 - y^2} = 3x^2yy'$ ；

（3）$y' + y = e^{-x}$ ；

（4）$y' = \dfrac{1}{x\cos y + e^{\sin y}}$ ；

（5）$y' = -\dfrac{4x + 3y}{x + y}$.

4. 求下列初值问题的解：

（1）$y' = e^{2x-y}, y|_{x=0} = 0$ ；

（2）$xy' + y = \sin x, y|_{x=\pi} = 1$ ；

（3）$(x^2 + 2xy - y^2)dx + (y^2 + 2xy - x^2)dy = 0, y|_{x=1} = 1$.

5. 若曲线 $y = f(x)(f(x) \geq 0)$ 以 $[0, x]$ 为底围成的曲边梯形的面积与纵坐标 y 的 4 次幂成正比，已知 $f(0) = 0, f(1) = 1$，求此曲线方程.

6. 牛顿（Newton）冷却定律指出，物体的冷却速度与物体同外界的温度差成正比. 当外界温度恒为 $20\,℃$ 时，一物体在 $20\,\text{min}$ 内由 $100\,℃$ 冷却到 $60\,℃$，求：

（1）物体温度随时间而变化的规律；

（2）40 min 时物体的温度；

（3）经过多长时间温度降到 30 ℃.

7. 求解下列高阶微分方程：

（1）$y'' - xy''' = 0$；

（2）$y'' + \dfrac{1}{x}y' = x + \dfrac{1}{x}$；

（3）$yy'' - (y')^2 + (y')^3 = 0, y(0)=1, y'(0)=\dfrac{1}{2}$；

（4）$y'' + y'^2 = 1, y(0)=1, y'(0)=0$.

8. 求下列微分方程的通解或给定初始条件的特解：

（1）$2y'' + 5y' = 5x^2 - 2x - 1$；

（2）$y'' + 3y' + 2y = 3xe^{-x}$；

（3）$y'' - 2y' + 2y = e^x \cos x$；

（4）$y'' - 3y' - 4y = 0, y\big|_{x=0}=0, y'\big|_{x=0}=-5$；

（5）$y'' - 4y' + 13y = 0, y\big|_{x=0}=0, y'\big|_{x=0}=3$.

9. 以 $u = \dfrac{y}{x}$ 为新的未知数，变换方程 $x^2 y'' + (x^2 - 2x)y' + (2 - x - 2x^2)y = 0$，并求其通解.

10. 求可积函数 $f(x)$，使对一切 x，有 $f(x) = e^{\pi(x-1)} + \pi^2 \int_1^x (t-x)f(t)\mathrm{d}t$.

11. 求以 $(x+C)^2 + y^2 = 1$（C 为任意常数）为通解的微分方程.

12. 设方程 $y'' + p(x)y' + q(x)y = f(x)$ 的三个解分别为 $y_1 = x, y_2 = e^x, y_3 = e^{2x}$，求此方程满足初始条件 $y(0)=1, y'(0)=3$ 的解.

13. 已知二阶线性齐次方程 $y'' + p(x)y' - y\cos^2 x = 0$ 有两个互为倒数的特解，求 $p(x)$ 及此方程的通解.

14. 在一个空间为 30 m×30 m×12 m 的车间里，空气中含有 0.12% 的 CO_2，现以含 CO_2 0.04% 的新鲜空气输入，同时将混合均匀的空气等量排出，问每分钟应输入这样的新鲜空气多少立方米，才能在 10 min 后使车间内 CO_2 的含量不超过 0.06%?

15. 某湖泊水量为 V，每年排入湖泊内含污染物 A 的污水量为 $\dfrac{V}{6}$，流入湖泊内不含 A 的水量为 $\dfrac{V}{6}$，流出湖泊的水量为 $\dfrac{V}{3}$，已知 2000 年湖泊中 A 的含量为 $5m$，超过国家规定指标，为了治理污染，从 2001 年起，限定排入湖泊中含 A 的污水浓度不超过 $\dfrac{m}{V}$，设湖水中 A 的浓度是均匀的，问至少需经过多少年，湖泊污染物 A 的含量才能降至不超过 m?

16. 设 $x>-1$，可微函数 $f(x)$ 满足条件 $f'(x) + f(x) - \dfrac{1}{x+1}\int_0^x f(x)\mathrm{d}x = 0$，且 $f(0)=1$，试证：当 $x \geq 0$ 时，有 $e^{-x} \leq f(x) \leq 1$.

17. 设 $f(x)$ 可微，对任意实数 a,b 满足 $f(a+b) = e^a f(b) + e^b f(a)$，又 $f'(0) = e$，试求 $f(x)$.

18. 设 Y_t, Z_t, U_t 分别是下列差分方程的解：$y_{t+1} + ay_t = f_1(t)$，$y_{t+1} + ay_t = f_2(t)$，$y_{t+1} + ay_t = f_3(t)$. 求证：$X_t = Y_t + Z_t + U_t$ 是差分方程 $y_{t+1} + ay_t = f_1(t) + f_2(t) + f_3(t)$ 的解.

19. 求下列差分方程的通解或给定初始条件的特解：

（1）$3y_t - 3y_{t-1} = t \cdot 3^t + 1$；

（2）$y_t + y_{t-1} = (t-1) \cdot 2^{t-1}$，且 $y_0 = 0$；

（3）$y_{t+2} - y_{t+1} - 6y_t = (2t+1)3^t$；

（4）$\Delta^2 y_t = 4, y_0 = 3, y_1 = 8$；

（5）$y_{t+2} - 2y_{t+1} + y_t = 2, y_0 = 0, y_1 = 0$.

第 7 章

无 穷 级 数

　　无穷级数是高等数学的重要组成部分,它是数与函数的一种重要的表现形式,在研究函数特性及进行数值计算等方面是很好的工具.随着计算机技术的普及,无穷级数的有关理论作为处理数据的理论和方法,在社会、经济、科学技术等很多领域都有广泛的应用.

　　那么什么是无穷级数?简言之就是无穷多项相加,可以是无穷多个常数相加,也可以是无穷多个函数相加.在数学发展史上,关于无穷多项相加的问题给数学家带来了非常多的困扰,如无穷多项相加是否有和,如果有和该怎么求和,是否满足加法交换律和结合律,如果没有和该怎么判断等.受限于人们对无穷多项相加及其结果认识的不足,在研究这些问题的过程中产生了很多悖论,如式子 $1-1+1-1+\cdots+(-1)^n+\cdots$ 不同的结合方式可以得到不同的结果,以及著名的芝诺(Zeno)悖论等。

　　本章按各项是常数还是函数进行分类,介绍无穷级数的概念和性质,以及无穷级数敛散性的判定等内容,在解决上述问题的同时加以扩展与深化,并基于无穷级数的应用,介绍函数展开成无穷级数的意义及相关方法.

芝诺悖论
扫码学习

7.1 常数项级数的概念及性质

7.1.1 常数项级数的概念

人们认识事物在数量方面的特征往往有一个由近似到精确的过程，在这种认识的过程中，会遇到由有限个数量的相加到无穷多个数量相加的问题.

例如，为了表示循环小数 $0.1\dot{8}=0.181\,818\cdots$，若记 $u_n=18\left(\dfrac{1}{100}\right)^n$，则 $0.1\dot{8}\approx u_1+u_2+\cdots+u_n$.

显然，n 越大，近似程度越高，当 n 无限增大时，$u_1+u_2+\cdots+u_n$ 的极限就是 $0.1\dot{8}$. 这时和式的项数无限增多，于是出现了无穷多个数量相加的数学式子：$u_1+u_2+\cdots+u_n+\cdots$.

定义 7.1.1 设 $u_1,u_2,\cdots u_n,\cdots$ 是一个给定的数列，将由这个数列构成的表达式

$$u_1+u_2+\cdots+u_n+\cdots \tag{7.1.1}$$

称为（常数项）无穷级数，简称为（常数项）级数，记为 $\displaystyle\sum_{n=1}^{\infty}u_n$，即

$$\sum_{n=1}^{\infty}u_n=u_1+u_2+\cdots+u_n+\cdots$$

其中第 n 项 u_n 称为级数的一般项或通项.

无穷级数的定义只是形式上表达了无穷多个数的"和". 怎样理解无穷级数中无穷多个数相加呢？由于任意有限个数的和可以完全确定，可以从有限项的和出发，通过项数的增加考察它们的变化趋势来认识级数.

级数（7.1.1）前 n 项的和

$$s_n=u_1+u_2+\cdots+u_n=\sum_{i=1}^{n}u_i \tag{7.1.2}$$

称为级数的前 n 项部分和，当 n 依次取 $1,2,\cdots$ 时，所有部分和构成一个新数列

$$s_1,s_2,\cdots,s_n,\cdots$$

称为级数（7.1.1）的部分和数列.

定义 7.1.2 若级数 $\displaystyle\sum_{n=1}^{\infty}u_n$ 的部分和数列 $\{s_n\}$ 有极限 s，即

$$\lim_{n\to\infty}s_n=s$$

则称无穷级数 $\displaystyle\sum_{n=1}^{\infty}u_n$ 收敛，极限值 s 称为级数 $\displaystyle\sum_{n=1}^{\infty}u_n$ 的和，并写为

$$s=\sum_{n=1}^{\infty}u_n$$

若部分和数列 $\{s_n\}$ 没有极限，则称级数 $\displaystyle\sum_{n=1}^{\infty}u_n$ 发散.

由上述定义易知，级数 $\sum\limits_{n=1}^{\infty}u_n$ 与部分和数列 $\{s_n\}$ 同时收敛或同时发散，且在收敛时，有

$$\sum_{n=1}^{\infty}u_n=\lim_{n\to\infty}s_n$$

而在发散时，级数没有"和".

在级数 $\sum\limits_{n=1}^{\infty}u_n$ 中去掉前 n 项而得到的级数

$$\sum_{k=n+1}^{\infty}u_k=u_{n+1}+u_{n+2}+\cdots$$

称为级数 $\sum\limits_{n=1}^{\infty}u_n$ 的余项级数.

当级数 $\sum\limits_{n=1}^{\infty}u_n$ 收敛于 s 时，显然 $s_n\approx s$. 它们的差记为

$$\gamma_n=s-s_n$$

称为级数 $\sum\limits_{n=1}^{\infty}u_n$ 的余项. 显然，$\lim\limits_{n\to\infty}\gamma_n=0$.

例 7.1.1 判别无穷级数

$$\sum_{n=1}^{\infty}[a+(n-1)d]=a+(a+d)+\cdots+[a+(n-1)d]+\cdots$$

的敛散性($a, d\neq 0$)，该级数称为算术级数.

解 部分和为

$$s_n=a+(a+d)+\cdots+[a+(n-1)d]=na+\frac{n(n-1)}{2}d$$

显然，$\lim\limits_{n\to\infty}s_n=\infty$，故所给级数发散.

例 7.1.2 讨论无穷级数

$$\sum_{n=1}^{\infty}aq^{n-1}=a+aq+aq^2+\cdots+aq^{n-1}+\cdots \quad (a\neq 0)$$

的敛散性，该级数称为几何级数（或等比级数）.

解 当 $|q|\neq 1$ 时，部分和为

$$s_n=a+aq+\cdots+aq^{n-1}=\frac{a(1-q^n)}{1-q}=\frac{a}{1-q}-\frac{aq^n}{1-q}$$

当 $|q|<1$ 时，由于 $\lim\limits_{n\to\infty}q^n=0$，有

$$\lim_{n\to\infty}s_n=\frac{a}{1-q}$$

级数收敛，其和为 $\dfrac{a}{1-q}$，即

$$\sum_{n=1}^{\infty}aq^{n-1}=\frac{a}{1-q}$$

当 $|q|>1$ 时，由于 $\lim\limits_{n\to\infty}q^n=\infty$，有

$$\lim_{n\to\infty}s_n=\infty$$

级数发散.

当 $q=1$ 时，级数成为

$$a+a+a+\cdots+a+\cdots$$

由于 $s_n=na$，有 $\lim\limits_{n\to\infty}s_n=\infty$，级数发散.

当 $q=-1$ 时，级数成为

$$a-a+a-a+\cdots+(-1)^{n-1}a+\cdots$$

当 n 为奇数时，$s_n=a$；当 n 为偶数时，$s_n=0$. 从而 $\lim\limits_{n\to\infty}s_n$ 不存在，级数发散.

综上可得：

（1）当 $|q|<1$ 时，几何级数 $\sum\limits_{n=1}^{\infty}aq^{n-1}$ 收敛，其和为 $\dfrac{a}{1-q}$；

（2）当 $|q|\geqslant1$ 时，几何级数 $\sum\limits_{n=1}^{\infty}aq^{n-1}$ 发散.

例 7.1.3 证明无穷级数

$$\sum_{n=1}^{\infty}\frac{1}{n(n+1)}$$

是收敛的，并求其和.

证 因为

$$u_n=\frac{1}{n(n+1)}=\frac{1}{n}-\frac{1}{n+1}$$

所以

$$s_n=\frac{1}{1\times2}+\frac{1}{2\times3}+\cdots+\frac{1}{n\times(n+1)}=\left(1-\frac{1}{2}\right)+\left(\frac{1}{2}-\frac{1}{3}\right)+\cdots+\left(\frac{1}{n}-\frac{1}{n+1}\right)=1-\frac{1}{n+1}$$

从而

$$\lim_{n\to\infty}s_n=\lim_{n\to\infty}\left(1-\frac{1}{n+1}\right)=1$$

即该级数收敛，其和为 1.

例 7.1.4 证明调和级数

$$\sum_{n=1}^{\infty}\frac{1}{n}=1+\frac{1}{2}+\frac{1}{3}+\cdots+\frac{1}{n}+\cdots$$

是发散的.

证 假设该级数收敛，其和为 s，显然有

$$\lim_{n\to\infty}(s_{2n}-s_n)=s-s=0$$

但又因为

$$s_{2n}-s_n=\frac{1}{n+1}+\frac{1}{n+2}+\cdots+\frac{1}{2n}>\frac{n}{2n}=\frac{1}{2}$$

所以
$$\lim_{n\to\infty}(s_{2n}-s_n)\geqslant\frac{1}{2}$$

即有 $0\geqslant\frac{1}{2}$，这是不可能的，故调和级数发散.

关于调和级数

例 7.1.5 某人为了自己或后代今后生活有一定保障，与银行签订长期合同. 合同规定，自己先存入银行一笔资金，银行从签约之日 1 年后起，永不停止地每年支付自己或后代4万元人民币. 设利率为每年5%，若以年复利计算利息，这个人在签约之日应一次存入银行多少资金？

解 由公式
$$现值\cdot(1+\gamma)^n=第\,n\,年将来值$$
其中 γ 为年利率. 银行第 1 笔付款在 1 年后实现，且
$$第\,1\,笔付款的现值=\frac{4}{1+0.05}=\frac{4}{1.05}$$
银行第 2 笔付款在 2 年后实现，且
$$第\,2\,笔付款的现值=\frac{4}{(1.05)^2}$$
……如此连续地下去直至永远，那么
$$总的现值=\frac{4}{1.05}+\frac{4}{1.05^2}+\frac{4}{1.05^3}+\cdots+\frac{4}{1.05^n}+\cdots$$
这是一个公比 $q=\frac{1}{1.05}$、首项 $a=\frac{4}{1.05}$ 的等比级数，它是收敛的，且
$$总的现值=\frac{\dfrac{4}{1.05}}{1-\dfrac{1}{1.05}}=80$$

即若按年复利计算，这个人需一次存入银行 80 万元，即可保证银行每年支付 4 万元直至永远.

该问题可归结为经济学中的**永续年金**问题. 永续年金是无限期等额收付的特种年金，是一系列没有终止时间的现金流. 例如，为永久资助贫困学子，某机构在大学里成立慈善基金，本金不动，买入年息为 r 的长期国债，约定每年年底拿出 A 万元作为学生们的奖学金，则此基金需要存入的本金为

$$Y=\frac{A}{1+r}+\frac{A}{(1+r)^2}+\cdots+\frac{A}{(1+r)^n}+\cdots=A\frac{\dfrac{1}{1+r}}{1-\dfrac{1}{1+r}}=\frac{A}{r}$$

此即为永续年金的年金现值. 由上式可知，每年取出用于分配的钱 A 即为每年本金产生的利息.

7.1.2　收敛级数的基本性质

性质 7.1.1　（级数收敛的必要条件）　若级数 $\sum_{n=1}^{\infty} u_n$ 收敛，则 $\lim_{n\to\infty} u_n = 0$.

证　因为级数 $\sum_{n=1}^{\infty} u_n$ 收敛，设 $\sum_{n=1}^{\infty} u_n = s$，即有

$$\lim_{n\to\infty} s_n = s$$

因为

$$u_n = s_n - s_{n-1}$$

所以

$$\lim_{n\to\infty} u_n = \lim_{n\to\infty}(s_n - s_{n-1}) = s - s = 0$$

注　（1）若级数的一般项不趋于 0，则级数一定发散.

（2）一般项趋于 0 只是级数收敛的必要条件，不是充分条件. 也就是说，一般项趋于 0，级数可能收敛也可能发散. 例如，调和级数 $1 + \frac{1}{2} + \frac{1}{3} + \cdots + \frac{1}{n} + \cdots$ 的一般项 $u_n = \frac{1}{n}$，当 $n \to \infty$ 时以 0 为极限，但它是发散的.

（3）可以利用级数 $\sum_{n=1}^{\infty} u_n$ 收敛的必要条件来证明 $\lim_{n\to\infty} u_n = 0$.

性质 7.1.2　若级数 $\sum_{n=1}^{\infty} u_n$，$\sum_{n=1}^{\infty} v_n$ 分别收敛于 s, σ，则对任意常数 a, b，级数 $\sum_{n=1}^{\infty}(au_n + bv_n)$ 也收敛，且其和为 $as + b\sigma$.

证　设级数 $\sum_{n=1}^{\infty} u_n$，$\sum_{n=1}^{\infty} v_n$ 的部分和分别为 s_n, σ_n，则级数 $\sum_{n=1}^{\infty}(au_n + bv_n)$ 的部分和为

$$\tau_n = (au_1 + bv_1) + (au_2 + bv_2) + \cdots + (au_n + bv_n)$$
$$= a(u_1 + u_2 + \cdots + u_n) + b(v_1 + v_2 + \cdots + v_n) = as_n + b\sigma_n$$

于是

$$\lim_{n\to\infty} \tau_n = \lim_{n\to\infty}(as_n + b\sigma_n) = as + b\sigma$$

这表明级数 $\sum_{n=1}^{\infty}(au_n + bv_n)$ 收敛，且其和为 $as + b\sigma$.

例 7.1.6　判别级数

$$\sum_{n=1}^{\infty}\left[\frac{2^n}{3^{n-1}} + \frac{4}{n(n+1)}\right]$$

的敛散性，若收敛，求其和.

解　由几何级数知

$$\sum_{n=1}^{\infty}\left(\frac{2}{3}\right)^{n-1} = \frac{1}{1 - \frac{2}{3}} = 3$$

由例 7.1.3 知

$$\sum_{n=1}^{\infty}\frac{1}{n(n+1)} = 1$$

由性质 7.1.2 知级数

$$\sum_{n=1}^{\infty}\left[\frac{2^n}{3^{n-1}}+\frac{4}{n(n+1)}\right]=\sum_{n=1}^{\infty}\left[2\times\left(\frac{2}{3}\right)^{n-1}+4\times\frac{1}{n(n+1)}\right]=2\times3+4\times1=10$$

即级数 $\sum_{n=1}^{\infty}\left[\frac{2^n}{3^{n-1}}+\frac{4}{n(n+1)}\right]$ 收敛，其和为 10.

性质 7.1.3 在级数中加上、去掉或改变有限项后不改变级数的敛散性.

证 考察下面两个级数：

$$u_1+u_2+\cdots+u_k+u_{k+1}+u_{k+2}+\cdots+u_{k+m}+\cdots \tag{I}$$
$$u_{k+1}+u_{k+2}+\cdots+u_{k+m}+\cdots \tag{II}$$

显然级数（I）是级数（II）的前面加上 k 项（或级数（II）是级数（I）的前面去掉 k 项）所得到的级数. 记

$$A=u_1+u_2+\cdots+u_k$$

级数（II）的前 m 项部分和为

$$w_m=u_{k+1}+u_{k+2}+\cdots+u_{k+m}$$

级数（I）的前 $k+m$ 项部分和为

$$s_{k+m}=u_1+u_2+\cdots+u_k+u_{k+1}+\cdots+u_{k+m}=A+w_m$$

当 $m\to\infty$ 时，数列 $\{s_{k+m}\}$ 与数列 $\{w_m\}$ 有相同的敛散性. 因此，级数 $\sum_{n=1}^{\infty}u_n$ 与级数 $\sum_{m=1}^{\infty}u_{k+m}$ 同时收敛或发散. 这就证明了在级数中去掉或加上有限项，不会改变级数的敛散性.

对于在级数中改变有限项的情况可看成在级数中先去掉被改变的有限项，然后加上已改变的有限项的结果.

推论 7.1.1 若级数收敛，则级数的每个余项级数也收敛；若级数的某个余项级数发散，则原级数发散.

性质 7.1.4 若一个级数收敛，则任意添加括号后所成的新级数也收敛，其和不变.

证 设级数 $\sum_{n=1}^{\infty}u_n$ 收敛于 s，其部分和为 s_n，将级数 $\sum_{n=1}^{\infty}u_n$ 任意加括号所成的级数为

$$(u_1+\cdots+u_{n_1})+(u_{n_1+1}+\cdots+u_{n_2})+\cdots+(u_{n_{k-1}+1}+\cdots+u_{n_k})+\cdots$$

将加括号后级数的每一个括号看成一项，设它的前 k 项和为 w_k，易见 $w_k=s_{n_k}$，即数列 $\{w_k\}$ 是数列 $\{s_n\}$ 的一个子数列. 由于数列 $\{s_n\}$ 是收敛的以及收敛数列与其子数列的关系知，数列 $\{w_k\}$ 必收敛，且有

$$\lim_{k\to\infty}w_k=\lim_{n\to\infty}s_n=s$$

即收敛级数任意加括号后所成的级数收敛，且其和不变.

注 性质 7.1.4 的逆命题不成立，即加括号之后所成的级数收敛，并不能判定去括号后的原级数收敛. 例如，级数

$$(a-a)+(a-a)+\cdots+(a-a)+\cdots\ (a\neq0)$$

收敛于 0，但去掉括号后的级数

$$a-a+a-a+\cdots(-1)^{n-1}a+\cdots$$

是发散的.

习 题 7.1

（A）

1. 将下列循环小数写成无穷级数的形式，并求其和：

（1）$0.\dot{3}$；

（2）$0.4\dot{1}$.

2. 设 $\lim\limits_{n\to\infty} u_n = 0$ 存在，则（　　）.

A. $\sum\limits_{n=1}^{\infty} u_n$ 必收敛

B. $\sum\limits_{n=1}^{\infty}(u_n^2 - u_{n+1}^2)$ 必收敛

C. $\sum\limits_{n=1}^{\infty}(u_{2n-1} - u_{2n})$ 必收敛

D. $\lim\limits_{n\to\infty}\left(\dfrac{u_n}{u_{n+1}} - 1\right) = 0$

3. 用定义判别下列级数的敛散性：

（1）$\sum\limits_{n=1}^{\infty}\left(\sqrt{n+2} - 2\sqrt{n+1} + \sqrt{n}\right)$；

（2）$\sum\limits_{n=1}^{\infty}\dfrac{1}{n^2 - 7n + 12}$；

（3）$\sum\limits_{n=1}^{\infty}\dfrac{1}{n(n+2)}$；

（4）$\sum\limits_{n=1}^{\infty}(-1)^n\left(\dfrac{2}{3}\right)^n$；

（5）$\sum\limits_{n=1}^{\infty}\ln\dfrac{n+1}{n}$.

4. 定下列级数的敛散性:

（1）$\sum\limits_{n=1}^{\infty}\left[\dfrac{1}{2} + (-1)^n\dfrac{1}{3}\right]$；

（2）$\sum\limits_{n=1}^{\infty}\sin\dfrac{n\pi}{3}$；

（3）$\sum\limits_{n=1}^{\infty}\left(\dfrac{\ln^n 2}{3^n} + \dfrac{1}{2^n}\right)$；

（4）$\sum\limits_{n=1}^{\infty}\dfrac{1}{\sqrt[n]{a}}\ (a > 0)$；

（5）$\sum\limits_{n=1}^{\infty}\dfrac{n}{n+1}$.

5. 某合同规定，从签约之日起，由甲方永不停止地每年支付给乙方 3 百万元人民币，设利率为每年 5%，分别以：（1）年复利计算利息；（2）连续复利计算利息. 则该合同的现值等于多少？

6. 证明：若级数 $\sum\limits_{n=1}^{\infty} u_n$ 收敛，级数 $\sum\limits_{n=1}^{\infty} v_n$ 发散，则级数 $\sum\limits_{n=1}^{\infty}(u_n \pm v_n)$ 发散.

7. 举例说明：级数 $\sum\limits_{n=1}^{\infty} u_n$ 和 $\sum\limits_{n=1}^{\infty} v_n$ 发散，但级数 $\sum\limits_{n=1}^{\infty}(u_n \pm v_n)$ 不一定发散.

8. 举例说明：级数的项加括号后所得的级数收敛，但原级数不一定收敛.

（B）

1. 举例说明：$\lim\limits_{n\to\infty} u_n = 0$，但级数 $\sum\limits_{n=1}^{\infty} u_n$ 不一定收敛.

2. 判别下列级数的敛散性，若收敛，求其和：

（1）$\sum\limits_{n=1}^{\infty}\dfrac{1}{n(n+1)(n+2)}$；

（2）$\sum\limits_{n=1}^{\infty}\dfrac{n}{3^n}$.

3. 设级数 $\sum\limits_{n=1}^{\infty} u_n$ 的前 n 项部分和为 $s_n = \dfrac{1}{n+1} + \dfrac{1}{n+2} + \cdots + \dfrac{1}{n+n}$.

（1）求一般项 u_n；

（2）写出级数 $\sum\limits_{n=1}^{\infty} u_n$；

（3）判别其敛散性，若收敛，求其和.

4. 设级数 $\sum\limits_{n=1}^{\infty}u_n$ 的前 n 项部分和为 $s_n=\dfrac{n}{n^2+1}+\dfrac{n}{n^2+2^2}+\cdots+\dfrac{n}{n^2+n^2}$，判别级数 $\sum\limits_{n=1}^{\infty}u_n$ 的敛散性，若收敛，求其和 s.

7.2 正 项 级 数

由上节内容可以知道，利用级数敛散性的定义来判别级数的敛散性必须先求出部分和 s_n 的表达式，一般情况下这是很困难的. 为了寻找更简单有效的判别方法，本节来讨论数项级数中比较特殊而又重要的一类级数——正项级数. 许多级数的敛散性问题可归结为正项级数的敛散性问题.

定义 7.2.1 若级数 $\sum\limits_{n=1}^{\infty}u_n$ 的每一项 $u_n\geqslant0\,(n=1,2,\cdots)$，则称级数 $\sum\limits_{n=1}^{\infty}u_n$ 为正项级数.

设 $\sum\limits_{n=1}^{\infty}u_n$ 是一正项级数，因为 $u_n\geqslant0\,(n=1,2,\cdots)$，所以部分和数列 $\{s_n\}$ 是一个单调增加数列，即

$$s_1\leqslant s_2\leqslant\cdots\leqslant s_n\leqslant\cdots$$

定理 7.2.1 正项级数 $\sum\limits_{n=1}^{\infty}u_n$ 收敛的充分必要条件是其部分和数列 $\{s_n\}$ 有界.

证 若正项级数 $\sum\limits_{n=1}^{\infty}u_n$ 收敛于 s，即 $\lim\limits_{n\to\infty}s_n=s$，根据有极限的数列必为有界数列知数列 $\{s_n\}$ 有界；反之，若数列 $\{s_n\}$ 有界，由正项级数部分和数列 $\{s_n\}$ 的单调性，根据单调有界数列必有极限的准则知 $\lim\limits_{n\to\infty}s_n$ 存在，从而正项级数 $\sum\limits_{n=1}^{\infty}u_n$ 收敛.

若正项系数 $\sum\limits_{n=1}^{\infty}u_n$ 发散，则 $\lim\limits_{n\to\infty}s_n=+\infty$，这时也记为 $\sum\limits_{n=1}^{\infty}u_n=+\infty$.

注 该定理虽然给出的是充要条件，但要判别正项级数 $\sum\limits_{n=1}^{\infty}u_n$ 的部分和数列 $\{s_n\}$ 有界通常是很困难的. 该定理的实用性有限，但它为后面一系列判别法提供了理论根据.

定理 7.2.2 （比较判别法）设 $\sum\limits_{n=1}^{\infty}u_n$，$\sum\limits_{n=1}^{\infty}v_n$ 均为正项级数，且

$$u_n\leqslant v_n\quad(n=1,2,\cdots)$$

（i）若级数 $\sum\limits_{n=1}^{\infty}v_n$ 收敛，则级数 $\sum\limits_{n=1}^{\infty}u_n$ 收敛；

（ii）若级数 $\sum\limits_{n=1}^{\infty}u_n$ 发散，则级数 $\sum\limits_{n=1}^{\infty}v_n$ 发散.

证 设正项级数 $\sum\limits_{n=1}^{\infty}u_n$，$\sum\limits_{n=1}^{\infty}v_n$ 的前 n 项部分和分别为 s_n, σ_n，由条件 $u_n \leqslant v_n (n=1, 2, \cdots)$ 知

$$s_n \leqslant \sigma_n$$

（i）若级数 $\sum\limits_{n=1}^{\infty}v_n$ 收敛，由定理 7.2.1 知，部分和数列 $\{\sigma_n\}$ 有界，从而部分和数列 $\{s_n\}$ 有界. 又由定理 7.2.1 知，级数 $\sum\limits_{n=1}^{\infty}u_n$ 收敛.

（ii）用反证法，若 $\sum\limits_{n=1}^{\infty}v_n$ 收敛，由（i）知 $\sum\limits_{n=1}^{\infty}u_n$ 收敛，这与条件 $\sum\limits_{n=1}^{\infty}u_n$ 发散矛盾，由此可知结论（ii）成立.

推论 7.2.1 设 $\sum\limits_{n=1}^{\infty}u_n$，$\sum\limits_{n=1}^{\infty}v_n$ 均为正项级数，且存在自然数 N，使得当 $n > N$ 时，有

$$u_n \leqslant Cv_n \quad (C > 0)$$

（i）若级数 $\sum\limits_{n=1}^{\infty}v_n$ 收敛，则级数 $\sum\limits_{n=1}^{\infty}u_n$ 收敛；

（ii）若级数 $\sum\limits_{n=1}^{\infty}u_n$ 发散，则级数 $\sum\limits_{n=1}^{\infty}v_n$ 发散.

由于级数的每一项同乘以一个不为 0 的常数 C，以及去掉级数前面的有限项不会影响级数的敛散性，由定理 7.2.2 直接可得上述推论的结果.

例 7.2.1 讨论 p-级数

$$\sum_{n=1}^{\infty} \frac{1}{n^p} = 1 + \frac{1}{2^p} + \frac{1}{3^p} + \cdots + \frac{1}{n^p} + \cdots$$

的敛散性，其中常数 $p > 0$.

解 当 $0 < p \leqslant 1$ 时，由于

$$\frac{1}{n^p} \geqslant \frac{1}{n} \quad (n=1, 2, \cdots)$$

而调和级数 $\sum\limits_{n=1}^{\infty} \frac{1}{n}$ 是发散的，由比较判别法知，此时 p-级数 $\sum\limits_{n=1}^{\infty} \frac{1}{n^p}$ 发散.

当 $p > 1$ 时，有

$$\sum_{n=1}^{\infty} \frac{1}{n^p} = 1 + \left(\frac{1}{2^p} + \frac{1}{3^p} \right) + \left(\frac{1}{4^p} + \frac{1}{5^p} + \frac{1}{6^p} + \frac{1}{7^p} \right) + \left(\frac{1}{8^p} + \frac{1}{9^p} + \cdots + \frac{1}{15^p} \right) + \cdots$$

它的各项均不大于级数

$$1 + \left(\frac{1}{2^p} + \frac{1}{2^p} \right) + \left(\frac{1}{4^p} + \frac{1}{4^p} + \frac{1}{4^p} + \frac{1}{4^p} \right) + \left(\frac{1}{8^p} + \frac{1}{8^p} + \cdots + \frac{1}{8^p} \right) + \cdots$$

的对应项，而后一级数是公比 $q = \frac{1}{2^{p-1}} < 1$ 的几何级数，是收敛的，由比较判别法知此时 p-级数收敛.

综上所述，p-级数 $\sum\limits_{n=1}^{\infty} \frac{1}{n^p}$ 当 $p > 1$ 时收敛，当 $0 < p \leqslant 1$ 时发散.

例 7.2.2 判别下列级数的敛散性:

（1）$\displaystyle\sum_{n=1}^{\infty}\frac{1}{\sqrt[3]{(n+1)(n+2)}}$;   （2）$\displaystyle\sum_{n=1}^{\infty}\frac{n-1}{n(n+1)^3}$.

解 （1）因为

$$\frac{1}{\sqrt[3]{(n+1)(n+2)}} > \frac{1}{(n+2)^{\frac{2}{3}}}$$

而级数 $\displaystyle\sum_{n=1}^{\infty}\frac{1}{(n+2)^{\frac{2}{3}}}$ 是发散的 $\left(p=\dfrac{2}{3}<1\right)$，由比较判别法知所给级数发散.

（2）因为

$$\frac{n-1}{n(n+1)^3} < \frac{n}{n(n+1)^3} = \frac{1}{(n+1)^3} < \frac{1}{n^3}$$

而级数 $\displaystyle\sum_{n=1}^{\infty}\frac{1}{n^3}$ 是收敛的（$p=3$），由比较判别法知所给级数收敛.

例 7.2.3 讨论级数 $\displaystyle\sum_{n=1}^{\infty}\frac{a^n}{a^n+b^n}$（$a>0,\ b>0$)的敛散性.

解 当 $b>a$ 时，因为

$$\frac{a^n}{a^n+b^n} < \left(\frac{a}{b}\right)^n$$

而级数 $\displaystyle\sum_{n=1}^{\infty}\left(\frac{a}{b}\right)^n$ 是以公比为 $\dfrac{a}{b}<1$ 的等比级数，所以是收敛的，从而由比较判别法知原级数收敛.

当 $b\leqslant a$ 时，因为

$$\frac{a^n}{a^n+b^n} = \frac{1}{1+\left(\dfrac{b}{a}\right)^n} \geqslant \frac{1}{2}$$

而 $\displaystyle\sum_{n=1}^{\infty}\frac{1}{2}$ 发散，所以由比较判别法知级数发散.

注 （1）比较判别法是判别正项级数敛散性的一个重要方法，在用比较判别法判别正项级数的敛散性时，先要对一般项 u_n 进行适当的"缩小""放大"，选取一个已知敛散性的级数 $\displaystyle\sum_{n=1}^{\infty}v_n$ 作为比较的基准，最常选用作为基准的级数包括 p-级数、等比级数等.

（2）比较判别法只告诉我们，两个正项级数一般项大的对应的级数收敛才知一般项小的对应级数收敛，简记"大敛则小敛"；而一般项小的对应的级数收敛不能判别一般项大的对应的级数收敛，简记"小敛则大不一定敛"．类似地，"小散则大散""大散则小不一定散"．

例如，对无穷级数 $\displaystyle\sum_{n=1}^{\infty}\frac{1}{2^n-n}$，由其一般项的特点很容易得到 $\dfrac{1}{2^n-n} > \dfrac{1}{2^n}$；但是由定理 7.2.2，等比级数 $\displaystyle\sum_{n=1}^{\infty}\frac{1}{2^n}$ 收敛却不能判别 $\displaystyle\sum_{n=1}^{\infty}\frac{1}{2^n-n}$ 的敛散性.

为应用上的方便，下面给出比较判别法的极限形式.

定理 7.2.3 证明

定理 7.2.3 设 $\sum\limits_{n=1}^{\infty} u_n$ 和 $\sum\limits_{n=1}^{\infty} v_n$ 都是正项级数，且

$$\lim_{n\to\infty} \frac{u_n}{v_n} = l$$

（i）当 $0 < l < +\infty$ 时，这两个正项级数具有相同的敛散性；

（ii）当 $l = 0$ 时，若 $\sum\limits_{n=1}^{\infty} v_n$ 收敛，则 $\sum\limits_{n=1}^{\infty} u_n$ 收敛；

（iii）当 $l = +\infty$ 时，若 $\sum\limits_{n=1}^{\infty} v_n$ 发散，则 $\sum\limits_{n=1}^{\infty} u_n$ 发散.

注 这种极限形式的比较判别法是在两个正项级数的一般项均趋向于 0 的前提下进行的，其实是比较它们的一般项作为无穷小的阶，定理 7.2.3 表明，当 $n \to \infty$ 时：

（1）当 u_n 与 v_n 是同阶无穷小时，级数 $\sum\limits_{n=1}^{\infty} u_n$ 与 $\sum\limits_{n=1}^{\infty} v_n$ 具有相同的敛散性；

（2）当 u_n 是比 v_n 高阶的无穷小时，若级数 $\sum\limits_{n=1}^{\infty} v_n$ 收敛，则级数 $\sum\limits_{n=1}^{\infty} u_n$ 收敛；

（3）当 u_n 是比 v_n 低阶的无穷小时，若级数 $\sum\limits_{n=1}^{\infty} v_n$ 发散，则级数 $\sum\limits_{n=1}^{\infty} u_n$ 发散.

例 7.2.4 判别下列级数的敛散性：

（1）$\sum\limits_{n=1}^{\infty} \sin\dfrac{\pi}{6^n}$；（2）$\sum\limits_{n=1}^{\infty} \ln\left(1+\dfrac{1}{n}\right)$；（3）$\sum\limits_{n=1}^{\infty} \dfrac{1}{2^n-n}$.

解 （1）当 $n \to \infty$ 时，有 $\sin\dfrac{\pi}{6^n} \sim \dfrac{\pi}{6^n}$，令 $v_n = \dfrac{1}{6^n}$，则

$$\lim_{n\to\infty} \frac{u_n}{v_n} = \lim_{n\to\infty} \frac{\sin\dfrac{\pi}{6^n}}{\dfrac{1}{6^n}} = \pi > 0$$

即等比级数 $\sum\limits_{n=1}^{\infty} \dfrac{1}{6^n}$ 收敛，由定理 7.2.3 知级数 $\sum\limits_{n=1}^{\infty} \sin\dfrac{\pi}{6^n}$ 收敛.

（2）当 $n \to \infty$ 时，有 $\ln\left(1+\dfrac{1}{n}\right) \sim \dfrac{1}{n}$，令 $v_n = \dfrac{1}{n}$，则

$$\lim_{n\to\infty} \frac{u_n}{v_n} = \lim_{n\to\infty} \frac{\ln\left(1+\dfrac{1}{n}\right)}{\dfrac{1}{n}} = 1 > 0$$

而级数 $\sum\limits_{n=1}^{\infty} \dfrac{1}{n}$ 发散，由定理 7.2.3 知级数 $\sum\limits_{n=1}^{\infty} \ln\left(1+\dfrac{1}{n}\right)$ 发散.

（3）令 $v_n = \dfrac{1}{2^n}$，则

$$\lim_{n \to \infty} \frac{u_n}{v_n} = \lim_{n \to \infty} \frac{\frac{1}{2^n - 1}}{\frac{1}{2^n}} = \lim_{n \to \infty} \frac{2^n}{2^n - 1} = \lim_{n \to \infty} \frac{1}{1 - \frac{n}{2^n}} = 1 > 0$$

而级数 $\displaystyle\sum_{n=1}^{\infty} \frac{1}{2^n}$ 收敛，由定理 7.2.3 知级数 $\displaystyle\sum_{n=1}^{\infty} \frac{1}{2^n - n}$ 收敛.

用比较判别法时，一般首先要对级数的敛散性有一个预判，进而找一个合适的且敛散性与该级数一致的无穷级数进行比较. 事实上，对大多数级数而言，这并不容易，最简单易实施的判别方法应该是直接利用级数本身的特点进行判别. 下面介绍使用起来比较方便简单的比值和根值判别法.

定理 7.2.4 （比值判别法或达朗贝尔（**d'Alembert**）判别法）设 $\displaystyle\sum_{n=1}^{\infty} u_n$ 为正项级数 $(u_n > 0,$ $n = 1, 2, \cdots)$，若

$$\lim_{n \to \infty} \frac{u_{n+1}}{u_n} = \rho$$

则有

（ i ）当 $\rho < 1$ 时，级数收敛；

（ ii ）当 $1 < \rho \leqslant +\infty$ 时，级数发散；

（ iii ）当 $\rho = 1$ 时，级数可能收敛，也可能发散.

证 （ i ）当 $\rho < 1$ 时，由极限定义可知. 选取适当 $\varepsilon > 0$，使得 $\rho + \varepsilon = \gamma < 1$，必存在自然数 N，当 $n > N$ 时，有

$$\frac{u_{n+1}}{u_n} < \rho + \varepsilon = \gamma < 1$$

即

$$u_{n+1} < \gamma u_n$$

因此

$$u_{N+1} < \gamma u_N$$
$$u_{N+2} < \gamma u_{N+1} < \gamma^2 u_N$$
$$\cdots\cdots$$
$$u_{N+k} < \gamma^k u_N$$
$$\cdots\cdots$$

由于 $\gamma < 1$，几何级数 $\displaystyle\sum_{k=1}^{\infty} \gamma^k u_N$ 收敛，由定理 7.2.2 知，级数 $\displaystyle\sum_{n=N+1}^{\infty} u_n$ 收敛，再由性质知，$\displaystyle\sum_{n=1}^{\infty} u_n$ 收敛.

（ ii ）当 $\rho > 1$ 时，选取适当 $\varepsilon > 0$，使得 $\rho - \varepsilon > 1$，必定存在自然数 N，当 $n \geqslant N$ 时，有

$$\frac{u_{n+1}}{u_n} > \rho - \varepsilon > 1$$

即 $$u_{n+1} > u_n$$

这表明，当 $n \geqslant N$ 时，级数的一般项 u_n 逐渐增大，不趋于 0，由级数收敛的必要条件知级数发散.

类似地，可以证明：当 $\rho = +\infty$ 时，$\lim\limits_{n \to \infty} u_n \neq 0$，从而级数发散.

（iii）当 $\rho = 1$ 时，考察级数 $\sum\limits_{n=1}^{\infty} \dfrac{1}{n}$ 和 $\sum\limits_{n=1}^{\infty} \dfrac{1}{n^3}$，有

$$\lim_{n \to \infty} \frac{u_{n+1}}{u_n} = \lim_{n \to \infty} \frac{\dfrac{1}{n+1}}{\dfrac{1}{n}} = 1, \qquad \lim_{n \to \infty} \frac{u_{n+1}}{u_n} = \lim_{n \to \infty} \frac{\dfrac{1}{(n+1)^3}}{\dfrac{1}{n^3}} = 1$$

但级数 $\sum\limits_{n=1}^{\infty} \dfrac{1}{n}$ 发散，而级数 $\sum\limits_{n=1}^{\infty} \dfrac{1}{n^3}$ 收敛，因此，当 $\rho = 1$ 时，不能判定级数的敛散性.

注   比值判别法适用于 $\dfrac{u_{n+1}}{u_n}$ 便于约分且极限存在或为 ∞ 的级数敛散性判别.

例 7.2.5   判别下列级数的敛散性：

（1）$\sum\limits_{n=1}^{\infty} \dfrac{n!}{3^n}$；   （2）$\sum\limits_{n=1}^{\infty} \dfrac{2n+1}{2^n}$；   （3）$\sum\limits_{n=1}^{\infty} \dfrac{n^2 \sin^2 \dfrac{n\pi}{3}}{4^n}$.

解   （1）因为

$$\lim_{n \to \infty} \frac{u_{n+1}}{u_n} = \lim_{n \to \infty} \frac{\dfrac{(n+1)!}{3^{n+1}}}{\dfrac{n!}{3^n}} = \lim_{n \to \infty} \frac{n+1}{3} = +\infty$$

所以级数发散.

（2）因为

$$\lim_{n \to \infty} \frac{u_{n+1}}{u_n} = \lim_{n \to \infty} \frac{\dfrac{2n+3}{2^{n+1}}}{\dfrac{2n+1}{2^n}} = \lim_{n \to \infty} \frac{2n+3}{2(2n+1)} = \frac{1}{2} < 1$$

所以级数收敛.

（3）因为

$$u_n = \frac{n^2 \sin^2 \dfrac{n\pi}{3}}{4^n} < \frac{n^2}{4^n} = v_n$$

而对于级数 $\sum\limits_{n=1}^{\infty} \dfrac{n^2}{4^n}$，有

$$\lim_{n \to \infty} \frac{v_{n+1}}{v_n} = \lim_{n \to \infty} \frac{\dfrac{(n+1)^2}{4^{n+1}}}{\dfrac{n^2}{4^n}} = \lim_{n \to \infty} \frac{(n+1)^2}{4n^2} = \frac{1}{4} < 1$$

由比值判别法知级数 $\sum\limits_{n=1}^{\infty} \dfrac{n^2}{4^n}$ 收敛，再由比较判别法知，题设级数收敛.

定理 7.2.5 （根值判别法或柯西（Cauchy）判别法） 设 $\sum\limits_{n=1}^{\infty} u_n$ 为正项

级数，若

$$\lim_{n\to\infty} \sqrt[n]{u_n} = \rho$$

则有

定理 7.2.5 证明

（i）当 $\rho<1$ 时，级数收敛；

（ii）当 $1<\rho\leqslant+\infty$ 时，级数发散；

（iii）当 $\rho=1$ 时，级数可能收敛也可能发散.

注 根值判别法适用于一般项中含 n 次方幂且 $\sqrt[n]{u_n}$ 极限存在或为无穷

大的级数敛散性判别.

例 7.2.6 判别下列级数的敛散性：

（1）$\sum\limits_{n=1}^{\infty}\left(\dfrac{n+1}{2n-1}\right)^n$；   （2）$\sum\limits_{n=1}^{\infty}\left(1-\dfrac{1}{n}\right)^{n^2}$.

解 （1）因为

$$\lim_{n\to\infty}\sqrt[n]{u_n}=\lim_{n\to\infty}\sqrt[n]{\left(\dfrac{n+1}{2n-1}\right)^n}=\lim_{n\to\infty}\dfrac{n+1}{2n-1}=\dfrac{1}{2}<1$$

由根值判别法知级数收敛.

（2）因为

$$\lim_{n\to\infty}\sqrt[n]{u_n}=\lim_{n\to\infty}\sqrt[n]{\left(1-\dfrac{1}{n}\right)^{n^2}}=\lim_{n\to\infty}\left(1-\dfrac{1}{n}\right)^n=\dfrac{1}{e}<1$$

由根值判别法知级数收敛.

例 7.2.7 利用级数收敛的必要条件证明：

（1）$\lim\limits_{n\to\infty}\dfrac{2^n n!}{n^n}=0$；   （2）$\lim\limits_{n\to\infty}\dfrac{2^{n+1}}{3^n n!}=0$.

证 （1）考察级数 $\sum\limits_{n=1}^{\infty}\dfrac{2^n n!}{n^n}$，因为

$$\lim_{n\to\infty}\dfrac{u_{n+1}}{u_n}=\lim_{n\to\infty}\dfrac{2^{n+1}(n+1)!}{(n+1)^{n+1}}\cdot\dfrac{n^n}{2^n n!}=\lim_{n\to\infty}\dfrac{2n^n}{(n+1)^n}=\lim_{n\to\infty}2\left(\dfrac{n}{n+1}\right)^n=\dfrac{2}{e}<1$$

由比值判别法知级数 $\sum\limits_{n=1}^{\infty}\dfrac{2^n n!}{n^n}$ 收敛，从而

$$\lim_{n\to\infty}\dfrac{2^n n!}{n^n}=0$$

（2）考察级数 $\sum\limits_{n=1}^{\infty}\dfrac{2^{n+1}}{3^n n!}$，因为

$$\lim_{n\to\infty}\dfrac{u_{n+1}}{u_n}=\lim_{n\to\infty}\dfrac{2^{n+2}}{3^{n+1}(n+1)!}\cdot\dfrac{3^n n!}{2^{n+1}}=\lim_{n\to\infty}\dfrac{2}{3(n+1)}=0<1$$

由比值判别法知级数 $\displaystyle\sum_{n=1}^{\infty}\frac{2^{n+1}}{3^n n!}$ 收敛，从而

$$\lim_{n\to\infty}\frac{2^{n+1}}{3^n n!}=0$$

无穷级数敛散性的判别要根据一般项的特点灵活选择适当的判别方法，甚至有时需要几种方法结合运用.

习 题 7.2

（A）

1. 用比较判别法或极限形式判别法判别下列级数的敛散性：

（1）$\displaystyle\sum_{n=1}^{\infty}\frac{1}{n^3+1}$；

（2）$\displaystyle\sum_{n=1}^{\infty}\frac{1}{\sqrt{n(n+1)}}$；

（3）$\displaystyle\sum_{n=1}^{\infty}\left[\frac{1}{n}-\ln\left(1+\frac{1}{n}\right)\right]$；

（4）$\displaystyle\sum_{n=2}^{\infty}\frac{1}{3n+1}$；

（5）$\displaystyle\sum_{n=2}^{\infty}\frac{1}{\ln n}$；

（6）$\displaystyle\sum_{n=1}^{\infty}\sin\frac{1}{n^2}$；

（7）$\displaystyle\sum_{n=1}^{\infty}2^n\sin\frac{\pi}{3^n}$；

（8）$\displaystyle\sum_{n=1}^{\infty}\left(1-\cos\frac{1}{n}\right)$；

（9）$\displaystyle\sum_{n=1}^{\infty}\frac{1}{1+a^n}\ (a>0)$.

2. 用比值判别法判别下列级数的敛散性：

（1）$\displaystyle\sum_{n=1}^{\infty}\frac{x^n}{n}\ (x>0)$；

（2）$\displaystyle\sum_{n=1}^{\infty}\frac{(n+1)!}{3^{n-1}}$；

（3）$\displaystyle\sum_{n=1}^{\infty}n\left(\frac{2}{3}\right)^n$；

（4）$\displaystyle\sum_{n=1}^{\infty}\frac{3^n\cdot n!}{n^n}$；

（5）$\displaystyle\sum_{n=1}^{\infty}\frac{(n!)^2}{(2n)!}$；

（6）$\displaystyle\sum_{n=1}^{\infty}\frac{a^n}{n^s}\ (a>0,s>0)$.

3. 用根值判别法判别下列级数的敛散性：

（1）$\displaystyle\sum_{n=1}^{\infty}\frac{1}{n^n}$；

（2）$\displaystyle\sum_{n=1}^{\infty}\left(\frac{2n}{3n+1}\right)^n$；

（3）$\displaystyle\sum_{n=1}^{\infty}\frac{3^n}{e^n-1}$；

（4）$\displaystyle\sum_{n=1}^{\infty}\left(\frac{n+1}{n}\right)^{n^2}\Big/2^n$.

4. 用适当方法判别下列级数的敛散性：

（1）$\displaystyle\sum_{n=1}^{\infty}\left(\frac{2n-1}{3n+1}\right)^n$；

（2）$\displaystyle\sum_{n=1}^{\infty}\frac{\ln n}{2^n}$；

（3）$\displaystyle\sum_{n=1}^{\infty}\frac{n\cos^2\frac{n}{3}}{2^n}$；

（4）$\displaystyle\sum_{n=1}^{\infty}\frac{2+(-1)^n}{3^n}$；

（5）$\displaystyle\sum_{n=2}^{\infty}\frac{1}{3^n-1}$；

（6）$\displaystyle\sum_{n=1}^{\infty}(\sqrt[n]{2}-1)$.

5. 判别级数 $\displaystyle\sum_{n=1}^{\infty}\frac{x^n}{(1+x)(1+x^2)\cdots(1+x^n)}\ (x>0)$ 的敛散性.

6. 利用级数收敛的必要条件证明：

（1）$\displaystyle\lim_{n\to\infty}\frac{a^n}{n!}=0$；

（2）$\displaystyle\lim_{n\to\infty}\frac{n^n}{(n!)^2}=0$.

7. 下列关于级数的结论中正确的有（　　　　）.

（1）级数 $\displaystyle\sum_{n=1}^{\infty}u_n^2$ 与级数 $\displaystyle\sum_{n=1}^{\infty}v_n^2$ 都收敛，则级数 $\displaystyle\sum_{n=1}^{\infty}(u_n+v_n)^2$ 收敛；

（2）级数 $\displaystyle\sum_{n=1}^{\infty}|u_nv_n|$ 收敛，则级数 $\displaystyle\sum_{n=1}^{\infty}u_n^2$ 与 $\displaystyle\sum_{n=1}^{\infty}v_n^2$ 都收敛；

（3）级数 $\displaystyle\sum_{n=1}^{\infty}|u_nv_n|$ 发散，则级数 $\displaystyle\sum_{n=1}^{\infty}u_n^2$ 与 $\displaystyle\sum_{n=1}^{\infty}v_n^2$ 都发散；

（4）级数 $\displaystyle\sum_{n=1}^{\infty}|u_nv_n|$ 发散，则级数 $\displaystyle\sum_{n=1}^{\infty}(u_n^2+v_n^2)$ 发散.

A.（1）和（4）　　　B.（1）和（3）　　　C.（2）和（3）　　　D.（2）和（4）

8. 设 $\displaystyle\sum_{n=1}^{\infty}u_n,\sum_{n=1}^{\infty}v_n$ 均为正项级数，证明：

（1）$\displaystyle\sum_{n=1}^{\infty}u_n^2$ 收敛；

（2）$\displaystyle\sum_{n=1}^{\infty}u_nv_n$ 收敛；

（3）$\displaystyle\sum_{n=1}^{\infty}(u_n+v_n)^2$ 收敛；

（4）$\displaystyle\sum_{n=1}^{\infty}\frac{u_n}{n}$ 收敛.

9. 设 $\lambda>0$，而级数 $\displaystyle\sum_{n=1}^{\infty}u_n^2$ 收敛，证明级数 $\displaystyle\sum_{n=1}^{\infty}\frac{|u_n|}{\sqrt{n^2+\lambda}}$ 收敛.

（B）

1. 设 $\displaystyle\sum_{n=1}^{\infty}a_n,\sum_{n=1}^{\infty}b_n$ 均为收敛的级数，且 $a_n\leqslant c_n\leqslant b_n(n=1,2,\cdots)$，证明级数 $\displaystyle\sum_{n=1}^{\infty}c_n$ 也收敛.

2. 下列关于级数的结论中正确的有（　　　　）.

（1）若 $a_n>0$，且 $\dfrac{a_{n+1}}{a_n}<1$，则 $\displaystyle\sum_{n=1}^{\infty}a_n$ 收敛；

（2）若 $a_n>0$，且 $\dfrac{a_{n+1}}{a_n}>1$，则 $\displaystyle\sum_{n=1}^{\infty}a_n$ 发散；

（3）若 $\displaystyle\sum_{n=1}^{\infty}(a_{2n-1}+a_{2n})$ 收敛，则 $\displaystyle\sum_{n=1}^{\infty}a_n$ 收敛；

（4）设 $a_n>0$，且 $\displaystyle\lim_{n\to\infty}na_n$ 存在，又 $\displaystyle\sum_{n=1}^{\infty}a_n$ 收敛，则 $\displaystyle\lim_{n\to\infty}na_n=0$.

A.（1）和（2）　　　B.（1）和（3）　　　C.（2）和（3）　　　D.（2）和（4）

3. 设 $f(x)$ 在 $[-\delta,\delta]$ 上有定义，$f(0)=f'(0)=0,f''(0)=a>0$，又 $\displaystyle\sum_{n=1}^{\infty}f\left(\frac{1}{n^p}\right)$ 收敛，则 p 的取值范围正确的是（　　　　）.

A. $p>1$　　　　B. $p>2$　　　　C. $0<p<2$　　　　D. $p>\dfrac{1}{2}$

4. 若级数 $\displaystyle\sum_{n=1}^{\infty}\left[\sin\frac{1}{n}-k\ln\left(1-\frac{1}{n}\right)\right]$ 收敛，求 k 的值.

5. 设 $u_1 > 0$，$\{u_n\}$ 单调增加，证明：$\displaystyle\sum_{n=1}^{\infty}\left(1-\frac{u_n}{u_{n+1}}\right)$ 收敛的充要条件是 $\{u_n\}$ 有上界.

6. 判别正项级数 $\displaystyle\sum_{n=1}^{\infty}u_n$ 的敛散性，其中 $u_n = \displaystyle\int_0^{\frac{1}{n}} x(1-x)\sin x\,\mathrm{d}x$.

7. 设 $a_n = \displaystyle\int_0^{\frac{\pi}{4}} \tan^n x\,\mathrm{d}x$.

（1）求 $\displaystyle\sum_{n=1}^{\infty}\frac{1}{n}(a_n + a_{n+2})$ 的值；

（2）证明：对任意常数 $\lambda > 0$，级数 $\displaystyle\sum_{n=1}^{\infty}\frac{a_n}{n^{\lambda}}$ 都收敛.

8. 先讨论级数 $\displaystyle\sum_{n=1}^{\infty}\left[\frac{1}{n}-\ln\left(1+\frac{1}{n}\right)\right]$ 的敛散性，已知 $x_n = 1 + \frac{1}{2} + \cdots + \frac{1}{n} - \ln(1+n)$，证明：数列 $\{x_n\}$ 收敛.

9. 设 $a_n > 0, b_n > 0$，且满足 $\dfrac{b_n}{a_n} \leqslant \dfrac{b_{n+1}}{a_{n+1}}$，证明：

（1）若级数 $\displaystyle\sum_{n=1}^{\infty}b_n$ 收敛，则 $\displaystyle\sum_{n=1}^{\infty}a_n$ 收敛；

（2）若级数 $\displaystyle\sum_{n=1}^{\infty}a_n$ 发散，则 $\displaystyle\sum_{n=1}^{\infty}b_n$ 发散.

10. 设有方程 $x^n + nx - 1 = 0$，其中 n 为正整数，证明此方程存在唯一实根 x_n，且当 $a > 1$ 时，级数 $\displaystyle\sum_{n=1}^{\infty}x_n^a$ 收敛.

7.3　任意项级数

上节讨论了正项级数的判别法，本节继续讨论特殊的交错级数，并由特殊到一般，讨论一般项可正、可负或为 0 的任意项级数的判别法.

7.3.1　交错级数及其判别法

正负项交错出现的数项级数称为交错级数，它的一般形式为

$$\sum_{n=1}^{\infty}(-1)^{n-1}u_n = u_1 - u_2 + u_3 - u_4 + \cdots + (-1)^{n-1}u_n + \cdots \tag{7.3.1}$$

或

$$\sum_{n=1}^{\infty}(-1)^{n-1}u_n = -u_1 + u_2 - u_3 + u_4 + \cdots + (-1)^{n}u_n + \cdots \tag{7.3.2}$$

其中 $u_n > 0$ $(n = 1, 2, \cdots)$.

级数（7.3.2）可由级数（7.3.1）乘以 -1 得到，由性质知它们具有相同的敛散性，故下面按级数（7.3.1）的形式来讨论交错级数的敛散性.

定理 7.3.1 （莱布尼茨（Leibniz）判别法）　若交错级数 $\displaystyle\sum_{n=1}^{\infty}(-1)^{n-1}u_n$ 满足条件：

（i）$u_n \geqslant u_{n+1}$ $(n = 1, 2, \cdots)$;

定理 7.3.1 证明

（ii）$\lim\limits_{n\to\infty}u_n=0$.

则级数 $\sum\limits_{n=1}^{\infty}(-1)^{n-1}u_n$ 收敛，且级数和 $s\leqslant u_1$，其余项 γ_n 的绝对值 $|\gamma_n|\leqslant u_{n+1}$.

证 先考察部分和 s_{2n} 的极限. 将 s_{2n} 写成如下两种形式：

$$s_{2n}=(u_1-u_2)+(u_3-u_4)+\cdots+(u_{2n-1}-u_{2n})$$

$$s_{2n}=u_1-(u_2-u_3)-(u_4-u_5)-\cdots-(u_{2n-2}-u_{2n-1})-u_{2n}$$

由条件（i）及 s_{2n} 的第一种形式知，数列 $\{s_{2n}\}$ 是单调增加的；由条件（i）及 s_{2n} 的第二种形式知，数列 $\{s_{2n}\}$ 是有界的（$s_{2n}\leqslant u_1$）. 因此，由单调有界数列必有极限知，数列 $\{s_{2n}\}$ 的极限存在，设

$$\lim\limits_{n\to\infty}s_{2n}=s$$

由第二种形式知 $s\leqslant u_1$，又因为

$$s_{2n+1}=s_{2n}+u_{2n+1}$$

由条件（ii）知

$$\lim\limits_{n\to\infty}s_{2n+1}=\lim\limits_{n\to\infty}(s_{2n}+u_{2n+1})=s$$

综上所述

$$\lim\limits_{n\to\infty}s_n=s \quad 且 \quad s\leqslant u_1$$

余项为

$$\gamma_n=(-1)^nu_{n+1}+(-1)^{n+1}u_{n+2}+\cdots$$

其绝对值为

$$|\gamma_n|=u_{n+1}-u_{n+2}+u_{n+3}-u_{n+4}+\cdots$$

这也是一个交错级数，它也满足收敛的两个条件，所以级数和小于或等于第一项，即

$$|\gamma_n|\leqslant u_{n+1}$$

注 莱布尼茨判别法的条件是充分条件. 若交错级数不满足条件（ii），则由级数收敛的必要条件易知级数一定发散；若交错级数不满足条件（i），则交错级数不一定发散. 例如，交错级数 $\sum\limits_{n=2}^{\infty}\dfrac{(-1)^{n-1}}{\sqrt{n+(-1)^n}}$ 不满足 $u_n\geqslant u_{n+1}$，依然收敛.

例 7.3.1 判别下列交错级数的敛散性：

（1）$\sum\limits_{n=1}^{\infty}(-1)^{n-1}\dfrac{1}{\sqrt{n}}$；　　　　　　（2）$\sum\limits_{n=1}^{\infty}\dfrac{(-1)^n}{\ln(1+n)}$.

解 （1）这是一个交错级数，且满足

① $u_n=\dfrac{1}{\sqrt{n}}>\dfrac{1}{\sqrt{n+1}}=u_{n+1}\ (n=1,2,\cdots)$；

② $\lim\limits_{n\to\infty}u_n=\lim\limits_{n\to\infty}\dfrac{1}{\sqrt{n}}=0$.

所以它是收敛的，且级数和 $s<1$.

（2）先考察 $\sum\limits_{n=1}^{\infty}\dfrac{(-1)^{n}}{\ln(1+n)}$，这是标准的交错级数，它满足条件：

① $u_{n}=\dfrac{1}{\ln(1+n)}>\dfrac{1}{\ln(2+n)}=u_{n+1}$；

② $\lim\limits_{n\to\infty}u_{n}=\lim\limits_{n\to\infty}\dfrac{1}{\ln(1+n)}=0$.

所以根据莱布尼茨判别法知，级数 $\sum\limits_{n=1}^{\infty}\dfrac{(-1)^{n}}{\ln(1+n)}$ 收敛且级数和 $s_{1}\leqslant\dfrac{1}{\ln 2}$，而级数 $\sum\limits_{n=1}^{\infty}\dfrac{(-1)^{n}}{\ln(1+n)}$ 是由 $\sum\limits_{n=1}^{\infty}\dfrac{(-1)^{n-1}}{\ln(1+n)}$ 乘以 -1 而得，由性质知 $\sum\limits_{n=1}^{\infty}\dfrac{(-1)^{n}}{\ln(1+n)}$ 是收敛的，级数和为 s，且 $s\geqslant-\dfrac{1}{\ln 2}$.

例 7.3.2 判别无穷级数 $\sum\limits_{n=1}^{\infty}(-1)^{n}\dfrac{\ln n}{n}$ 的敛散性.

解 级数 $\sum\limits_{n=1}^{\infty}(-1)^{n-1}\dfrac{\ln n}{n}$ 为交错级数，令 $f(x)=\dfrac{\ln x}{x}$，则

$$f'(x)=\dfrac{1-\ln x}{x^{2}}<0\quad(x>\mathrm{e})$$

即当 $n\geqslant 3$ 时，$\left\{\dfrac{\ln n}{n}\right\}$ 为递减数列，满足

$$u_{n}=\dfrac{\ln n}{n}\geqslant\dfrac{\ln(n+1)}{n+1}=u_{n+1}\quad(n\geqslant 3)$$

又因为 $\lim\limits_{n\to+\infty}\dfrac{\ln n}{n}=\lim\limits_{x\to+\infty}\dfrac{\ln x}{x}=\lim\limits_{x\to+\infty}\dfrac{1}{x}=0$，即 $\lim\limits_{n\to\infty}u_{n}=0$，由莱布尼茨判别法知此交错级数收敛.

注 利用莱布尼茨判别法判别 $u_{n}\geqslant u_{n+1}$ 不易时，可设 $u_{n}=f(n)$，通过证明 x 充分大时 $f'(x)\leqslant 0$ 来判断 n 充分大时 $\{f(n)\}$ 单调减少来证明；判别 $\lim\limits_{n\to+\infty}f(n)=0$ 不易时，可通过求 $\lim\limits_{x\to+\infty}f(x)=0$ 来实现.

7.3.2 绝对收敛与条件收敛

交错级数只是任意项级数的一种特殊情况，现在讨论一般的常数项级数

$$\sum_{n=1}^{\infty}u_{n}=u_{1}+u_{2}+\cdots+u_{n}+\cdots \tag{7.3.3}$$

其中 u_{n} 为任意实数. 将级数（7.3.3）的各项取绝对值，构成一个正项级数

$$\sum_{n=1}^{\infty}|u_{n}|=|u_{1}|+|u_{2}|+\cdots+|u_{n}|+\cdots \tag{7.3.4}$$

前面讲过正项级数的判别法，若绝对值级数 $\sum\limits_{n=1}^{\infty}|u_n|$ 与原级数 $\sum\limits_{n=1}^{\infty}u_n$ 的敛散性有相关性，则可以通过研究级数 $\sum\limits_{n=1}^{\infty}|u_n|$ 的敛散性来确定级数 $\sum\limits_{n=1}^{\infty}u_n$ 的敛散性.

定理 7.3.2　如果级数 $\sum\limits_{n=1}^{\infty}|u_n|$ 收敛，那么任意项级数 $\sum\limits_{n=1}^{\infty}u_n$ 收敛.

证　因为
$$0 \leqslant u_n + |u_n| \leqslant 2|u_n| \quad (n=1, 2, \cdots)$$

且级数 $\sum\limits_{n=1}^{\infty}|u_n|$ 收敛，由比较判别法知，正项级数 $\sum\limits_{n=1}^{\infty}(u_n+|u_n|)$ 收敛，而
$$u_n = (u_n+|u_n|) - |u_n|$$

所以由收敛级数的性质知级数 $\sum\limits_{n=1}^{\infty}u_n$ 收敛.

设级数 $\sum\limits_{n=1}^{\infty}u_n$ 为任意项级数，若级数 $\sum\limits_{n=1}^{\infty}|u_n|$ 收敛，则称级数 $\sum\limits_{n=1}^{\infty}u_n$ 绝对收敛；若级数 $\sum\limits_{n=1}^{\infty}u_n$ 收敛，而级数 $\sum\limits_{n=1}^{\infty}|u_n|$ 发散，则称级数 $\sum\limits_{n=1}^{\infty}u_n$ 条件收敛.

例 7.3.3　讨论级数 $\sum\limits_{n=1}^{\infty}(-1)^n\dfrac{1}{n^p}$ 的敛散性，若收敛，指出是绝对收敛还是条件收敛.

解　当 $p>1$ 时，因为 $\sum\limits_{n=1}^{\infty}\left|(-1)^n\dfrac{1}{n^p}\right| = \sum\limits_{n=1}^{\infty}\dfrac{1}{n^p}$ 收敛，所以原级数绝对收敛；

当 $0<p\leqslant 1$ 时，因为 $\sum\limits_{n=1}^{\infty}\left|(-1)^n\dfrac{1}{n^p}\right| = \sum\limits_{n=1}^{\infty}\dfrac{1}{n^p}$ 发散，但 $\sum\limits_{n=1}^{\infty}(-1)^n\dfrac{1}{n^p}$ 为交错级数，满足莱布尼茨条件，所以原级数收敛且为条件收敛；

当 $p\leqslant 0$ 时，$\lim\limits_{n\to+\infty}\dfrac{1}{n^p}\neq 0$，原级数发散.

定理 7.3.3　设 $\sum\limits_{n=1}^{\infty}u_n$ 为任意项级数，若
$$\lim_{n\to\infty}\left|\frac{u_{n+1}}{u_n}\right| = \rho \quad \left(\text{或} \lim_{n\to\infty}\sqrt[n]{|u_n|} = \rho\right)$$

则有

（i）当 $\rho<1$ 时，级数 $\sum\limits_{n=1}^{\infty}u_n$ 绝对收敛；

（ii）当 $\rho>1$ 时，级数 $\sum\limits_{n=1}^{\infty}u_n$ 发散.

证　由比值判别法（或根值判别法）知，当 $\rho<1$ 时，级数 $\sum\limits_{n=1}^{\infty}|u_n|$ 收敛，从而级数 $\sum\limits_{n=1}^{\infty}u_n$ 绝对收敛；当 $\rho>1$ 时，可推得
$$\lim_{n\to\infty}|u_n|\neq 0$$

从而
$$\lim_{n\to\infty}u_n\neq 0$$

由级数的性质知级数 $\sum_{n=1}^{\infty}u_n$ 发散.

例 7.3.4 判别下列级数的敛散性，若收敛，指出是绝对收敛还是条件收敛.

（1）$\sum_{n=1}^{\infty}\dfrac{(-1)^n n^n}{n!}$；

（2）$\sum_{n=1}^{\infty}\dfrac{x^n}{n!}$；

（3）$\sum_{n=1}^{\infty}\dfrac{(-1)^n}{3^n}\left(1-\dfrac{1}{n}\right)^{n^2}$；

（4）$\sum_{n=1}^{\infty}\dfrac{\cos n}{n^3}$.

解 （1）由
$$\lim_{n\to\infty}\left|\frac{u_{n+1}}{u_n}\right|=\lim_{n\to\infty}\frac{(n+1)^{n+1}}{(n+1)!}\cdot\frac{n!}{n^n}=\lim_{n\to\infty}\left(1+\frac{1}{n}\right)^n=e>1$$

知
$$\lim_{n\to\infty}\frac{n^n}{n!}\neq 0$$

所以级数 $\sum_{n=1}^{\infty}\dfrac{(-1)^n n^n}{n!}$ 发散.

（2）因为
$$\lim_{n\to\infty}\left|\frac{u_{n+1}}{u_n}\right|=\lim_{n\to\infty}\frac{|x|^{n+1}}{(n+1)!}\cdot\frac{n!}{|x|^n}=\lim_{n\to\infty}\frac{|x|}{n+1}=0<1$$

所以级数 $\sum_{n=1}^{\infty}\dfrac{x^n}{n!}$ 对一切 $x(-\infty<x<+\infty)$ 绝对收敛.

（3）因为
$$\lim_{n\to\infty}\sqrt[n]{|u_n|}=\lim_{n\to\infty}\sqrt[n]{\frac{1}{3^n}\left(1-\frac{1}{n}\right)^{n^2}}=\lim_{n\to\infty}\frac{1}{3}\left(1-\frac{1}{n}\right)^n=\frac{1}{3e}<1$$

所以级数 $\sum_{n=1}^{\infty}\dfrac{(-1)^n}{3^n}\left(1-\dfrac{1}{n}\right)^{n^2}$ 绝对收敛.

（4）因为
$$\left|\frac{\cos n}{n^3}\right|\leqslant\frac{1}{n^3}$$

而级数 $\sum_{n=1}^{\infty}\dfrac{1}{n^3}$ 为 $p=3>1$ 的 p-级数，它是收敛的，由比较判别法知级数 $\sum_{n=1}^{\infty}\left|\dfrac{\cos n}{n^3}\right|$ 收敛，由定理 7.3.2 知级数 $\sum_{n=1}^{\infty}\dfrac{\cos n}{n^3}$ 收敛，且为绝对收敛.

习 题 7.3

（A）

1. 判别下列交错级数的敛散性：

（1）$\sum_{n=1}^{\infty}(-1)^{n-1}\dfrac{1}{n!}$；

（2）$\sum_{n=1}^{\infty}(-1)^n\dfrac{1}{n-\ln n}$；

（3）$\sum_{n=1}^{\infty}(-1)^{n-1}\sin\dfrac{1}{n}$；

（4）$\sum_{n=1}^{\infty}(-1)^n\ln\left(1+\dfrac{1}{\sqrt{n}}\right)$.

2. 判别下列级数的敛散性，若收敛，指出是绝对收敛还是条件收敛：

（1）$\displaystyle\sum_{n=1}^{\infty}\frac{\sin\frac{n\pi}{3}}{n(n+1)}$；

（2）$\displaystyle\sum_{n=1}^{\infty}(-1)^n\frac{n}{3^n}$；

（3）$\displaystyle\sum_{n=1}^{\infty}\frac{n(-1)^n}{2n+1}$；

（4）$\displaystyle\sum_{n=1}^{\infty}(-1)^{n-1}\frac{\sin n}{\pi^n}$；

（5）$\displaystyle\sum_{n=1}^{\infty}(-1)^n\frac{x^{2n}}{(2n)!}$；

（6）$\displaystyle\sum_{n=1}^{\infty}(-1)^{n-1}\frac{2^{n^2}}{n!}$；

（7）$\displaystyle\sum_{n=1}^{\infty}(-1)^n\frac{1}{2^n}\left(1+\frac{1}{n}\right)^{n^2}$；

（8）$\displaystyle\sum_{n=2}^{\infty}\sin\left(n\pi+\frac{1}{\ln n}\right)$；

（9）$\displaystyle\sum_{n=1}^{\infty}\left(\frac{\sin n\alpha}{n^2}-\frac{1}{\sqrt{n}}\right)$.

3. 证明：若级数 $\displaystyle\sum_{n=1}^{\infty}u_n^2$ 与级数 $\displaystyle\sum_{n=1}^{\infty}v_n^2$ 都收敛，则级数 $\displaystyle\sum_{n=1}^{\infty}u_n v_n$ 也收敛.

4. 证明：若级数 $\displaystyle\sum_{n=1}^{\infty}a_n$ 绝对收敛，级数 $\displaystyle\sum_{n=1}^{\infty}b_n$ 条件收敛，则级数 $\displaystyle\sum_{n=1}^{\infty}(a_n+b_n)$ 条件收敛.

5. 设级数 $\displaystyle\sum_{n=1}^{\infty}u_n$ 条件收敛，则（　　　）.

A. 级数 $\displaystyle\sum_{n=1}^{\infty}(u_n+|u_n|)$ 与级数 $\displaystyle\sum_{n=1}^{\infty}(u_n-|u_n|)$ 都收敛

B. 级数 $\displaystyle\sum_{n=1}^{\infty}(u_n+|u_n|)$ 与级数 $\displaystyle\sum_{n=1}^{\infty}(u_n-|u_n|)$ 都发散

C. 级数 $\displaystyle\sum_{n=1}^{\infty}(u_n+|u_n|)$ 收敛，级数 $\displaystyle\sum_{n=1}^{\infty}(u_n-|u_n|)$ 发散

D. 级数 $\displaystyle\sum_{n=1}^{\infty}(u_n+|u_n|)$ 发散，级数 $\displaystyle\sum_{n=1}^{\infty}(u_n-|u_n|)$ 收敛

6. 已知级数 $\displaystyle\sum_{n=1}^{\infty}(-1)^n\sin^{\alpha}\frac{\pi}{n^2+n}$ 条件收敛，则 α 的取值范围是（　　　）.

A. $0<\alpha\leqslant\dfrac{1}{2}$　　　　　B. $\dfrac{1}{2}<\alpha\leqslant1$　　　　　C. $0<\alpha<\dfrac{1}{2}$　　　　　D. $\alpha>1$

7. 设 $a_n>0$，若 $\displaystyle\sum_{n=1}^{\infty}a_n$ 发散，$\displaystyle\sum_{n=1}^{\infty}(-1)^n a_n$ 收敛，则下列结论中正确的是（　　　）.

A. $\displaystyle\sum_{n=1}^{\infty}a_{2n-1}$ 收敛，$\displaystyle\sum_{n=1}^{\infty}a_{2n}$ 发散

B. $\displaystyle\sum_{n=1}^{\infty}a_{2n-1}$ 发散，$\displaystyle\sum_{n=1}^{\infty}a_{2n}$ 收敛

C. $\displaystyle\sum_{n=1}^{\infty}(a_{2n-1}+a_{2n})$ 收敛

D. $\displaystyle\sum_{n=1}^{\infty}(a_{2n-1}-a_{2n})$ 收敛

（B）

1. 已知级数 $\displaystyle\sum_{n=1}^{\infty}(-1)^n\sqrt{n}\sin\frac{1}{n^{\alpha}}$ 绝对收敛，级数 $\displaystyle\sum_{n=1}^{\infty}(-1)^n\sin\frac{1}{n^{2-\alpha}}$ 条件收敛，则 α 的取值范围是（　　　）.

A. $0<\alpha\leqslant\dfrac{1}{2}$　　　　B. $\dfrac{1}{2}<\alpha\leqslant1$　　　　C. $1<\alpha\leqslant\dfrac{3}{2}$　　　　D. $\dfrac{3}{2}<\alpha<2$

2. 设 $f(x)$ 有一阶连续导数，且 $\displaystyle\lim_{x\to0}\frac{f(x)}{x}=a>0$，则级数 $\displaystyle\sum_{n=1}^{\infty}(-1)^n f\left(\frac{1}{n}\right)$（　　　）.

A. 发散　　　　　　　B. 绝对收敛　　　　　C. 条件收敛　　　　　D. 敛散性与 a 有关

3. 设 $\lim\limits_{n\to\infty}\dfrac{u_n}{n}=1$，则级数 $\sum\limits_{n=1}^{\infty}(-1)^{n-1}\left(\dfrac{1}{u_n}+\dfrac{1}{u_{n+1}}\right)$ （　　）.

A.发散　　　　　　B.绝对收敛　　　　C.条件收敛　　　　D.敛散性不确定

4. 设 $a_n>0$，且 $\sum\limits_{n=1}^{\infty}a_n$ 收敛，常数 $\lambda\in\left(0,\dfrac{\pi}{2}\right)$，则级数 $\sum\limits_{n=1}^{\infty}(-1)^n\left(n\tan\dfrac{\lambda}{n}\right)a_{2n}$ （　　）.

A.发散　　　　　　B.绝对收敛　　　　C.条件收敛　　　　D.敛散性不确定

5. 设有两个数列 $\{a_n\},\{b_n\}$，若 $\lim\limits_{n\to\infty}a_n=0$，则（　　）.

A.当 $\sum\limits_{n=1}^{\infty}b_n$ 收敛时，$\sum\limits_{n=1}^{\infty}a_nb_n$ 收敛　　　　B.当 $\sum\limits_{n=1}^{\infty}b_n$ 发散时，$\sum\limits_{n=1}^{\infty}a_nb_n$ 发散

C.当 $\sum\limits_{n=1}^{\infty}|b_n|$ 收敛时，$\sum\limits_{n=1}^{\infty}a_nb_n$ 收敛　　　　D.当 $\sum\limits_{n=1}^{\infty}|b_n|$ 发散时，$\sum\limits_{n=1}^{\infty}a_nb_n$ 发散

6. 判别交错级数的敛散性：

$$\frac{1}{\sqrt{2}-1}-\frac{1}{\sqrt{2}+1}+\frac{1}{\sqrt{3}-1}-\frac{1}{\sqrt{3}+1}+\cdots+\frac{1}{\sqrt{n}-1}-\frac{1}{\sqrt{n}+1}+\cdots$$

7. 设函数 $f(x)$ 在零点的某个邻域内有连续导数，且 $\lim\limits_{x\to0}\dfrac{f(x)}{x}=a$，证明：$\sum\limits_{n=1}^{\infty}f\left(\dfrac{1}{n}\right)$ 发散，而 $\sum\limits_{n=1}^{\infty}(-1)^nf\left(\dfrac{1}{n}\right)$ 条件收敛.

8. 设函数 $f(x)$ 在零点的某个邻域内有二阶连续导数，且 $\lim\limits_{x\to0}\dfrac{f(x)}{x}=1$，证明：级数 $\sum\limits_{n=1}^{\infty}\left[f\left(\dfrac{1}{n}\right)-\dfrac{1}{n}\right]$ 绝对收敛.

9. 设偶函数 $f(x)$ 在零点的某个邻域内有连续二阶导数，且 $f(0)=1$，证明：级数 $\sum\limits_{n=1}^{\infty}\left[f\left(\dfrac{1}{n}\right)-1\right]$ 绝对收敛.

10. 讨论级数 $\sum\limits_{n=2}^{\infty}\ln\left[1+\dfrac{(-1)^n}{n^p}\right]$ 何时收敛，收敛时，是条件收敛还是绝对收敛.

7.4　幂　级　数

7.4.1　函数项级数的概念

设 $u_n(x)\,(n=1,2,\cdots)$ 都是定义在数集 I 上的函数，将由这些函数构成的表达式

$$u_1(x)+u_2(x)+\cdots+u_n(x)+\cdots=\sum_{n=1}^{\infty}u_n(x) \tag{7.4.1}$$

称为定义在 I 上的函数项级数.

对于 I 中每一个点 x_0，级数 $\sum\limits_{n=1}^{\infty}u_n(x_0)$ 是常数项级数，若收敛（发散），则称函数项级数（7.4.1）在点 x_0 处收敛（发散），点 x_0 称为级数（7.4.1）的收敛点（发散点），函数项级数 $\sum\limits_{n=1}^{\infty}u_n(x)$ 的所有收敛点（发散点）的集合称为该级数的收敛域（发散域）.

设函数项级数（7.4.1）的收敛域为 D，则对于任一 $x\in D$，级数（7.4.1）成为一个收敛

的常数项级数，有唯一确定的级数和 s 与之对应. 这样，在收敛域 D 上，函数项级数（7.4.1）的级数和是 x 的函数 $s(x)$，$s(x)$ 称为函数项级数（7.4.1）的和函数，它的定义域为级数（7.4.1）的收敛域，并写成

$$s(x)=\sum_{n=1}^{\infty}u_n(x) \quad (x\in D)$$

若将级数（7.4.1）的前 n 项的部分和记为 $s_n(x)$，即

$$s_n(x)=\sum_{i=1}^{n}u_i(x)$$

在收敛域 D 上有

$$\lim_{n\to\infty}s_n(x)=s(x)$$

$s(x)-s_n(x)$ 称为级数（7.4.1）的余项，记为 $\gamma_n(x)$，即

$$\gamma_n(x)=s(x)-s_n(x) \quad (x\in D)$$

显然

$$\lim_{n\to\infty}\gamma_n(x)=0 \quad (x\in D)$$

例 7.4.1 求无穷级数 $\sum_{n=1}^{\infty}\dfrac{(-1)^n}{n}\left(\dfrac{1}{x+2}\right)^n$ 的收敛域.

解
$$\lim_{n\to\infty}\left|\frac{u_{n+1}(x)}{u_n(x)}\right|=\lim_{n\to\infty}\frac{n}{n+1}\frac{1}{|x+2|}=\frac{1}{|x+2|}$$

当 $\dfrac{1}{|x+2|}<1$，即 $x>-1$ 或 $x<-3$ 时级数收敛；

当 $\dfrac{1}{|x+2|}>1$，即 $-3<x<-1$ 时级数发散；

当 $\dfrac{1}{|x+2|}=1$ 时，得 $x=-3$ 或 $x=-1$ 时，易见当 $x=-3$ 时原级数为 $\sum_{n=1}^{\infty}\dfrac{1}{n}$ 发散，当 $x=-1$ 时

原级数为 $\sum_{n=1}^{\infty}\dfrac{(-1)^n}{n}$ 收敛.

综上所述原级数的收敛域为 $(-\infty,-3)\bigcup[-1,+\infty)$.

7.4.2 幂级数及其敛散性

形如

$$\sum_{n=0}^{\infty}a_n(x-x_0)^n=a_0+a_1(x-x_0)+a_2(x-x_0)^2+\cdots+a_n(x-x_0)^n+\cdots \tag{7.4.2}$$

的函数项级数称为 $x-x_0$ 的幂级数，其中常数 $a_0,a_1,a_2,\cdots,a_n,\cdots$ 称为幂级数的系数，x_0 为某个定数.

当 $x_0=0$ 时，幂级数（7.4.2）就变为

$$\sum_{n=0}^{\infty}a_nx^n=a_0+a_1x+a_2x^2+\cdots+a_nx^n+\cdots \tag{7.4.3}$$

只要作变换 $t=x-x_0$，级数（7.4.2）就可转化为级数（7.4.3），所以下面就幂级数（7.4.3）来讨论其敛散性，并且探讨幂级数收敛域的结构特征.

先考察一例，幂级数

$$\sum_{n=0}^{\infty} x^n = 1+x+x^2+\cdots+x^n+\cdots$$

该级数可看成等比级数. 当 $|x|<1$ 时，这个级数收敛于 $\dfrac{1}{1-x}$；当 $|x| \geqslant 1$ 时，这个级数发散. 因此，该级数的收敛域为 $(-1,1)$，是以 $x=0$ 为中心的一个区间，发散域为 $(-\infty,-1]$ 和 $[1,+\infty)$.

显然，对于幂级数 $\sum\limits_{n=0}^{\infty} a_n x^n$，当 $x=0$ 时，它收敛于 a_0，这说明幂级数（7.4.3）的收敛域总是非空的. 那么幂级数（7.4.3）的收敛域的结构是怎样的呢？先看下面的结论.

定理 7.4.1 如果幂级数 $\sum\limits_{n=0}^{\infty} a_n x^n$ 不是仅在 $x=0$ 一点收敛，也不是在整个实数集上收敛，那么必有一个确定的正数 R，使得

（i）当 $|x|<R$ 时，幂级数绝对收敛；

（ii）当 $|x|>R$ 时，幂级数发散；

（iii）当 $|x|=R$ 时，幂级数可能收敛也可能发散.

阿贝尔定理

这里的正数 R 称为幂级数 $\sum\limits_{n=1}^{\infty} a_n x^n$ 的收敛半径，开区间 $(-R,R)$ 称为收敛区间，要确定收敛域，只需在收敛区间的基础上，再考察 $x=\pm R$ 时级数的敛散性. 如果幂级数（7.4.3）只在点 $x=0$ 处收敛，即收敛域为 $\{0\}$，规定收敛半径 $R=0$；如果幂级数（7.4.3）对一切 x 都收敛，即收敛域为 $(-\infty,+\infty)$，规定收敛半径 $R=+\infty$. 幂级数的收敛半径怎样确定？

我们知道幂级数完全由系数来决定，那么幂级数的收敛半径是否由幂级数的系数来决定呢？它们的关系有下面重要结论：

定理 7.4.2 如果幂级数 $\sum\limits_{n=0}^{\infty} a_n x^n$ $(a_n \neq 0, n=0,1,2,\cdots)$ 系数满足条件：

$$\lim_{n\to\infty}\left|\frac{a_{n+1}}{a_n}\right|=l$$

那么该幂级数的收敛半径为

$$R=\begin{cases} \dfrac{1}{l}, & l\neq 0 \\ +\infty, & l=0 \\ 0, & l=+\infty \end{cases}$$

证 $$\lim_{n\to\infty}\frac{u_{n+1}(x)}{u_n(x)}=\lim_{n\to\infty}\left|\frac{a_{n+1}x^{n+1}}{a_n x^n}\right|=\lim_{n\to\infty}\left|\frac{a_{n+1}}{a_n}\right||x|=l|x|$$

（1）若

$$\lim_{n\to\infty}\left|\frac{a_{n+1}}{a_n}\right|=l\neq 0$$

由比值判别法知，当 $l|x|<1$，即 $|x|<\frac{1}{l}$ 时，级数 $\sum_{n=0}^{\infty}a_nx^n$ 绝对收敛；而当 $l|x|>1$，即 $|x|>\frac{1}{l}$

时，级数 $\sum_{n=0}^{\infty}a_nx^n$ 发散. 于是，该幂级数的收敛半径 $R=\frac{1}{l}$.

（2）若 $l=0$，即

$$\lim_{n\to\infty}\left|\frac{u_{n+1}(x)}{u_n(x)}\right|=0<1$$

由比值判别法知，这时幂级数 $\sum_{n=1}^{\infty}a_nx^n$ 对一切 $x\in(-\infty,+\infty)$ 均收敛，即幂级数 $\sum_{n=0}^{\infty}a_nx^n$ 的收敛

半径 $R=+\infty$.

（3）若 $l=+\infty$，对任意非零的 x 有

$$\lim_{n\to\infty}\left|\frac{u_{n+1}(x)}{u_n(x)}\right|=\lim_{n\to\infty}\left|\frac{a_{n+1}}{a_n}\right||x|=+\infty$$

由比值判别法知，对任意 $x\neq 0$，幂级数 $\sum_{n=0}^{\infty}a_nx^n$ 发散，于是 $R=0$.

从这个定理不难看出，对幂级数

$$\sum_{n=0}^{\infty}a_nx^n\quad (a_n\neq 0,n=0,1,2,\cdots)$$

若 $\lim_{n\to\infty}\left|\frac{a_n}{a_{n+1}}\right|$ 存在或 $\lim_{n\to\infty}\left|\frac{a_n}{a_{n+1}}\right|=+\infty$，则

$$R=\lim_{n\to\infty}\left|\frac{a_n}{a_{n+1}}\right|$$

注 （1）根据幂级数的系数形式，有时也可用根值判别法来求收敛半径，此时

$$R=\lim_{n\to\infty}\frac{1}{\sqrt[n]{|a_n|}}$$

（2）在定理 7.4.2 中假设了 $a_n\neq 0\ (n=0,1,2,\cdots)$，若幂级数中有系数等于 0，则直接利用比值判别法或根值判别法来判别幂级数的敛散性.

求幂级数 $\sum_{n=0}^{\infty}a_nx^n$ 收敛域的基本步骤如下：

（1）求出收敛半径 $R=\lim_{n\to\infty}\left|\frac{a_n}{a_{n+1}}\right|$ 或 $R=\lim_{n\to\infty}\frac{1}{\sqrt[n]{|a_n|}}$；

（2）判别常数级数 $\sum_{n=0}^{\infty}a_nR^n$ 和 $\sum_{n=0}^{\infty}a_n(-R)^n$ 的敛散性；

（3）确定幂级数的收敛域.

例 7.4.2　求下列幂级数的收敛域：

（1）$\displaystyle\sum_{n=1}^{\infty}\frac{x^n}{(n+1)\cdot 4^n}$；　　　　（2）$\displaystyle\sum_{n=0}^{\infty}\frac{x^n}{n!}$；　　　　（3）$\displaystyle\sum_{n=1}^{\infty}n!x^n$.

解　（1）因为

$$R=\lim_{n\to\infty}\left|\frac{a_n}{a_{n+1}}\right|=\lim_{n\to\infty}\frac{\dfrac{1}{(n+1)\cdot 4^n}}{\dfrac{1}{(n+2)\cdot 4^{n+1}}}=\lim_{n\to\infty}\frac{4(n+2)}{n+1}=4$$

所以收敛半径为 4.

当 $x=4$ 时，级数变为 $\displaystyle\sum_{n=1}^{\infty}\frac{1}{n+1}$，发散；当 $x=-4$ 时，级数变为 $\displaystyle\sum_{n=1}^{\infty}\frac{(-1)^n}{n+1}$，该级数易知是收敛的. 故所求收敛域为 $[-4,4)$.

（2）因为
$$R=\lim_{n\to\infty}\left|\frac{a_n}{a_{n+1}}\right|=\lim_{n\to\infty}\frac{\dfrac{1}{n!}}{\dfrac{1}{(n+1)!}}=\lim_{n\to\infty}(n+1)=+\infty$$

所以收敛半径 $R=+\infty$，故收敛域为 $(-\infty,+\infty)$.

（3）因为
$$R=\lim_{n\to\infty}\left|\frac{a_n}{a_{n+1}}\right|=\lim_{n\to\infty}\frac{n!}{(n+1)!}=\lim_{n\to\infty}\frac{1}{n+1}=0$$

所以收敛半径为 $R=0$，即级数仅在点 $x=0$ 处收敛.

例 7.4.3　求幂级数 $\displaystyle\sum_{n=1}^{\infty}\left(1+\frac{1}{n}\right)^{n^2}x^n$ 的收敛半径.

解　因为
$$R=\lim_{n\to\infty}\frac{1}{\sqrt[n]{|a_n|}}=\lim_{n\to\infty}\frac{1}{\left(1+\dfrac{1}{n}\right)^n}=\frac{1}{\lim\limits_{n\to\infty}\left(1+\dfrac{1}{n}\right)^n}=\frac{1}{e}$$

所以收敛半径 $R=\dfrac{1}{e}$.

例 7.4.4　求下列幂级数的收敛域：

（1）$\displaystyle\sum_{n=1}^{\infty}\frac{(x-3)^n}{\sqrt{n}}$；　　　　（2）$\displaystyle\sum_{n=1}^{\infty}\frac{x^{2n}}{2^n}$.

解　（1）令 $t=x-3$，则级数变为 $\displaystyle\sum_{n=1}^{\infty}\frac{t^n}{\sqrt{n}}$，因为

$$R=\lim_{n\to\infty}\left|\frac{a_n}{a_{n+1}}\right|=\lim_{n\to\infty}\frac{\dfrac{1}{\sqrt{n}}}{\dfrac{1}{\sqrt{n+1}}}=1$$

所以收敛半径 $R=1$，收敛区间为 $|t|<1$，即 $2<x<4$.

当 $x=2$ 时，级数变为 $\displaystyle\sum_{n=1}^{\infty}\frac{(-1)^n}{\sqrt{n}}$，该交错级数收敛；当 $x=4$ 时，级数变为 $\displaystyle\sum_{n=1}^{\infty}\frac{1}{\sqrt{n}}$，是一

个 $p=\dfrac{1}{2}$ 的 p-级数，是发散的. 因此，原级数的收敛域为$[2, 4)$.

（2）由于这个幂级数的奇次项系数为 0，不能应用定理 7.4.2，此时可直接利用比值判别法去求收敛域. 因为

$$\lim_{n\to\infty}\left|\dfrac{u_{n+1}(x)}{u_n(x)}\right|=\lim_{n\to\infty}\left|\dfrac{\dfrac{x^{2(n+1)}}{2^{n+1}}}{\dfrac{x^{2n}}{2^n}}\right|=\dfrac{x^2}{2}$$

所以当 $\left|\dfrac{x^2}{2}\right|<1$，即 $|x|<\sqrt{2}$ 时，级数收敛；当 $\left|\dfrac{x^2}{2}\right|>1$，即 $|x|>\sqrt{2}$ 时，级数发散；当 $|x|=\sqrt{2}$ 时，级数变为 $\sum_{n=1}^{\infty}1$，级数发散. 因此，原级数的收敛域为$(-\sqrt{2}, \sqrt{2})$.

7.4.3 幂级数的运算

设幂级数 $\sum_{n=0}^{\infty}a_nx^n$ 和 $\sum_{n=0}^{\infty}b_nx^n$ 的收敛域分别为 I_1 和 I_2，对于这两个幂级数可进行下列运算：

加减法
$$\sum_{n=0}^{\infty}a_nx^n \pm \sum_{n=0}^{\infty}b_nx^n = \sum_{n=0}^{\infty}(a_n \pm b_n)x^n$$
等式在 $I_1\cap I_2$ 内成立.

乘法
$$\left(\sum_{n=0}^{\infty}a_nx^n\right)\left(\sum_{n=0}^{\infty}b_nx^n\right)=\sum_{n=0}^{\infty}\left(\sum_{i+j=n}a_ib_j\right)x^n$$
等式在 $I_1\cap I_2$ 内成立.

关于幂级数的和函数在其收敛域内的连续性、可导性、可积性有下列重要性质：

性质 7.4.1 幂级数 $\sum_{n=0}^{\infty}a_nx^n$ 的和函数 $s(x)$ 在其收敛域 I 上连续($I\neq\{0\}$).

性质 7.4.2 幂级数 $\sum_{n=0}^{\infty}a_nx^n$ 的和函数 $s(x)$ 在其收敛区间 $(-R, R)$ 内可积($R\neq0$)，并有逐项积分公式

$$\int_0^x s(x)\mathrm{d}x = \int_0^x\left(\sum_{n=0}^{\infty}a_nx^n\right)\mathrm{d}x = \sum_{n=0}^{\infty}\int_0^x a_nx^n\mathrm{d}x = \sum_{n=0}^{\infty}\dfrac{a_n}{n+1}x^{n+1}$$

逐项积分后所得的幂级数与原级数有相同的收敛半径.

性质 7.4.3 幂级数 $\sum_{n=0}^{\infty}a_nx^n$ 的和函数 $s(x)$ 在收敛区间 $(-R, R)$ 内可导($R\neq0$)，并有逐项求导公式

$$s'(x)=\left(\sum_{n=0}^{\infty}a_nx^n\right)'=\sum_{n=0}^{\infty}(a_nx^n)'=\sum_{n=1}^{\infty}na_nx^{n-1}$$

逐项求导后所得的幂级数与原级数有相同的收敛半径.

例 7.4.5 求幂级数 $\sum\limits_{n=0}^{\infty}(n+1)x^n$ 的和函数.

解 因为
$$R=\lim_{n\to\infty}\left|\frac{a_n}{a_{n+1}}\right|=\lim_{n\to\infty}\frac{n+1}{n+2}=1$$

所以收敛半径为 1.

当 $x=\pm1$ 时，易见级数发散，因此该幂级数的收敛域为 $(-1,1)$.

设和函数为 $s(x)$，即

$$s(x)=\sum_{n=0}^{\infty}(n+1)x^n,\quad x\in(-1,1)$$

由性质 7.4.2 有

$$\int_0^x s(x)\mathrm{d}x=\int_0^x\left[\sum_{n=0}^{\infty}(n+1)x^n\right]\mathrm{d}x=\sum_{n=0}^{\infty}\int_0^x(n+1)x^n\mathrm{d}x=\sum_{n=0}^{\infty}x^{n+1}=\sum_{n=1}^{\infty}x^n=\frac{x}{1-x},\quad x\in(-1,1)$$

从而
$$s(x)=\left(\frac{x}{1-x}\right)'=\frac{1}{(1-x)^2},\quad x\in(-1,1)$$

例 7.4.6 求幂级数 $\sum\limits_{n=1}^{\infty}\frac{x^n}{n}$ 的和函数，并求级数 $\sum\limits_{n=1}^{\infty}\frac{(-1)^n}{n\cdot2^n}$ 的和.

解 因为
$$R=\lim_{n\to+\infty}\left|\frac{a_n}{a_{n+1}}\right|=\lim_{n\to+\infty}\frac{n+1}{n}=1$$

且当 $x=1$ 时，幂级数发散，当 $x=-1$ 时，幂级数收敛，所以幂级数的收敛域为 $[-1,1)$. 设和函数为 $s(x)$，即

$$s(x)=\sum_{n=1}^{\infty}\frac{x^n}{n},\quad x\in[-1,1)$$

由性质 7.4.3 有

$$s'(x)=\left(\sum_{n=1}^{\infty}\frac{x^n}{n}\right)'=\sum_{n=1}^{\infty}\left(\frac{x^n}{n}\right)'=\sum_{n=1}^{\infty}x^{n-1}=\frac{1}{1-x},\quad x\in(-1,1)$$

显然，$s(0)=0$，故

$$s(x)=s(x)-s(0)=\int_0^x s'(x)\mathrm{d}x=\int_0^x\frac{\mathrm{d}x}{1-x}=-\ln(1-x),\quad x\in(-1,1)$$

又因为当 $x=-1$ 时，由和函数的连续性知，级数 $\sum\limits_{n=1}^{\infty}\frac{(-1)^n}{n}$ 收敛于 $s(-1)=-\ln2$，所以所求和函数

$$s(x)=-\ln(1-x),\quad x\in[-1,1)$$

由于 $-\frac{1}{2}\in[-1,1)$，当 $x=-\frac{1}{2}$ 时，有

$$\sum_{n=1}^{\infty}\frac{(-1)^n}{n\cdot2^n}=s\left(-\frac{1}{2}\right)=-\ln\left[1-\left(-\frac{1}{2}\right)\right]=-\ln\frac{3}{2}=\ln\frac{2}{3}$$

习 题 7.4

（A）

1. 求下列幂级数的收敛域:

（1）$\sum\limits_{n=1}^{\infty} n x^n$;

（2）$\sum\limits_{n=1}^{\infty} (-1)^{n-1} \dfrac{x^n}{n^2}$;

（3）$\sum\limits_{n=0}^{\infty} \dfrac{2^n}{n^2+1} x^n$;

（4）$\sum\limits_{n=1}^{\infty} \dfrac{x^{n-1}}{n \cdot 2^n}$;

（5）$\sum\limits_{n=2}^{\infty} \dfrac{\ln n}{n} x^n$;

（6）$\sum\limits_{n=0}^{\infty} \dfrac{n!}{2^n} x^n$;

（7）$\sum\limits_{n=0}^{\infty} \dfrac{x^n}{n^n}$;

（8）$\sum\limits_{n=0}^{\infty} (-1)^{n-1} \dfrac{x^{2n+1}}{2n+1}$;

（9）$\sum\limits_{n=1}^{\infty} \dfrac{(-1)^{n-1}}{2n-1} x^{2n}$;

（10）$\sum\limits_{n=0}^{\infty} \dfrac{(-1)^n x^{2n+1}}{n(2n-1)}$;

（11）$\sum\limits_{n=1}^{\infty} \dfrac{2n-1}{2^n} x^{2n-2}$;

（12）$\sum\limits_{n=0}^{\infty} (\sqrt{n+1} - \sqrt{n}) 2^n x^{2n}$;

（13）$\sum\limits_{n=1}^{\infty} \dfrac{(x+1)^n}{n^2}$;

（14）$\sum\limits_{n=1}^{\infty} \dfrac{(2x+1)^n}{n}$;

（15）$\sum\limits_{n=1}^{\infty} \dfrac{(-1)^n}{n \cdot 2^n} (x+1)^n$.

2. 求下列幂级数的和函数:

（1）$\sum\limits_{n=0}^{\infty} \dfrac{x^{2n+1}}{2n+1}$;

（2）$\sum\limits_{n=1}^{\infty} n(n+1) x^n$;

（3）$\sum\limits_{n=1}^{\infty} \dfrac{x^n}{n(n+1)}$.

3. 试求极限 $\lim\limits_{n \to \infty} \left(\dfrac{1}{a} + \dfrac{2}{a^2} + \cdots + \dfrac{n}{a^n} \right)$，其中 $a > 1$.

4. 设幂级数 $\sum\limits_{n=0}^{\infty} a_n x^n$ 和 $\sum\limits_{n=0}^{\infty} b_n x^n$ 的收敛半径分别为 $\dfrac{\sqrt{5}}{3}$ 和 $\dfrac{1}{3}$，求幂级数 $\sum\limits_{n=0}^{\infty} \dfrac{a_n^2}{b_n^2} x^n$ 的收敛半径.

5. 假定银行存款以 5% 的年复利的方式计息，某基金会希望通过存款 A 万元，实现第 1 年年末提取 19 万元，第 2 年年末提取 28 万元……第 n 年年末提取 $10+9n$ 万元 $(n=1,2,\cdots)$，并按此规律一直提取下去，问 A 至少应为多少万元?

（B）

1. 求下列级数的收敛区间:

（1）$\sum\limits_{n=1}^{\infty} \dfrac{(x-2)^{2n}}{n \cdot 4^n}$;

（2）$\sum\limits_{n=1}^{\infty} (\ln x)^n$;

（3）$\sum\limits_{n=1}^{\infty} \left(1 + \dfrac{1}{2n}\right)^n x^n$.

2. 求幂级数 $\sum\limits_{n=2}^{\infty} \dfrac{x^n}{n^2-1}$ 的和函数，并求级数 $\sum\limits_{n=2}^{\infty} \dfrac{1}{(n^2-1)2^n}$ 的和.

3. 设 a_n 是曲线 $y=x^{n-1}$ 与 $y=x^{n+1}$ $(n=1,2,\cdots)$ 所围成的第一象限的面积，求幂级数 $\sum\limits_{n=1}^{\infty} a_n x^n$ 的收敛域与

和函数.

4. 判别下列命题的正确性：

（1）若 $\sum\limits_{n=1}^{\infty}a_n(x-1)^n$ 在点 $x=-1$ 处收敛，则级数在点 $x=2$ 处绝对收敛；

（2）若 $\sum\limits_{n=1}^{\infty}a_n(x-1)^n$ 在点 $x=-1$ 处发散，则级数在点 $x=2$ 处发散.

5. 幂级数 $\sum\limits_{n=0}^{\infty}a_n(x-2)^n$ 在点 $x=0$ 处条件收敛，点 $x=4$ 处发散，求幂级数 $\sum\limits_{n=0}^{\infty}a_nx^n$ 的收敛域.

6. 设幂级数 $\sum\limits_{n=0}^{\infty}a_nx^n$ 的收敛半径为 3，求幂级数 $\sum\limits_{n=0}^{\infty}na_n(x-1)^n$ 的收敛区间.

7. 若级数 $\sum\limits_{n=1}^{\infty}a_n$ 条件收敛，则 $x=\sqrt{3}$ 和 $x=3$ 依次为幂级数 $\sum\limits_{n=1}^{\infty}na_n(x-1)^n$ 的（   ）.

A. 收敛点和收敛点

B. 收敛点和发散点

C. 发散点和收敛点

D. 发散点和发散点

8. 验证函数 $y(x)=1+\dfrac{x^3}{3!}+\dfrac{x^6}{6!}+\cdots+\dfrac{x^{3n}}{(3n)!}+\cdots(-\infty<x+\infty)$ 满足方程 $y''+y'+y=\mathrm{e}^x$，并利用此结果求幂级数 $\sum\limits_{n=0}^{\infty}\dfrac{x^{3n}}{(3n)!}$ 的和函数.

7.5 泰勒级数 函数的幂级数展开式

上一节学习了幂级数的相关内容，显然幂级数从形式上可以看成多项式函数的扩展. 因为多项式函数仅对变量进行有限次的加、减、乘三种算术运算，相对于其他（复杂）函数而言更简单方便，所以多项式经常被用来近似地表示复杂函数. 本节先介绍将复杂函数表示成多项式函数的方法，然后在此基础上讨论函数的幂级数展开.

7.5.1 泰勒公式

在微分应用中，我们已经知道，当 $|x|$ 很小时，有下列近似等式：
$$\mathrm{e}^x\approx1+x,\quad \sin x\approx x,\quad \ln(1+x)\approx x,\quad\cdots$$
这些都是用一次多项式近似表示函数的例子，但这种近似表示存在两个不足：一是精确度本身不高，误差仅是关于 x 的高阶无穷小，也不能根据所需提高精确度；二是没有误差的解析式导致误差不可估计大小. 当精确度要求较高且需要估计误差范围时，就必须用更高次的多项式来逼近复杂函数，这就是泰勒（Taylor）公式所解决的问题.

如果一个函数 $f(x)$ 在点 x_0 处的 1 阶至 $n+1$ 阶导数都存在，是否存在一个多项式
$$P_n(x)=a_0+a_1(x-x_0)+a_2(x-x_0)^2+\cdots+a_n(x-x_0)^n \tag{7.5.1}$$
使得
$$f(x)\approx P_n(x)$$
这个问题回答是肯定的. 只要 $f(x)$ 与 $P_n(x)$ 在点 x_0 处的从 0 阶到 n 阶的导数值都相等，即
$$f^{(k)}(x_0)=P_n^{(k)}(x_0)\quad(k=0,1,2,\cdots,n) \tag{7.5.2}$$

事实上，按上述等式可确定多项式 $P_n(x)$ 的系数 $a_0, a_1, a_2, \cdots, a_n$. 将式（7.5.1）求各阶导数，并代入式（7.5.2）得

$$a_0 = f(x_0), \quad a_1 = f'(x_0), \quad a_2 = \frac{f''(x_0)}{2!}, \quad \cdots, \quad a_n = \frac{f^{(n)}(x_0)}{n!}$$

于是有

$$f(x) \approx P_n(x) = f(x_0) + f'(x_0)(x-x_0) + \frac{f''(x_0)}{2!}(x-x_0)^2 + \cdots + \frac{f^{(n)}(x_0)}{n!}(x-x_0)^n$$

$$= \sum_{k=0}^{n} \frac{f^{(k)}(x_0)}{k!}(x-x_0)^k \tag{7.5.3}$$

式（7.5.3）只是一个近似公式，$f(x)$ 与 $P_n(x)$ 的差别会随着 x 的取值及 n 的大小而改变，两者的误差记为 $R_n(x)$，即

$$R_n(x) = f(x) - P_n(x)$$

综上得下面定理：

定理 7.5.1 （**泰勒中值定理**） 如果函数 $f(x)$ 在含有 x_0 的某个区间 (a, b) 内具有直到 $n+1$ 阶的导数，那么当 $x \in (a, b)$ 时，$f(x)$ 可以表示为 $x-x_0$ 的一个 n 次多项式与一个余项 $R_n(x)$ 之和，即

$$f(x) = f(x_0) + f'(x_0)(x-x_0) + \frac{f''(x_0)}{2!}(x-x_0)^2 + \cdots + \frac{f^{(n)}(x_0)}{n!}(x-x_0)^n + R_n(x)$$

$$= \sum_{k=0}^{n} \frac{f^{(k)}(x_0)}{k!}(x-x_0)^k + R_n(x) \tag{7.5.4}$$

其中 $$R_n(x) = \frac{f^{(n+1)}(\xi)}{(n+1)!}(x-x_0)^{n+1} \tag{7.5.5}$$

其中 ξ 为 x_0 与 x 之间的某个值. 或者

$$R_n(x) = o[(x-x_0)^n] \tag{7.5.6}$$

证 只需证明

$$f(x) - P_n(x) = R_n(x) = \frac{f^{(n+1)}(\xi)}{(n+1)!}(x-x_0)^{n+1}$$

由前面讨论知，$R_n(x) = f(x) - P_n(x)$ 在 (a, b) 内有直到 $n+1$ 阶的导数，且

$$R_n(x_0) = R'_n(x_0) = \cdots = R_n^{(n)}(x_0) = 0$$

对函数 $R_n(x)$ 和 $(x-x_0)^{n+1}$ 在以 x_0 和 x 为端点的区间上应用柯西中值定理，得到

$$\frac{R_n(x)}{(x-x_0)^{n+1}} = \frac{R_n(x) - R_n(x_0)}{(x-x_0)^{n+1} - 0} = \frac{R'_n(\xi_1)}{(n+1)(\xi_1-x_0)^n} = \frac{R'_n(\xi_1) - R'_n(x_0)}{(n+1)(\xi_1-x_0)^n - 0}$$

$$= \frac{R''_n(\xi_2)}{n(n+1)(\xi_2-x_0)^{n-1}} = \cdots = \frac{R_n^{(n+1)}(\xi_{n+1})}{(n+1)!} = \frac{R_n^{(n+1)}(\xi)}{(n+1)!}$$

因为 $P_n^{(n+1)}(x) = 0$，所以 $R_n^{(n+1)}(x) = f^{(n+1)}(x)$，则由上式得

$$R_n(x) = \frac{f^{(n+1)}(\xi)}{(n+1)!}(x-x_0)^{n+1} \quad （\xi 在 x_0 与 x 之间）$$

当 $x \to x_0$ 时，显然 $R_n(x), R'_n(x), \cdots, R_n^{(n+1)}(x)$ 和 $(x-x_0)^n (n \in \mathbf{N})$ 都是无穷小. 于是，由洛必

达（L'Hospital）法则，有

$$\lim_{x \to x_0} \frac{R_n(x)}{(x-x_0)^n} = \lim_{x \to x_0} \frac{R_n'(x)}{n(x-x_0)^{n-1}} = \lim_{x \to x_0} \frac{R_n''(x)}{n(n-1)(x-x_0)^{n-2}} = \cdots = \lim_{x \to x_0} \frac{R_n^{(n-1)}(x)}{n!(x-x_0)}$$

$$= \frac{1}{n!} \lim_{x \to x_0} \left[\frac{f^{(n-1)}(x) - f^{(n-1)}(x_0)}{x-x_0} - f^{(n)}(x_0) \right] = \frac{1}{n!} [f^{(n)}(x_0) - f^{(n)}(x_0)] = 0$$

故

$$R_n(x) = o[(x-x_0)^n]$$

公式（7.5.4）称为 $f(x)$ 按 $x-x_0$ 的幂展开的 n 阶泰勒公式，余项 $R_n(x)$ 表达式（7.5.5）称为拉格朗日（Lagrange）余项，余项 $R_n(x)$ 表达式（7.5.6）称为佩亚诺（Peano）余项.

在泰勒公式中，当 $x_0=0$ 时，公式（7.5.4）成为

$$f(x) = f(0) + f'(0)x + \frac{f''(0)}{2!}x^2 + \cdots + \frac{f^{(n)}(0)}{n!}x^n + R_n(x) \qquad (7.5.7)$$

其中

$$R_n(x) = \frac{f^{(n+1)}(\xi)}{(n+1)!}x^{n+1} \qquad (\xi \text{ 在 } 0 \text{ 与 } x \text{ 之间})$$

若令 $\xi = \theta x$，$0 < \theta < 1$，则

$$R_n(x) = \frac{f^{(n+1)}(\theta x)}{(n+1)!} \cdot x^{n+1} \qquad \text{或} \quad R_n(x) = o(x^n)$$

公式（7.5.7）称为 n 阶麦克劳林（Maclaurin）公式.

例 7.5.1 写出函数 $f(x) = e^x$ 带有拉格朗日余项的 n 阶麦克劳林公式.

解 因为

$$f(x) = f'(x) = f''(x) = \cdots = f^{(n)}(x) = e^x$$

所以

$$f(0) = f'(0) = f''(0) = \cdots = f^{(n)}(0) = 1$$

故

$$e^x = 1 + x + \frac{1}{2!}x^2 + \cdots + \frac{1}{n!}x^n + \frac{e^{\theta x}}{(n+1)!}x^{n+1} \qquad (0 < \theta < 1)$$

例 7.5.2 求 $f(x) = \sin x$ 带有佩亚诺余项的 n 阶麦克劳林公式.

解 因为

$$f^{(n)}(x) = \sin\left(x + \frac{\pi}{2}n\right)$$

所以

$$f'(0) = 1, \quad f''(0) = 0, \quad f'''(0) = -1, \quad f^{(4)}(0) = 0, \quad \cdots$$

令 $n = 2m$，则

$$\sin x = x - \frac{x^3}{3!} + \frac{x^5}{5!} + \cdots + (-1)^{m-1} \frac{x^{2m-1}}{(2m-1)!} + o(x^{2m})$$

常用初等函数的麦克劳林公式：

$$e^x = 1 + x + \frac{x^2}{2!} + \cdots + \frac{x^n}{n} + o(x^n)$$

$$\sin x = x - \frac{x^3}{3!} + \frac{x^5}{5!} + \cdots + (-1)^{n-1} \frac{x^{2n-1}}{(2n-1)!} + o(x^{2n})$$

$$\cos x = 1 - \frac{x^2}{2!} + \frac{x^4}{4} + \cdots + (-1)^n \frac{x^{2n}}{(2n)!} + o(x^{2n+1})$$

$$\ln(1+x) = x - \frac{x^2}{2} + \frac{x^3}{3} + \cdots + (-1)^{n-1}\frac{x^n}{n} + o(x^n)$$

$$\frac{1}{1-x} = 1 + x + x^2 + \cdots + x^n + o(x^n)$$

$$(1+x)^m = 1 + mx + \frac{m(m-1)}{2!}x^2 + \cdots + \frac{m(m-1)\cdots(m-n+1)x^n}{n!} + o(x^n)$$

上述简单初等函数的麦克劳林公式经常用于求一些更复杂函数的麦克劳林展开式或泰勒展开式.

例 7.5.3 求函数 $y = a^x (a > 0)$ 带有佩亚诺余项的 n 阶麦克劳林公式.

解 因为
$$e^x = 1 + x + \frac{x^2}{2!} + \frac{x^3}{3!} + \cdots + \frac{x^n}{n!} + o(x^n)$$

所以
$$y = a^x = e^{x\ln a} = 1 + x\ln a + \frac{x^2\ln^2 a}{2!} + \frac{x^3\ln^3 a}{3!} + \cdots + \frac{x^n\ln^n a}{n!} + o(x^n)$$

例 7.5.4 将函数 $y = \dfrac{1}{1+x}$ 在点 $x = 1$ 处展开成带佩亚诺余项的 n 阶泰勒公式.

解 因为
$$\frac{1}{1+x} = 1 - x + x^2 - \cdots + (-1)^n x^n + o(x^n)$$

所以
$$y = \frac{1}{1+x} = \frac{1}{2+(x-1)} = \frac{1}{2}\frac{1}{1+\dfrac{x-1}{2}}$$

$$= \frac{1}{2}\left[1 - \frac{x-1}{2} + \left(\frac{x-1}{2}\right)^2 - \left(\frac{x-1}{2}\right)^3 + \cdots + (-1)^n\left(\frac{x-1}{2}\right)^3 + o\left(\frac{x-1}{2}\right)^n\right]$$

$$= \frac{1}{2} - \frac{x-1}{2^2} + \frac{(x-1)^2}{2^3} - \frac{(x-1)^3}{2^4} + \cdots + (-1)^n\frac{(x-1)^n}{2^{n+1}} + o(x-1)^n$$

例 7.5.5 计算 $\lim\limits_{x \to 0}\dfrac{2\cos x + e^{x^2} - 3}{x^4}$.

解 由于分母为 x^4，只需将分子中各函数展开成带有佩亚诺余项的四阶麦克劳林公式.

因为
$$\cos x = 1 - \frac{x^2}{2!} + \frac{x^4}{4!} + o(x^4), \qquad e^{x^2} = 1 + x^2 + \frac{x^4}{2!} + + o(x^4)$$

所以
$$\lim_{x \to 0}\frac{2\cos x + e^{x^2} - 3}{x^4} = \lim_{x \to 0}\frac{\left(2\cdot\dfrac{1}{4!} + \dfrac{1}{2!}\right)x^4 + o(x^4)}{x^4} = \frac{7}{12}$$

7.5.2 泰勒级数

如果 $f(x)$ 在点 x_0 的某邻域内具有任意阶导数，那么由 $f(x_0), f'(x_0), \cdots, f^{(n)}(x_0), \cdots$ 构成的幂级数

$$\sum_{n=0}^{\infty} \frac{f^{(n)}(x_0)}{n!}(x-x_0)^n = f(x_0) + f'(x_0)(x-x_0) + \frac{f''(x_0)}{2!}(x-x_0)^2 + \cdots$$
$$+ \frac{f^{(n)}(x_0)}{n!}(x-x_0)^n + \cdots \qquad (7.5.8)$$

称为函数 $f(x)$ 的泰勒级数.

当 $x_0=0$ 时，式（7.5.8）成为

$$\sum_{n=0}^{\infty} \frac{f^{(n)}(0)}{n!}x^n = f(0) + f'(0)x + \frac{f''(0)}{2!}x^2 + \cdots + \frac{f^{(n)}(0)}{n!}x^n + \cdots \qquad (7.5.9)$$

称为函数 $f(x)$ 的麦克劳林级数.

显然，当 $x=x_0$ 时，$f(x)$ 的泰勒级数收敛于 $f(x_0)$，那么在包含 x_0 的某个区间内 $f(x)$ 的泰勒级数是否收敛？若收敛，和函数是否一定是 $f(x)$？

如果 $f(x)$ 在点 x_0 的某邻域内具有任意阶的导数，设 $f(x)$ 的泰勒级数的前 n 项部分和为 $s_n(x)$，由泰勒公式得

$$f(x) = s_{n+1}(x) + R_n(x), \quad x \in U(x_0) \qquad (7.5.10)$$

其中 $R_n(x)$ 为拉格朗日余项或佩亚诺余项，那么

$$s_{n+1}(x) = f(x) - R_n(x)$$

显然，$\lim\limits_{n\to\infty} s_{(n+1)}(x) = f(x)$ 的充要条件是 $\lim\limits_{n\to\infty} R_n(x) = 0$. 于是得下面定理：

定理 7.5.2 设 $f(x)$ 在点 x_0 的某邻域 $U(x_0)$ 内具有任意阶导数，则函数 $f(x)$ 在 $U(x_0)$ 内的泰勒级数收敛于 $f(x)$ 的充要条件是

$$\lim_{n\to\infty} R_n(x) = 0, \quad x \in U(x_0)$$

其中 $R_n(x)$ 为 $f(x)$ 的泰勒公式中的余项.

注 （1）若 $f(x)$ 在点 x_0 的某邻域内没有任意阶的导数，则没有相对应的泰勒级数，也就不可能展开成幂级数.

（2）函数的泰勒级数是 $x-x_0$ 的幂级数，函数的麦克劳林级数是 x 的幂级数. 可以证明（扫码学习证明展开式的唯一性）：若函数 $f(x)$ 能展开成 x 的幂级数，则这种展开式是唯一的，它一定就是函数 $f(x)$ 的麦克劳林级数.

展开式的
唯一性

7.5.3 函数展开成幂级数的方法

1. 直接展开法

由定理 7.5.2 的讨论知，要将函数 $f(x)$ 展开成幂级数，可归纳为如下步骤：

（1）求出 $f(x)$ 的各阶导数值 $f^{(n)}(x_0)$ $(n=0, 1, 2, \cdots)$. 若在点 x_0 处某阶导数不存在，则 $f(x)$ 不能展开成 $x-x_0$ 的幂级数.

（2）写出对应的泰勒级数 $\sum\limits_{n=0}^{\infty}\dfrac{f^{(n)}(x_0)}{n!}(x-x_0)^n$，并求出其收敛半径 R 和收敛域.

（3）在收敛域内考察余项 $R_n(x)$ 的极限 $\lim\limits_{n\to\infty}R_n(x)$ 是否为 0，若为 0，则在收敛域内有

$$f(x)=\sum_{n=0}^{\infty}\frac{f^{(n)}(x_0)}{n!}(x-x_0)^n$$

若不为 0，则 $f(x)$ 的泰勒级数收敛，但它的和函数不等于 $f(x)$.

例 7.5.6 将下列函数展开成 x 的幂级数：

（1）$f(x)=\mathrm{e}^x$; （2）$f(x)=\sin x$.

解 （1）因为 $\qquad f^{(n)}(x)=\mathrm{e}^x\quad(n=0,1,2,\cdots)$

所以 $\qquad f^{(n)}(0)=1\quad(n=0,1,2,\cdots)$

于是有 $f(x)$ 的麦克劳林级数为

$$\sum_{n=0}^{\infty}\frac{1}{n!}x^n=1+x+\frac{x^2}{2!}+\cdots+\frac{x^n}{n!}+\cdots$$

它的收敛域为 $(-\infty,+\infty)$. 再由

$$|R_n(x)|=\left|\frac{\mathrm{e}^\xi}{(n+1)!}x^{n+1}\right|<\mathrm{e}^{|x|}\frac{|x|^{n+1}}{(n+1)!}\quad(\xi\text{ 在 }0\text{ 与 }x\text{ 之间})$$

因为 $\mathrm{e}^{|x|}$ 有限，且 $\dfrac{|x|^{n+1}}{(n+1)!}$ 是级数 $\sum\limits_{n=0}^{\infty}\dfrac{x^n}{n!}(x\in(-\infty,+\infty))$ 的一般项，所以

$$\lim_{n\to\infty}\mathrm{e}^{|x|}\frac{|x|^{n+1}}{(n+1)!}=0$$

从而有 $\qquad \mathrm{e}^x=1+x+\dfrac{1}{2!}x^2+\cdots+\dfrac{1}{n!}x^n+\cdots$ （7.5.11）

（2）因为 $\qquad f^{(n)}(x)=\sin\left(x+\dfrac{n\pi}{2}\right)\quad(n=0,1,2,\cdots)$

所以 $\qquad f(0)=0,\ f'(0)=1,\ f''(0)=0,\ f'''(0)=-1,\ \cdots$

$$f^{(2k)}(0)=0,\ f^{(2k+1)}(0)=(-1)^k,\ \cdots$$

于是得 $f(x)$ 的麦克劳林级数为

$$\sum_{n=0}^{\infty}\frac{f^{(n)}(0)}{n!}x^n=\sum_{k=0}^{\infty}(-1)^k\frac{x^{2k+1}}{(2k+1)!}=x-\frac{x^3}{3!}+\frac{x^5}{5!}+\cdots+(-1)^k\frac{x^{2k+1}}{(2k+1)!}+\cdots$$

因为 $\qquad \lim\limits_{k\to\infty}\left|\dfrac{u_{k+1}}{u_k}\right|=\lim\limits_{k\to\infty}\dfrac{(2k-1)!}{(2k+1)!}|x|^2=\lim\limits_{k\to\infty}\dfrac{1}{2k(2k+1)}|x|^2=0<1$

所以收敛域为 $(-\infty,+\infty)$.

由

$$|R_n(x)|=\left|\frac{\sin\left[\xi+\dfrac{(n+1)}{2}\pi\right]}{(n+1)!}x^{n+1}\right|<\frac{|x|^{n+1}}{(n+1)!}\quad(\xi\text{ 在 }0\text{ 与 }x\text{ 之间})$$

及 $\lim\limits_{n\to\infty}\dfrac{|x|^{n+1}}{(n+1)!}=0$ 得

$$\lim_{n\to\infty} R_n(x) = 0$$

故
$$\sin x = x - \frac{x^3}{3!} + \frac{x^5}{5!} + \cdots + (-1)^n \frac{x^{2n+1}}{(2n+1)!} + \cdots, \quad x \in (-\infty, +\infty) \tag{7.5.12}$$

2. 间接展开法

上面例子应用直接展开法将函数展开成幂级数，对一般函数，若用直接展开法，一方面计算幂级数的系数工作量较大，另一方面对余项的分析也非易事. 因此，在实际中常采用间接展开法，即根据函数的幂级数展开式的唯一性，利用已知函数的幂级数展开式，通过变量代换、恒等变形、幂级数的运算等，将所给函数展开成幂级数.

例 7.5.7 将下列函数展开成 x 的幂级数：

（1）$f(x) = \cos x$; 　　　　　　　　　　　（2）$f(x) = \ln(1+x)$;

（3）$f(x) = \arctan x$; 　　　　　　　　　（4）$f(x) = \dfrac{x}{x^2 + 3x + 2}$.

解　（1）由于 $\cos x = (\sin x)'$，运用幂级数的性质，对 $\sin x$ 的展开式（7.5.12）逐项求导得

$$\cos x = 1 - \frac{x^2}{2!} + \frac{x^4}{4!} + \cdots + (-1)^n \frac{x^{2n}}{(2n)!} + \cdots, \quad x \in (-\infty, +\infty) \tag{7.5.13}$$

（2）由于 $\ln(1+x) = \displaystyle\int_0^x \frac{\mathrm{d}x}{1+x}$，运用幂级数的性质，对展开式 $\dfrac{1}{1+x} = \displaystyle\sum_{n=0}^{\infty}(-1)^n x^n$ 逐项积分得

$$\ln(1+x) = x - \frac{x^2}{2} + \frac{x^3}{3} - \frac{x^4}{4} + \cdots + (-1)^n \frac{x^{n+1}}{n+1} + \cdots \quad (-1 < x \leqslant 1) \tag{7.5.14}$$

（3）由于
$$(\arctan x)' = \frac{1}{1+x^2}$$

而
$$\frac{1}{1+x^2} = \frac{1}{1-(-x^2)} = \sum_{n=0}^{\infty}(-x^2)^n = \sum_{n=0}^{\infty}(-1)^n x^{2n}, \quad x \in (-1, 1)$$

又由幂级数的性质知

$$\arctan x = \int_0^x \frac{\mathrm{d}x}{1+x^2} = \sum_{n=0}^{\infty} \frac{(-1)^n x^{2n+1}}{2n+1}, \quad x \in (-1, 1)$$

当 $x = \pm 1$ 时，上式右边的级数成为 $\pm \displaystyle\sum_{n=0}^{\infty} \frac{(-1)^n}{2n+1}$，它们都是收敛的，故有

$$\arctan x = x - \frac{x^3}{3} + \frac{x^5}{5} + \cdots + (-1)^n \frac{x^{2n+1}}{2n+1} + \cdots, \quad x \in [-1, 1] \tag{7.5.15}$$

（4）由于
$$f(x) = \frac{x}{x^2 + 3x + 2} = \frac{2}{x+2} - \frac{1}{1+x} = \frac{1}{1+\dfrac{x}{2}} - \frac{1}{1+x}$$

而
$$\frac{1}{1+x} = \sum_{n=0}^{\infty}(-1)^n x^n, \quad x \in (-1, 1)$$

$$\frac{1}{1+\dfrac{x}{2}} = \sum_{n=0}^{\infty} \frac{(-1)^n}{2^n} x^n, \quad x \in (-2, 2)$$

得
$$f(x)=\frac{x}{x^2+3x+2}=\sum_{n=0}^{\infty}\frac{(-1)^n}{2^n}x^n-\sum_{n=0}^{\infty}(-1)^nx^n$$

$$=\sum_{n=0}^{\infty}\left[\frac{(-1)^n}{2^n}+(-1)^{n+1}\right]x^n,\quad x\in(-1,1)$$

例 7.5.8 将下列函数展开成 $x-1$ 的幂级数:

（1）$f(x)=\dfrac{1}{2+x}$; (2）$f(x)=\ln x$.

解 （1）$f(x)=\dfrac{1}{3+(x-1)}=\dfrac{1}{3}\cdot\dfrac{1}{1+\dfrac{x-1}{3}}=\dfrac{1}{3}\sum_{n=0}^{\infty}\dfrac{(-1)^n}{3^n}(x-1)^n=\sum_{n=0}^{\infty}\dfrac{(-1)^n}{3^{n+1}}(x-1)^n,\quad x\in(-2,4)$

（2）$f(x)=\ln x=\ln[1+(x-1)]=(x-1)-\dfrac{1}{2}(x-1)^2+\cdots+(-1)^{n-1}\dfrac{(x-1)^n}{n}+\cdots,\quad x\in(0,2]$

常用函数的幂级数展开式如下:

$$\frac{1}{1-x}=1+x+x^2+\cdots+x^n+\cdots,\quad x\in(-1,1)$$

$$\frac{1}{1+x}=1-x+x^2+\cdots+(-1)^nx^n+\cdots,\quad x\in(-1,1)$$

$$e^x=1+x+\frac{x^2}{2!}+\cdots+\frac{x^n}{n!}+\cdots,\quad x\in(-\infty,+\infty)$$

$$\sin x=x-\frac{x^3}{3!}+\frac{x^5}{5!}+\cdots+(-1)^n\frac{x^{2n+1}}{(2n+1)!}+\cdots,\quad x\in(-\infty,+\infty)$$

$$\cos x=1-\frac{x^2}{2!}+\frac{x^4}{4!}+\cdots+(-1)^n\frac{x^{2n}}{(2n)!}+\cdots,\quad x\in(-\infty,+\infty)$$

$$\ln(1+x)=x-\frac{x^2}{2}+\frac{x^3}{3}+\cdots+(-1)^n\frac{x^{n+1}}{n+1}+\cdots,\quad x\in(-1,1]$$

$$\arctan x=x-\frac{x^3}{3}+\frac{x^5}{5}+\cdots+(-1)^n\frac{x^{2n+1}}{2n+1}+\cdots,\quad x\in[-1,1]$$

$$(1+x)^\alpha=1+\sum_{n=1}^{\infty}\frac{\alpha(\alpha-1)\cdots(\alpha-n+1)}{n!}x^n,\quad x\in(-1,1)$$

习 题 7.5

（A）

1. 求 $f(x)=\tan x$ 的二阶麦克劳林公式（余项为拉格朗日余项）.

2. 求 $f(x)=xe^{-x}$ 的 n 阶麦克劳林公式（余项为佩亚诺余项）.

3. 利用直接展开法将下列函数展开成 $x-x_0$ 的幂级数:

（1）$f(x)=a^x(a>0,x_0=0)$; (2）$f(x)=\ln x(x_0=2)$.

4. 利用已知函数展开式，将下列函数展开成麦克劳琳级数：

（1）$f(x) = e^{-x^2}$；

（2）$f(x) = 2^x$；

（3）$f(x) = \ln(1-2x)$；

（4）$f(x) = \dfrac{1}{\sqrt{1-x^2}}$；

（5）$f(x) = x^2 e^{-x}$；

（6）$f(x) = \sin^2 x$；

（7）$f(x) = \dfrac{x}{x^2-x-2}$；

（8）$f(x) = \dfrac{1}{(1-x)^2}$；

（9）$f(x) = (1+x)\ln(1+x)$.

5. 将下列函数展开成 $x-1$ 的幂级数：

（1）$f(x) = \dfrac{1}{4-x}$；

（2）$f(x) = \dfrac{1}{x^2+4x+3}$.

6. 利用已知函数的幂级数的展开式，求级数 $\displaystyle\sum_{n=0}^{\infty} \dfrac{(-1)^n 2n}{(2n+1)!}$ 和.

（B）

1. 将函数 $f(x) = \ln(3x-x^2)$ 展开成 $x-1$ 的幂级数，并求展开式成立的区间.

2. 将 $\dfrac{d}{dx}\left(\dfrac{e^x-1}{x}\right)$ 展开成 x 的幂级数，并证明 $\displaystyle\sum_{n=1}^{\infty} \dfrac{n}{(n+1)!} = 1$.

3. 设函数 $f(x) = \arctan x$，试求：

（1）$f(x)$ 展开成 x 的幂级数；

（2）$f^{(99)}(0)$；

（3）$\displaystyle\sum_{n=1}^{\infty} (-1)^{n-1} \dfrac{1}{2n-1}$.

4. 求幂级数 $\displaystyle\sum_{n=0}^{\infty} \dfrac{n+1}{n!} x^n$ 的和函数，并将其展开成 $x-1$ 的幂级数.

7.6　函数幂级数展开式的应用

7.6.1　近似计算

在近似计算中，利用函数的幂级数展开式计算函数值的近似值是常用的方法，下面举例说明.

例 7.6.1 计算下列各数的近似值，要求误差不超过 10^{-4}.

（1）e；

（2）$\sqrt[5]{245}$.

解　（1）在 e^x 的麦克劳琳展开式中

$$e^x = 1+x+\dfrac{x^2}{2!}+\dfrac{x^3}{3!}+\cdots+\dfrac{x^n}{n!}+\cdots, \quad x \in (-\infty, +\infty)$$

令 $x=1$，则

$$e = 1+1+\dfrac{1}{2!}+\dfrac{1}{3!}+\cdots+\dfrac{1}{n!}+\cdots$$

取级数的前 8 项作为 e 的近似值，有

$$e \approx 1 + 1 + \frac{1}{2!} + \cdots + \frac{1}{7!} \approx 2.718\,26$$

其误差

$$|\gamma_n| = \frac{1}{8!} + \frac{1}{9!} + \cdots < \frac{1}{8!}\left(1 + \frac{1}{9} + \frac{1}{9^2} + \cdots + \frac{1}{9^k} + \cdots\right) = \frac{1}{8!} \cdot \frac{1}{1 - \frac{1}{9}} = \frac{9}{8 \cdot 8!} < \frac{1}{10\,000}$$

（2）因为

$$\sqrt[5]{245} = \sqrt[5]{3^5 + 2} = 3\left(1 + \frac{2}{3^5}\right)^{\frac{1}{5}}$$

在 $(1+x)^\alpha$ 的 x 幂级数展开式中，令 $\alpha = \frac{1}{5}$，$x = \frac{2}{3^5}$，则

$$\sqrt[5]{245} = 3\left(1 + \frac{2}{3^5}\right)^{\frac{1}{5}} = 3\left[1 + \frac{1}{5} \cdot \frac{2}{3^5} + \frac{1}{5}\left(\frac{1}{5} - 1\right) \cdot \frac{1}{2!} \cdot \left(\frac{2}{3^5}\right)^2 + \cdots\right]$$

$$= 3\left(1 + \frac{1}{5} \cdot \frac{2}{3^5} - \frac{1}{5} \cdot \frac{4}{5} \cdot \frac{1}{2!} \cdot \frac{4}{3^{10}} + \cdots\right)$$

该级数从第 2 项起是交错级数，如取前 n 项和作为近似值，其误差 $|\gamma_n| \leqslant u_{n+1}$，又

$$|u_2| = 3 \cdot \frac{4 \cdot 2^2}{2 \cdot 5^2 \cdot 3^{10}} = \frac{8}{25 \cdot 3^9} < 10^{-4}$$

故要使误差不超过 10^{-4}，只要取前 2 项作为其近似值，即

$$\sqrt[5]{245} \approx 3\left(1 + \frac{1}{5} \cdot \frac{2}{3^5}\right) \approx 3.004\,9$$

例 7.6.2 计算积分 $\int_0^1 \frac{\sin x}{x} \mathrm{d}x$ 的近似值，要求误差不超过 10^{-4}.

解 由于被积函数 $f(x)$ 在点 $x=0$ 处无意义，且 $\lim\limits_{x \to 0} \frac{\sin x}{x} = 1$. 补充定义 $f(0)=1$，这样被积函数在 $[0,1]$ 上连续.

利用 $\sin x$ 的麦克劳林展开式，有

$$\frac{\sin x}{x} = 1 - \frac{x^2}{3!} + \frac{x^4}{5!} - \frac{x^6}{7!} + \cdots, \quad x \in (-\infty, +\infty)$$

上式在区间 $[0,1]$ 上逐项积分得

$$\int_0^1 \frac{\sin x}{x} \mathrm{d}x = 1 - \frac{1}{3 \cdot 3!} + \frac{1}{5 \cdot 5!} - \frac{1}{7 \cdot 7!} + \cdots$$

上式右边是交错级数，且

$$u_4 = \frac{1}{7 \cdot 7!} < \frac{1}{30\,000} < 10^{-4}$$

所以取前 3 项的和作为积分的近似值其误差不超过 10^{-4}，此时

$$\int_0^1 \frac{\sin x}{x} \mathrm{d}x \approx 1 - \frac{1}{3 \cdot 3!} + \frac{1}{5 \cdot 5!} \approx 0.946\,1$$

7.6.2 其他应用

函数的幂级数展开除用于近似计算外，还有很多其他方面的应用．例如，特殊的常数项求和、复杂函数求高阶导数，以及数学中最美公式 $e^{i\pi}+1=0$ 的验证都可以用函数的幂级数来解决．

最美公式
$e^{i\pi}+1=0$

通常借助幂级数的和函数来求常数项级数的和的一般步骤如下：

（1）要求常数项级数的和 $\sum\limits_{n=0}^{\infty} a_n$ ，先构造幂级数 $\sum\limits_{n=0}^{\infty} b_n x^n$ ；

（2）求出 $\sum\limits_{n=0}^{\infty} b_n x^n$ 在收敛域 I 内的和函数 $s(x)$ ；

（3）确定当 $x=x_0 \in I$ 时 $\sum\limits_{n=0}^{\infty} b_n x_0^n = \sum\limits_{n=0}^{\infty} a_n$ ，则 $\sum\limits_{n=0}^{\infty} a_n = s(x_0)$ ．

例 7.6.3 求级数 $\sum\limits_{n=0}^{\infty} (-1)^n \dfrac{1}{2n+1}$ 的和．

解
$$\arctan x = \sum_{n=0}^{\infty} \frac{(-1)^n x^{2n+1}}{2n+1}, \quad x \in [-1,1]$$

取 $x=1$ ，则

$$\sum_{n=0}^{\infty} \frac{(-1)^n}{2n+1} = \arctan 1 = \frac{\pi}{4}$$

例 7.6.4 利用初等函数的幂级数展开式证明：

$$\sum_{n=0}^{\infty} \frac{(-1)^n}{n!} \cdot \sum_{n=0}^{\infty} \frac{1}{n!} = 1$$

证 因为
$$e^x = \sum_{n=0}^{\infty} \frac{x^n}{n!}, \quad x \in (-\infty, +\infty)$$

上式 x 分别取 $-1,1$ 得

$$\sum_{n=0}^{\infty} \frac{(-1)^n}{n!} = e^{-1}, \quad \sum_{n=0}^{\infty} \frac{1}{n!} = e$$

所以
$$\sum_{n=0}^{\infty} \frac{(-1)^n}{n!} \cdot \sum_{n=0}^{\infty} \frac{1}{n!} = e^{-1} \cdot e = 1$$

对于复杂函数，其高阶导数不易求出，可以通过将函数展开成幂级数
$$f(x) = a_0 + a_1(x-x_0) + a_2(x-x_0)^2 + \cdots + a_n(x-x_0)^n + \cdots$$

由在定点 $x=x_0$ 处幂级数的唯一性对比得 $a_n = \dfrac{f^{(n)}(x_0)}{n!}$ ，于是 $f^{(n)}(x_0) = a_n n!$ ．

例 7.6.5 设
$$f(x) = \begin{cases} \dfrac{\sin x}{x}, & x \neq 0 \\ 1, & x = 0 \end{cases}$$

求 $f^{(n)}(0)$ $(n=1, 2, \cdots)$.

解 因为

$$\sin x = x - \frac{x^3}{3!} + \frac{x^5}{5!} + \cdots + (-1)^k \frac{x^{2k+1}}{(2k+1)!} + \cdots, \quad x \in (-\infty, +\infty)$$

所以

$$\frac{\sin x}{x} = 1 - \frac{x^2}{3!} + \frac{x^4}{5!} + \cdots + (-1)^k \frac{x^{2k}}{(2k+1)!} + \cdots, \quad x \in (-\infty, 0) \cup (0, +\infty)$$

于是

$$f(x) = 1 - \frac{x^2}{3!} + \frac{x^4}{5!} + \cdots + (-1)^k \frac{x^{2k}}{(2k+1)!} + \cdots, \quad x \in (-\infty, +\infty)$$

又

$$f(x) = 1 + f'(0)x + \frac{f''(0)}{2!}x^2 + \cdots + \frac{f^{(n)}(0)}{n!}x^n + \cdots$$

由函数的麦克劳林展开式的唯一性，比较可知

$$f^{(n)}(0) = \begin{cases} 0, & n = 2k-1 \\ \dfrac{(-1)^k}{2k+1}, & n = 2k \end{cases} \quad (k = 1, 2, \cdots)$$

习 题 7.6

（A）

1. 利用函数的展开式求下列各数的近似值，误差不超过 10^{-4}：

（1）$\sin 9°$；

（2）$\sqrt[5]{1.2}$；

（3）$1.2\ln(1.2)$.

2. 计算下列定积分的近似值：

（1）$\int_0^{\frac{1}{2}} e^{x^2} dx$（计算前 3 项）；

（2）$\int_0^1 \frac{e^x - 1}{x} dx$（计算前 3 项）；

（3）$\int_0^{\frac{1}{2}} \frac{\arctan x}{x} dx$（误差不超过 10^{-3}）.

（B）

1. 利用初等函数的幂级数展开式求下列级数的和：

（1）$\sum_{n=0}^{\infty} \frac{3^n}{n!}$；

（2）$\sum_{n=0}^{\infty} \frac{(-1)^n}{(n+1)2^n}$；

（3）$\sum_{n=0}^{\infty} \frac{(-9)^n}{(2n)!}$；

（4）$\sum_{n=0}^{\infty} \frac{(-1)^n 4^n}{(2n+1)}$.

MATLAB
在无穷级数
中的应用

小　结

一、常数项级数敛散性判别法

1. 定义判别法

（1）求前 n 项部分和 s_n.

（2）求极限 $\lim\limits_{n\to\infty}s_n$. 若此极限存在且为 s，则称级数 $\sum\limits_{n=1}^{\infty}u_n$ 收敛，和为 s，即 $\sum\limits_{n=1}^{\infty}u_n=s$；若此极限不存在，则称此级数发散.

2. 利用收敛级数的必要条件判别

对于级数，若 $\lim\limits_{n\to\infty}u_n\neq0$，则级数 $\sum\limits_{n=1}^{\infty}u_n$ 发散.

3. 几何级数（或等比级数）判别法

若级数为几何级数 $\sum\limits_{n=1}^{\infty}aq^{n-1}\,(a\neq0)$，则当 $|q|<1$ 时，级数收敛，和为 $\dfrac{a}{1-q}$；当 $|q|\geqslant1$ 时级数发散.

4. 正项级数判别法

（1）比较判别法.

设有正项级数 $\sum\limits_{n=1}^{\infty}u_n$ 和 $\sum\limits_{n=1}^{\infty}v_n$，若存在自然数 N，当 $n>N$ 时，有 $u_n\leqslant Cv_n$（$C>0$ 为常数），则当 $\sum\limits_{n=1}^{\infty}v_n$ 收敛时 $\sum\limits_{n=1}^{\infty}u_n$ 收敛，当 $\sum\limits_{n=1}^{\infty}u_n$ 发散时 $\sum\limits_{n=1}^{\infty}v_n$ 发散.

（2）同阶判别法.

设有正项级数 $\sum\limits_{n=1}^{\infty}u_n$ 和 $\sum\limits_{n=1}^{\infty}v_n$，若 $\lim\limits_{n\to\infty}\dfrac{u_n}{v_n}=l\,(0<l<+\infty)$，则级数 $\sum\limits_{n=1}^{\infty}u_n$ 与 $\sum\limits_{n=1}^{\infty}v_n$ 同时收敛或同时发散.

（3）比值判别法.

设有正项级数 $\sum\limits_{n=1}^{\infty}u_n\,(u_n>0)$，若 $\lim\limits_{n\to\infty}\dfrac{u_{n+1}}{u_n}=l$，则当 $l<1$ 时级数收敛，当 $l>1$ 时级数发散，当 $l=1$ 时级数可能收敛也可能发散.

（4）根值判别法.

设有正项级数 $\sum\limits_{n=1}^{\infty} u_n$，若 $\lim\limits_{n\to\infty}\sqrt[n]{u_n}=l$，则当 $l<1$ 时级数收敛，当 $l>1$ 时级数发散，当 $l=1$ 时级数可能收敛也可能发散.

（5）p-级数判别法.

对于 p-级数 $\sum\limits_{n=1}^{\infty}\dfrac{1}{n^p}$，当 $p>1$ 时级数收敛，当 $p\leqslant 1$ 时级数发散.

5. 交错级数判别法

对于交错级数 $\sum\limits_{n=1}^{\infty}(-1)^{n-1}u_n\,(u_n>0)$，若

（i）$\lim\limits_{n\to\infty}u_n=0$；

（ii）$u_{n+1}\leqslant u_n\,(n=1,2,\cdots)$.

则交错级数收敛，且级数和 $s\leqslant u_1$，其余项的绝对值 $|\gamma_n|\leqslant u_{n+1}$.

6. 绝对收敛判别法

对于任意项常数项级数 $\sum\limits_{n=1}^{\infty}u_n$，若 $\sum\limits_{n=1}^{\infty}|u_n|$ 收敛，则级数 $\sum\limits_{n=1}^{\infty}u_n$ 收敛.

若 $\sum\limits_{n=1}^{\infty}u_n$ 收敛且 $\sum\limits_{n=1}^{\infty}|u_n|$ 也收敛，称 $\sum\limits_{n=1}^{\infty}u_n$ 绝对收敛；若 $\sum\limits_{n=1}^{\infty}u_n$ 收敛但 $\sum\limits_{n=1}^{\infty}|u_n|$ 发散，称 $\sum\limits_{n=1}^{\infty}u_n$ 条件收敛.

注 （1）如果级数 $\sum\limits_{n=1}^{\infty}u_n$ 的一般项 u_n 中含有 $n!$，n^n，a^n 等因子，常用比值判别法判别 $\sum\limits_{n=1}^{\infty}u_n$ 的敛散性.

（2）如果级数 $\sum\limits_{n=1}^{\infty}u_n$ 的一般项含有以 n 为指数幂的因子，常用根值判别法判别 $\sum\limits_{n=1}^{\infty}u_n$ 的敛散性.

（3）通常由 $\sum\limits_{n=1}^{\infty}|u_n|$ 发散不能推断出 $\sum\limits_{n=1}^{\infty}u_n$ 发散；但若是用比值判别法或根值判别法判别出 $\sum\limits_{n=1}^{\infty}|u_n|$ 发散，则级数 $\sum\limits_{n=1}^{\infty}u_n$ 一定发散.

判别任意项数项级数敛散性通常按下面步骤进行：

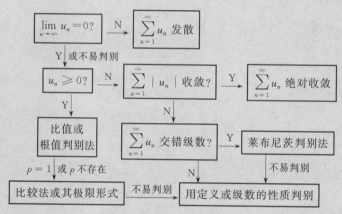

二、幂级数的收敛半径、收敛区间、收敛域

形如 $\sum\limits_{n=0}^{\infty} a_n (x-x_0)^n$ 的级数称为 $x-x_0$ 的幂级数，其中 $a_n (n=0, 1, 2, \cdots)$ 为常数，称为幂级数的系数，当 $x_0=0$ 时，$\sum\limits_{n=0}^{\infty} a_n x^n$ 称为 x 的幂级数.

1. 幂级数的收敛半径与收敛区间

若幂级数 $\sum\limits_{n=0}^{\infty} a_n x^n$ 不仅在点 $x=0$ 处收敛，也不是在整个实数集上收敛，则必存在一个正数 $R (0<R<+\infty)$，使幂级数 $\sum\limits_{n=0}^{\infty} a_n x^n$ 当 $|x|<R$ 时收敛，当 $|x|>R$ 时发散. 这时正数 R 称为级数 $\sum\limits_{n=0}^{\infty} a_n x^n$ 的收敛半径，$(-R, R)$ 称为幂级数的收敛区间.

2. 幂级数 $\sum\limits_{n=0}^{\infty} a_n x^n$ 收敛半径的求法

（1）若 $a_n (n=0, 1, 2, \cdots)$ 中为 0 的系数仅有有限个，则收敛半径为

$$R = \lim_{n \to \infty} \left| \frac{a_n}{a_{n+1}} \right| \quad \text{或} \quad R = \lim_{n \to \infty} \frac{1}{\sqrt[n]{|a_n|}}$$

（2）若 $a_n (n=0, 1, 2, \cdots)$ 中为 0 的系数有无穷多个，则用比值判别法或根值判别法求. 设非零系数项组成的级数 $\sum\limits_{n=0}^{\infty} u_n(x)$，计算

$$\lim_{n \to \infty} \left| \frac{u_{n+1}(x)}{u_n(x)} \right| = l(x) \quad \text{或} \quad \sqrt[n]{|u_n(x)|} = l(x)$$

由 $l(x)<1$ 可解出 $|x|<R$，从而得到收敛半径.

3. 幂级数的收敛域

幂级数的收敛域为$(-R, R)$, $[-R, R)$, $(-R, R]$, $[-R, R]$这四个区间之一.

三、函数的幂级数展开

函数$f(x)$展开成$x-x_0$的幂级数（泰勒级数）的方法分直接展开法和间接展开法.

1. 直接展开法

步骤如下：

（1）计算$f^{(n)}(x_0)$ $(n=0, 1, 2, \cdots)$.

（2）写出对应的泰勒级数$\sum\limits_{n=0}^{\infty}\dfrac{f^{(n)}(x_0)}{n!}(x-x_0)^n$，并求出其收敛半径$R$.

（3）验证在$|x-x_0|<R$内，$\lim\limits_{n\to\infty}R_n(x)=0$.

（4）写出所求函数$f(x)$的泰勒级数及收敛域

$$f(x)=\sum_{n=0}^{\infty}\frac{f^{(n)}(x_0)}{n!}(x-x_0)^n$$

2. 间接展开法

利用已知函数（如$\dfrac{1}{1-x}$, e^x, $\sin x$, $\cos x$, $\ln(1+x)$, $(1+x)^{\alpha}$等）的麦克劳林展开式，通过线性运算、变量代换、恒等变形、逐项求导、逐项积分等方法间接得到函数的幂级数展开式.

四、幂级数的和函数

1. 性质

（1）幂级数$\sum\limits_{n=0}^{\infty}a_n x^n$的和函数$s(x)$在其收敛域上连续.

（2）设$s(x)=\sum\limits_{n=0}^{\infty}a_n x^n$, $x\in(-R, R)$，则

$$s'(x)=\left(\sum_{n=0}^{\infty}a_n x^n\right)'=\sum_{n=0}^{\infty}(a_n x^n)'=\sum_{n=1}^{\infty}na_n x^{n-1}$$

$$\int_0^x s(x)\mathrm{d}x=\int_0^x\left(\sum_{n=0}^{\infty}a_n x^n\right)\mathrm{d}x=\sum_{n=0}^{\infty}\int_0^x a_n x^n\mathrm{d}x=\sum_{n=0}^{\infty}\frac{a_n}{n+1}x^{n+1}, \quad x\in(-R, R)$$

即幂级数在其收敛区间内可逐项求导、逐项积分，得到的新级数的收敛半径R不改变，但在点$x=R$和$x=-R$处的敛散性可能改变.

2. 求幂级数的和函数的方法

（1）求出幂级数 $\sum\limits_{n=0}^{\infty} a_n x^n$ 的收敛域，并设级数和为 $s(x)$.

（2）对等式 $s(x)=\sum\limits_{n=0}^{\infty} a_n x^n$ 通过四则运算、逐项求导或逐项积分等，化为已知函数的幂级数展开式中的某种形式，从而得到新级数的和函数 $s_1(x)$.

（3）通过 $s(x)$ 与 $s_1(x)$ 的关系，求出 $s(x)$.

五、应用

（1）近似计算中的应用. 在函数的幂级数展开式中，取前面有限项，得到函数的近似公式，从而求出函数值的近似值.

（2）运用幂级数的和函数求常数项级数的和.

利用幂级数求常数项级数 $\sum\limits_{n=0}^{\infty} a_n$ 的和按下面步骤进行：

① 由级数 $\sum\limits_{n=0}^{\infty} a_n$ 构造相应的幂级数 $\sum\limits_{n=0}^{\infty} a_n x^n$.

② 求出幂级数 $\sum\limits_{n=0}^{\infty} a_n x^n$ 的收敛域 D 及和函数 $s(x)$.

③ 所求常数项级数 $\sum\limits_{n=0}^{\infty} a_n = \lim\limits_{x \to 1^-} s(x)$.

（3）利用函数 $f(x)$ 的泰勒级数 $\sum\limits_{n=0}^{\infty} \dfrac{f^{(n)}(x_0)}{n!}(x-x_0)^n$ 展开式，求函数 $f(x)$ 在点 x_0 处的各阶导数 $f^{(n)}(x_0)$.

总 习 题 7

1. 填空题：

（1）若级数 $\sum\limits_{n=1}^{\infty} u_n$ 的前 n 项部分和 $s_n = \dfrac{2n}{3n+1}$，则 $u_n =$ _____，$\sum\limits_{n=1}^{\infty} u_n =$ _____.

（2）若级数 $\sum\limits_{n=1}^{\infty} |u_n|$ 收敛，则级数 $\sum\limits_{n=1}^{\infty} u_n$ _____.

（3）设幂级数 $\sum\limits_{n=1}^{\infty} a_n x^n$ 的收敛半径为 3，则幂级数 $\sum\limits_{n=1}^{\infty} n a_n (x-2)^{n+1}$ 的收敛区间为 _____.

（4）若级数 $\sum\limits_{n=1}^{\infty} u_n$ 收敛，则级数 $\sum\limits_{n=1}^{\infty} \dfrac{1}{u_n}$ _____.

2. 选择题：

（1）设 $\{a_n\}$ 是等差数列，则幂级数 $\sum\limits_{n=0}^{\infty} a_n x^n$ 的收敛域为（　　）.

A. $(-1,1)$　　　　　B. $[-1,1]$　　　　　C. $[-1,1)$　　　　　D. $(-1,1]$

（2）若级数 $\sum\limits_{n=1}^{\infty} u_n^2$ 和 $\sum\limits_{n=1}^{\infty} v_n^2$ 都收敛，则级数 $\sum\limits_{n=1}^{\infty} u_n v_n$（　　）.

A. 绝对收敛　　　　　B. 条件收敛　　　　　C. 发散　　　　　D. 敛散性不确定

（3）若 $\lim\limits_{n\to\infty} v_n = +\infty$，则级数 $\sum\limits_{n=1}^{\infty}\left(\dfrac{1}{v_n} - \dfrac{1}{v_{n+1}}\right)$（　　）.

A. 发散　　　　　B. 敛散性不确定　　　　　C. 收敛于 0　　　　　D. 收敛于 $\dfrac{1}{v_1}$

（4）级数 $\sum\limits_{n=1}^{\infty}\left(u_{2n-1} + u_{2n}\right)$ 收敛，则（　　）.

A. $\sum\limits_{n=1}^{\infty} u_n$ 收敛　　　　　　　　　B. $\sum\limits_{n=1}^{\infty} u_n$ 敛散性不确定

C. $\lim\limits_{n\to\infty} u_n = 0$　　　　　　　　　　D. $\sum\limits_{n=1}^{\infty} u_n$ 发散

（5）下列级数条件收敛的是（　　）.

A. $\sum\limits_{n=1}^{\infty} (-1)^{n-1}\left(\dfrac{2}{3}\right)^n$　　B. $\sum\limits_{n=1}^{\infty}\dfrac{(-1)^{n-1}}{\sqrt{n}}$　　C. $\sum\limits_{n=1}^{\infty}\dfrac{(-1)^{n-1}n}{\sqrt{2n^2+1}}$　　D. $\sum\limits_{n=1}^{\infty}\dfrac{(-1)^{n-1}}{\sqrt{3n^3+4}}$

（6）设正项级数 $\sum\limits_{n=1}^{\infty} a_n$ 发散，部分和 $s_n = \sum\limits_{k=1}^{n} a_k$，则（　　）.

A. $\sum\limits_{n=1}^{\infty}\dfrac{1}{s_n}$ 一定收敛　　　　　　　　B. $\sum\limits_{n=1}^{\infty}\dfrac{1}{s_n}$ 一定发散

C. $\sum\limits_{n=1}^{\infty}\dfrac{(-1)^n}{s_n}$ 一定收敛　　　　　　　D. $\sum\limits_{n=1}^{\infty}\dfrac{(-1)^n}{s_n}$ 敛散性不确定

3. 判断下列命题的正确性：

（1）若 $\lim\limits_{n\to\infty}\dfrac{a_{n+1}}{a_n} = \rho$，且 $\rho < 1$，则级数 $\sum\limits_{n=1}^{\infty} a_n$ 收敛；

（2）若 $\sum\limits_{n=1}^{\infty} a_n$ 收敛，且 $a_n \geqslant b_n$，则 $\sum\limits_{n=1}^{\infty} b_n$ 收敛；

（3）若 $\lim\limits_{n\to\infty}\dfrac{a_n}{b_n} = 1$，则 $\sum\limits_{n=1}^{\infty} a_n$ 与 $\sum\limits_{n=1}^{\infty} b_n$ 同时收敛或同时发散.

4. 判别下列级数的敛散性：

（1）$\sum\limits_{n=1}^{\infty}\int_0^{\frac{1}{n}}\dfrac{x}{1+x^2}\,\mathrm{d}x$；　　　　　　　　（2）$\sum\limits_{n=1}^{\infty}\dfrac{n^2}{\left(n+\dfrac{1}{n}\right)^n}$.

5. 讨论下列级数的敛散性，若收敛，是绝对收敛还是条件收敛.

（1）$\sum\limits_{n=1}^{\infty} (-1)^n \ln\left(1+\dfrac{1}{\sqrt{n}}\right)$；　　　　（2）$\sum\limits_{n=1}^{\infty} (-1)^n\dfrac{(n+1)!}{n^{n+1}}$；

（3）$\sum_{n=1}^{\infty}(-1)^{n}\left(e^{\frac{1}{n}}-1-\frac{1}{n}\right)$.

6. 利用级数收敛的必要条件证明：$\lim_{n\to\infty}\dfrac{n!}{n^{n}}=0$.

7. 求下列幂级数的收敛域：

（1）$\sum_{n=1}^{\infty}\dfrac{3^{n}+(-2)^{n}}{n}(x+1)^{n}$；

（2）$\sum_{n=1}^{\infty}(-1)^{n}\dfrac{(x-2)^{2n+1}}{2n+1}$.

8. 求级数 $\sum_{n=1}^{\infty}(-1)^{n-1}\dfrac{x^{2n+1}}{4n^{2}-1}$ 的和函数.

9. 利用幂级数求下列数项级数的和：

（1）$\sum_{n=1}^{\infty}\dfrac{2n-1}{3^{n}}$；

（2）$\sum_{n=0}^{\infty}\dfrac{(-1)^{n}}{3n+1}$.

10. 设 $y=\ln(1+x^{2})$，求 $y^{(n)}(0)$.

11. 设银行存款的年利率为 5%，若以连续复利计算利息，应在银行中一次性存入多少资金才能保证从存入之日起，以后每年能从银行提取 6 万元人民币直至永远.

第 8 章

多元函数微分学

前面各章节中研究的对象是只有一个自变量的函数，称为一元函数. 但是在大量的实际场景中，一个变量往往受到多个因素的影响. 例如，某品牌家用燃油轿车的需求量，除受自身价格影响外，还受其他品牌其他款型轿车的价格以及人们的收入水平、汽油的价格、税收政策等诸多因素的影响. 这在数学上就表现为一个变量与多个变量的对应关系，因此需要引入多元函数的概念，并对多元函数进行研究与应用.

为后续能从几何意义上直观理解多元函数的相关知识，本章首先将平面直角坐标系扩展到空间直角坐标系，学习空间解析几何的基础知识；然后以二元函数为主要研究对象来学习多元函数的微分学内容. 这是因为，从一元函数到二元函数，"单"与"多"的差异已充分显示出来，而二元、三元乃至一般的 n 元函数之间，就只有形式上的差异，没有本质上的区别，很多结论都可以类推.

事实上，一元函数的微分学与多元函数的微分学有着密切的联系，所以在学习本章内容时，要自觉地将多元函数与一元函数的相关概念、性质、方法、结论等进行对比，找出相同和相异之处，便于深入理解与掌握多元函数微分学的内容.

8.1 空间解析几何简介

正像平面解析几何的知识对一元函数微积分是不可缺少的一样，空间解析几何的知识对学习多元函数微积分也是必要的．

要用代数的方法来研究空间图形，可以仿照平面解析几何的方法，通过建立空间直角坐标系来建立空间的点与有序实数组之间的对应关系．

8.1.1 空间直角坐标系

在空间任意选取一点 O，过点 O 作三条相互垂直且具有相同单位长度的数轴 Ox，Oy 和 Oz，依次记为 x 轴（横轴）、y 轴（纵轴）和 z 轴（竖轴），统称坐标轴，并且按照右手系确定其正方向，即将右手伸直，大拇指朝上为 Oz 的正方向，其余四指的指向为 Ox 的正方向，四指弯曲 $90°$ 后的指向为 Oy 的正方向．这样构成的空间直角坐标系如图 8.1.1 所示．

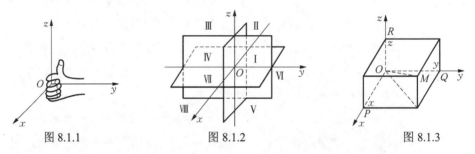

图 8.1.1   图 8.1.2   图 8.1.3

在这个空间直角坐标系中，每两条坐标轴确定的平面称为坐标平面，由 x 轴和 y 轴确定的坐标平面称为 xOy 平面，类似地有 yOz 平面和 zOx 平面．三个坐标平面将空间分成 8 个部分，每一部分称为一个卦限．其中 $x>0$，$y>0$，$z>0$ 部分为第 I 卦限，第 II、III、IV 卦限都在 xOy 平面的上方，按逆时针方向来确定，第 V、VI、VII、VIII 卦限在 xOy 平面下方，由第 I 卦限正下方的第 V 卦限按逆时针方向来确定，如图 8.1.2 所示．

建立空间直角坐标系后，对于空间任意一点 M，过点 M 分别作三个垂直于 x 轴、y 轴、z 轴的平面，它们与坐标轴的交点 P，Q，R 对应的三个实数依次为 x，y，z（图 8.1.3），则点 M 唯一确定一个有序数组 (x,y,z)；反之，任意给定一个有序数组 (x,y,z)，可以在 x 轴、y 轴、z 轴分别取点 P，Q，R，过这三点分别作垂直于 x 轴、y 轴、z 轴的平面，这三个相互垂直的平面交于一点 M，则由有序数组 (x,y,z) 唯一确定了空间的一个点 M．这样，通过空间直角坐标系建立了空间点 M 与有序数组 (x,y,z) 之间的一一对应关系，称这个有序数组为点 M 的坐标，记为 $M(x,y,z)$．并且，依次称 x，y，z 为点 M 的横坐标、纵坐标、竖坐标．

显然，原点 O 的坐标为 $(0,0,0)$，x 轴上任意一点的坐标为 $(x,0,0)$，y 轴上任意一点的坐标为 $(0,y,0)$，z 轴上任意一点的坐标为 $(0,0,z)$，xOy 平面上任意一点的坐标为 $(x,y,0)$，yOz 平面上任意一点的坐标为$(0,y,z)$，zOx 平面上任意一点的坐标为$(x,0,z)$.

距离公式

与平面直角坐标系两点之间的距离类似，设 $M_1(x_1,y_1,z_1)$，$M_2(x_2,y_2,z_2)$是空间任意两点，可推得 M_1M_2 的距离公式为

$$|M_1M_2| = \sqrt{(x_2-x_1)^2 + (y_2-y_1)^2 + (z_2-z_1)^2}$$

例 8.1.1 已知 $A(3,-1,2)$，$B(3,5,-2)$，在 z 轴上找一点 P，使$|AP|=|BP|$.

解 设点 P 坐标为$(0,0,z)$，则

$$|AP| = \sqrt{(3-0)^2 + (-1-0)^2 + (2-z)^2} = \sqrt{14 - 4z + z^2}$$

$$|BP| = \sqrt{(3-0)^2 + (5-0)^2 + (-2-z)^2} = \sqrt{38 + 4z + z^2}$$

由$|AP|=|BP|$得

$$\sqrt{14 - 4z + z^2} = \sqrt{38 + 4z + z^2}$$

解得 $z=-3$，从而所求点 P 坐标为$(0,0,-3)$.

数轴上的点与实数有一一对应关系，实数全体表示数轴上所有点的集合；在平面直角坐标系中，其上的点与二元有序实数对(x,y)一一对应，二元有序实数对的全体表示平面上所有点的集合；在空间直角坐标系中，其上的点与三元有序实数组(x,y,z)一一对应，从而三元有序实数组(x,y,z)的全体构成整个三维空间.

一般地，取定自然数 n，用 $\mathbf{R}^n$ 表示 n 元有序实数组$(x_1, x_2, \cdots, x_n)$的全体构成的集合，即

$$\mathbf{R}^n = \{(x_1, x_2, \cdots, x_n) \mid x_i \in \mathbf{R}, i=1,2,\cdots,n\}$$

称为 n 维（实）空间，而每个 n 元有序实数组$(x_1, x_2, \cdots, x_n)$称为 n 维空间 $\mathbf{R}^n$ 中的一个点，数 x_i 称为该点的第 i 个坐标. 类似地，n 维空间中两点

$$P(x_1, x_2, \cdots, x_n) \quad 和 \quad Q(y_1, y_2, \cdots, y_n)$$

间的距离规定为

$$|PQ| = \sqrt{(x_1-y_1)^2 + (x_2-y_2)^2 + \cdots + (x_n-y_n)^2}$$

8.1.2 曲面与方程

与平面解析几何中建立曲线与方程的对应关系一样，可以建立空间曲面与包含三个变量的方程 $F(x,y,z)=0$ 的对应关系.

定义 8.1.1 如果曲面 S 上任意一点的坐标都满足方程 $F(x,y,z)=0$，而不在曲面 S 上的任何点的坐标都不满足方程 $F(x,y,z)=0$，那么方程 $F(x,y,z)=0$ 称为曲面 S 的方程，而曲面 S 称为方程 $F(x,y,z)=0$ 的图形，如图 8.1.4 所示.

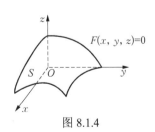

图 8.1.4

对于空间曲面，主要从两方面进行探讨：

（1）已知曲面上动点的轨迹特征，求曲面方程 $F(x,y,z)=0$；

（2）已知曲面方程 $F(x,y,z)=0$，研究曲面的几何形状.

下面以平面、球面、柱面及其他常见曲面为例来研究上述问题.

例 8.1.2 动点 $M(x,y,z)$ 与定点 $M_1(1,-1,0)$ 和 $M_2(2,0,-2)$ 的距离相等，求动点 M 的轨迹方程.

解 依题意有

$$|MM_1|=|MM_2|$$

由两点间距离公式得

$$\sqrt{(x-1)^2+(y+1)^2+z^2}=\sqrt{(x-2)^2+y^2+(z+2)^2}$$

化简整理，得点 M 的轨迹方程为

$$x+y-2z-3=0$$

动点 M 的轨迹是线段 M_1M_2 的垂直平分面，因此所求方程即该平面的方程.

易看出，xOy 平面上任一点的坐标必有 $z=0$，且满足 $z=0$ 的点也必然在 xOy 平面上，所以 xOy 平面的方程为 $z=0$. 同理，yOz 平面的方程为 $x=0$，zOx 平面的方程为 $y=0$.

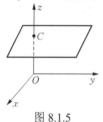

图 8.1.5

例 8.1.3 作 $z=C$ 的图形（C 为常数）.

解 方程 $z=C$ 中不含 x 和 y，说明 x 和 y 可取任意值而总有 $z=C$，其图形是平行于 xOy 平面的平面，且与 z 轴交点的坐标为 $(0,0,C)$，如图 8.1.5 所示.

类似地，$x=C$ 和 $y=C$ 分别表示平行于 yOz 平面和 xOz 平面的平面.

可以证明，空间中任一平面的方程为三元一次方程

$$Ax+By+Cz+D=0$$

其中 A,B,C,D 均为常数，且 A,B,C 不全为 0.

特别地，当 $D=0$ 时，$Ax+By+Cz=0$ 表示通过原点的平面；

当 $A=0$ 时，$By+Cz+D=0$ 表示平行于 x 轴的平面；

当 $A=D=0$ 时，方程表示通过 x 轴的平面.

类似地，方程 $Ax+Cz+D=0$ 和 $Ax+By+D=0$ 分别表示平行于（或包含）y 轴和 z 轴的平面.

例 8.1.4 求球心为点 $M_0(x_0,y_0,z_0)$、半径为 R 的球面方程.

解 设 $M(x,y,z)$ 为球面上任一点，则

$$|MM_0|=R$$

由距离公式有

$$\sqrt{(x-x_0)^2+(y-y_0)^2+(z-z_0)^2}=R$$

所以

$$(x-x_0)^2+(y-y_0)^2+(z-z_0)^2=R^2$$

为所求球面方程.

特别地，若球心在原点 $O(0,0,0)$，球面方程为 $x^2+y^2+z^2=R^2$.

球面方程有两个特点：① x^2,y^2,z^2 项系数相同；② 不含 xy,yz,xz 项.

例 8.1.5 方程 $x^2+y^2+z^2-2x+2y+4z=0$ 表示怎样的曲面？

解 对方程左边配方得

$$(x-1)^2+(y+1)^2+(z+2)^2-6=0$$

即
$$(x-1)^2+(y+1)^2+(z+2)^2=(\sqrt{6})^2$$

所以原方程表示球心为 $(1,-1,-2)$、半径为 $\sqrt{6}$ 的球面.

例 8.1.6　方程 $x^2+y^2=R^2$ 表示怎样的曲面？

解　方程 $x^2+y^2=R^2$ 在 xOy 平面上表示以原点为圆心、半径为 R 的圆. 方程不含 z, 说明 z 可取任意值, 只要 x 和 y 满足 $x^2+y^2=R^2$ 即可. 因此, 这个方程表示的曲面是由平行于 z 轴的直线沿 xOy 平面上的圆 $x^2+y^2=R^2$ 移动而形成的圆柱面, 如图 8.1.6 所示. $x^2+y^2=R^2$ 称为圆柱面的准线, 平行于 z 轴的直线称为圆柱面的母线.

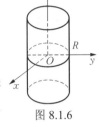

图 8.1.6

在空间中, 平行于某定直线的直线 L 沿定曲线 C 平移所产生的曲面称为柱面, 直线 L 称为柱面的母线, 定曲线 C 称为柱面的准线. 同时柱面也可以看成准线 C 沿着母线 L 的方向上下拖动所产生的曲面. 一般的柱面方程比较复杂, 常研究的都是准线 C 在坐标平面上、母线 L 平行于坐标轴的特殊柱面.

柱面的
一般方程

空间直角坐标系下, 三元二次方程所表示的几何图形称为**二次曲面**, 球面、圆柱面等都是二次曲面. 对于一般的二次曲面, 要知道其形状, 可以采用截痕法, 即利用一系列平行于坐标平面的平面去截割曲面, 从而得到平面与曲面的一系列交线（即截痕）, 通过综合分析这些截痕的形状及性质来认识曲面形状. 这种研究曲面几何形状的方法称为平面截割法, 也称截痕法.

例 8.1.7　方程 $z=x^2+y^2$ 表示怎样的曲面？

解　用平面 $z=C$ 去截曲面 $z=x^2+y^2$, 其截痕方程为
$$x^2+y^2=C, \qquad z=C$$

当 $C=0$ 时, 只有 $(0,0,0)$ 满足方程.

当 $C>0$ 时, 截痕为以点 $(0,0,C)$ 为圆心、以 $\sqrt{C}$ 为半径的圆. 让平面 $z=C$ 向上移动, 即 C 越来越大, 则截痕的圆也越来越大.

当 $C<0$ 时, 平面与曲面无交点.

若用平面 $x=a$ 或 $y=b$ 去截曲面, 则截痕均为抛物线.

称 $z=x^2+y^2$ 的图形为旋转抛物面, 如图 8.1.7 所示.

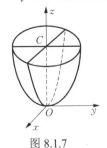

图 8.1.7

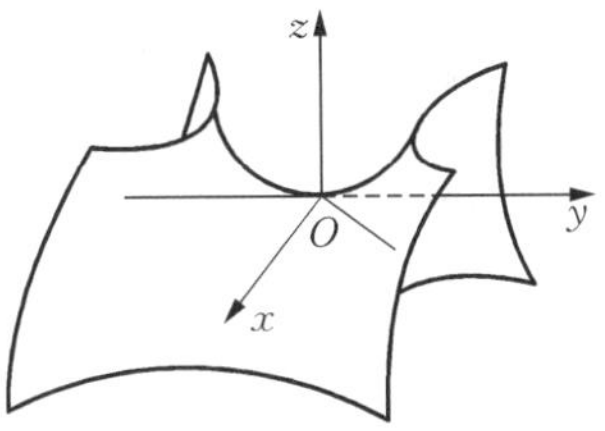

图 8.1.8

旋转曲面

平面内一曲线绕该平面内一定直线旋转一周所生成的曲面称为**旋转曲面**. 旋转曲线称为**母线**，定直线称为**旋转轴**. 例如：一条直线绕与其平行的另一条直线旋转形成圆柱面；一个圆曲线绕其一条直径旋转形成球面. 为方便起见，一般考虑旋转曲线即母线在坐标平面内、旋转轴为该平面上的数轴的特殊旋转曲面.

例 8.1.8 方程 $z=y^2-x^2$ 表示怎样的曲面？

解 用平面 $z=C$ 截曲面，截痕为

$$y^2-x^2=C, \qquad z=C$$

当 $C=0$ 时，截痕为两条相交于原点 $(0,0,0)$ 的直线，方程为

$$y-x=0, \qquad z=0$$

$$y+x=0, \qquad z=0$$

当 $C\neq 0$ 时，截痕为双曲线.

用平面 $y=C$ 和 $x=C$ 截曲面，截痕为抛物线.

这个曲面称为双曲抛物面，也称为鞍面，如图 8.1.8 所示.

常用其他
二次曲面图形

常用的二次曲面还有椭球面 $\dfrac{x^2}{a^2}+\dfrac{y^2}{b^2}+\dfrac{z^2}{c^2}=1$、抛物面 $\dfrac{x^2}{a^2}+\dfrac{y^2}{b^2}=\pm z$、双曲面 $\dfrac{x^2}{a^2}+\dfrac{y^2}{b^2}-\dfrac{z^2}{c^2}=\pm 1$、二次锥面 $\dfrac{x^2}{a^2}+\dfrac{y^2}{b^2}-\dfrac{z^2}{c^2}=0$ 等，这些是前面讲的一些特殊曲面相应的更为一般化的方程，其具体形状读者可以利用截痕法自行研究.

习 题 8.1

（A）

1. 求点 $M(4,-3,5)$ 到各坐标平面和各坐标轴的距离.

2. 求点 $(1,-3,-2)$ 关于点 $(-1,2,-1)$ 的对称点的坐标.

3. 写出点 $P(2,-1,4)$ 关于三个坐标平面的对称点的坐标.

4. 建立以点 $(1,2,-2)$ 为球心且过原点的球面方程.

5. 指出下列方程在空间解析几何中表示什么图形：

（1）$x+y=1$；

（2）$z=0$；

（3）$(x-1)^2+(y-2)^2+(z+3)^2=1$；

（4）$x^2+y^2=4$；

（5）$x^2+z^2=2y$；

（6）$z=\sqrt{x^2+y^2}$；

（7）$x^2+y^2-z^2=1$；

（8）$x^2-3y^2-z^2=2$；

（9）$\dfrac{x^2}{3}+\dfrac{y^2}{4}+z^2=1$.

（B）

1. 试求到球面 $\Sigma_1: x^2+y^2+z^2-8x+7=0$ 与 $\Sigma_2: x^2+y^2+z^2+2x+2y+2z-1=0$ 的球心的距离之比为 $3:2$ 的点的轨迹，并指出曲面类型.

2. 画出下列方程表示的图形:

（1）$x + y + z = 1$；

（2）$(x-1)^2 + (y-2)^2 + (z-3)^2 = 14$；

（3）$x^2 + y^2 = R^2$；

（4）$x^2 + z^2 = 3y$；

（5）$z = 2\sqrt{x^2 + y^2}$；

（6）$\dfrac{x^2}{2} + \dfrac{y^2}{2} - z^2 = 1$；

（7）$\dfrac{x^2}{3} + \dfrac{y^2}{4} + z^2 = 1$.

8.2　多元函数的基本概念

8.2.1　平面点集

在一元函数中，使用过区域和区间的概念. 由于讨论多元函数的需要，下面将这些概念进行推广，同时引入其他一些概念.

1. 邻域

设 $P_0(x_0, y_0) \in \mathbf{R}^2$，$\delta$ 为某一正数，在 $\mathbf{R}^2$ 中与点 P_0 的距离小于 δ 的点 $P(x, y)$ 的全体，称为点 P_0 的 δ 邻域，记为 $U(P_0, \delta)$，即

$$U(P_0, \delta) = \{\, P \,\big|\, |PP_0| < \delta \,\} = \left\{(x, y) \,\Big|\, \sqrt{(x-x_0)^2 + (y-y_0)^2} < \delta \right\}$$

在几何上，$U(P_0, \delta)$ 就是 xOy 平面上以点 P_0 为中心、以 δ 为半径的圆内部的点 P 的全体.

点 P_0 的去心 δ 邻域，记为 $\mathring{U}(P_0, \delta)$，即

$$\mathring{U}(P_0, \delta) = \{\, P \,\big|\, 0 < |PP_0| < \delta \,\}$$

如果不需要强调邻域的半径 δ，那么用 $U(P_0)$ 和 $\mathring{U}(P_0)$ 分别表示点 P_0 的某个邻域和去心邻域.

2. 内点、外点、边界点、聚点

任一点 $P \in \mathbf{R}^2$ 与任一点集 $E \subset \mathbf{R}^2$ 之间必有以下三种关系中的一种：

（1）内点. 如果存在点 P 的某个邻域 $U(P)$，使得 $U(P) \subset E$，那么称点 P 为点集 E 的内点（图 8.2.1 中，点 P_1 为点集 E 的内点）.

（2）外点. 如果存在点 P 的某个邻域 $U(P)$，使得 $U(P) \cap E = \varnothing$，那么称点 P 为点集 E 的外点（图 8.2.1 中，点 P_2 为点集 E 的外点）.

（3）边界点. 如果点 P 的任一邻域内既含有属于点集 E 的点，又含有不属于点集 E 的点，那么称点 P 为点集 E 的边界点（图 8.2.1 中，点 P_3 为点集 E 的边界点）.

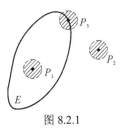

图 8.2.1

点集 E 的边界点的全体，称为点集 E 的边界，记为 ∂E.

点集 E 的内点必属于 E；点集 E 的外点必定不属于 E；而点集 E 的边界点可能属于 E，

也可能不属于 E.

任一点 P 与任一点集 E 之间还有另一种关系，即下面聚点的定义.

聚点：如果对于任意给定的 $\delta>0$，点 P 的去心邻域 $\mathring{U}(P,\delta)$ 内总有点集 E 的点，那么称点 P 是点集 E 的聚点.

由聚点的定义可知，聚点 P 可能属于 E，也可能不属于 E.

例如，设点集 $E=\{(x,y)|1<x^2+y^2\leqslant 2\}$. 满足 $1<x^2+y^2<2$ 的所有点都是 E 的内点；满足 $x^2+y^2=1$ 和 $x^2+y^2=2$ 的所有点都是 E 的边界点，但前者不属于 E，而后者属于 E；E 的内点和边界点都是 E 的聚点.

3. 特殊点集

根据点集所属点的特征，定义一些重要的平面点集.

开集：如果点集 E 的点都是 E 的内点，那么称 E 为开集.

闭集：如果点集 E 的边界 $\partial E\subset E$，那么称 E 为闭集.

例如：集合 $\{(x,y)|1<x^2+y^2<2\}$ 是开集；集合 $\{(x,y)|1\leqslant x^2+y^2\leqslant 2\}$ 是闭集；而集合 $\{(x,y)|1<x^2+y^2\leqslant 2\}$ 既不是开集，也不是闭集.

连通集：如果点集 E 内任意两点都可用折线连接起来，且该折线上的点都属于 E，那么称 E 为连通集.

区域（开区域）：连通的开集称为（开）区域.

闭区域：开区域连同其边界一起构成的点集称为闭区域.

例如：集合 $\{(x,y)|1<x^2+y^2<2\}$ 是开区域；而集合 $\{(x,y)|1\leqslant x^2+y^2\leqslant 2\}$ 是闭区域.

有界集：对于平面点集 E，如果存在某一正数 r，使得 $E\subset U(O,r)$，其中 O 为坐标原点，那么称 E 为有界集.

无界集：一个集合如果不是有界集，那么就称为无界集.

例如：集合 $\{(x,y)|1\leqslant x^2+y^2\leqslant 2\}$ 是有界闭区域；集合 $\{(x,y)|x+y>0\}$ 是无界开区域；集合 $\{(x,y)|x^2+y^2\geqslant 1\}$ 是无界闭区域.

不难将上述这些概念推广到 n 维空间 $\mathbf{R}^n$ 中去. 例如，设 $P_0(x_1,x_2,\cdots,x_n)\in\mathbf{R}^n$，$\delta$ 为某一正数，则点 P_0 的 δ 邻域为

$$U(P_0,\delta)=\{P||P_0P|<\delta,P\in\mathbf{R}^n\}$$

8.2.2 多元函数的定义

一元函数仅是一个变量与实数之间的对应关系，但客观事物往往是由多种因素确定的. 例如：

（1）长方形的面积 S 与其长 x 和宽 y 两个量联系着，任何有序数对 (x,y) $(x>0,y>0)$ 都对应唯一的面积 S. 已知它们之间的对应关系为

$$S=xy$$

（2）长方体的体积 V 与长方体的长 x、宽 y、高 z 三个量联系着，任何有序数组 (x,y,z)

$(x>0, y>0, z>0)$ 都对应着唯一的体积 V. 已知它们之间的对应关系为

$$V = xyz$$

（3）教室内一点 P 的温度 T 与点 P 的三维空间 (x, y, z) 和时间 t 联系着，任何有序数组 (x, y, z, t) 都对应着唯一的温度 T. 设它们之间的对应关系为

$$T = T(x, y, z, t)$$

以上三例都是多元函数的实例，若不考虑它们的实际意义，仅保留它们的数量关系，则它们有一个共性，这就是多元函数的概念.

定义 8.2.1 设 D 是 $\mathbf{R}^2$ 的一个非空子集，称映射 $f: D \to \mathbf{R}$ 为定义在 D 上的二元函数，通常记为

$$z = f(x, y), \quad (x, y) \in D$$

或

$$z = f(P), \quad P \in D$$

其中点集 D 称为该函数的定义域，x 和 y 称为自变量，z 称为因变量.

上述定义中，与自变量 x, y 的一对值（即二元有序实数组）(x, y) 相对应的因变量 z 的值，也称 f 在点 (x, y) 处的函数值，记为 $f(x, y)$，即 $z = f(x, y)$. 函数值的全体所构成的集合称为函数 f 的值域，记为 $f(D)$，即

$$f(D) = \{z \mid z = f(x, y), (x, y) \in D\}$$

类似地，可以定义三元函数 $u = f(x, y, z), (x, y, z) \in D$ 以及三元以上的函数. 一般地，若 $D \subset \mathbf{R}^n$，映射 $f: D \to \mathbf{R}$ 称为定义在 D 上的 n 元函数，通常记为

$$u = f(x_1, x_2, \cdots, x_n), \quad (x_1, x_2, \cdots, x_n) \in D$$

或

$$u = f(P), \quad P = (x_1, x_2, \cdots, x_n) \in D$$

当 $n = 2$ 或 3 时，习惯上将点 (x_1, x_2) 写成 (x, y)，将点 (x_1, x_2, x_3) 写成 (x, y, z).

当 $n = 1$ 时，n 元函数就是一元函数；当 $n \geq 2$ 时，n 元函数统称为多元函数.

与一元函数相类似，如果没有特别指明多元函数的定义域，就以使这个算式有意义的点的集合为这个多元函数的自然定义域. 例如，函数 $z = \ln(x + y)$ 的定义域为

$$\{(x, y) \mid x + y > 0\}$$

（图 8.2.2），这是一个无界开区域. 又如，函数 $z = \arcsin(x^2 + y^2)$ 的定义域为

$$\{(x, y) \mid x^2 + y^2 \leq 1\}$$

（图 8.2.3），这是一个有界闭区域.

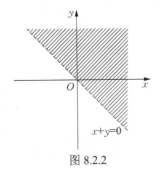

图 8.2.2

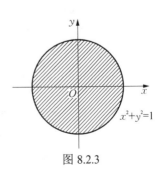

图 8.2.3

二元函数 $z=f(x,y),(x,y)\in D$ 的图像：
$$\{(x,y,z)\mid z=f(x,y),\ (x,y)\in D\}$$
在几何上表示空间中的一个曲面，这个曲面在 xOy 平面上的投影就是函数 $f(x,y)$ 的定义域 D. 例如，函数 $z=\sqrt{1-x^2-y^2}$ 表示位于 xOy 平面上方的半球面，它在 xOy 平面上的投影是圆形域 $D=\{(x,y)\mid x^2+y^2\leqslant 1\}$，即函数 $z=\sqrt{1-x^2-y^2}$ 的定义域.

一元函数的单调性、奇偶性、周期性等性质的定义在多元函数中不再适用，但有界性的定义仍然适用.

设 n 元函数 $y=f(P)$，其定义域 $D\subset\mathbf{R}^n$，集合 $X\subset D$. 若存在正数 M，使得对于任意一点 $P\in X$，都有 $|f(P)|\leqslant M$，则称 $y=f(P)$ 在 X 上有界，M 称为其一个界.

8.2.3　多元函数的极限

先讨论二元函数的极限.

二元函数极限
证明举例

定义 8.2.2　设二元函数 $f(P)=f(x,y)$ 的定义域为 D，$P_0(x_0,y_0)$ 是 D 的聚点，如果存在常数 A，使得对于任给定的正数 ε，总存在正数 δ，只要点 $P(x,y)\in D\cap \mathring{U}(P_0,\delta)$，就有
$$|f(P)-A|=|f(x,y)-A|<\varepsilon$$
那么称 A 为函数 $f(x,y)$ 当 $P(x,y)$（在 D 上）趋于点 $P_0(x_0,y_0)$ 时的极限，记为
$$\lim_{\substack{x\to x_0\\y\to y_0}}f(P)=A\quad 或\quad \lim_{(x,y)\to(x_0,y_0)}f(x,y)=A$$

注　定义 8.2.2 是用 ε-δ 语言描述的二元函数极限概念，其中 $P(x,y)\in D\cap \mathring{U}(P_0,\delta)$ 即点 P 在定义域内进入点 P_0 的 δ 空心邻域，即 $0<|PP_0|<\delta$，亦即 $0<\sqrt{(x-x_0)^2+(y-y_0)^2}<\delta$. 此定义主要用来证明二元函数极限存在.

二元函数极限也可以用描述性语言定义如下：

定义 8.2.3　设函数 $f(P)=f(x,y)$ 的定义域为 D，$P_0(x_0,y_0)$ 是 D 的聚点. 如果当 $P(x,y)\neq P_0$ 沿任意路径趋近于 P_0 时，函数 $f(x,y)$ 无限接近于一个常数 A，那么称 A 为函数 $f(x,y)$，当 $(x,y)\to(x_0,y_0)$ 时的极限，记为
$$\lim_{\substack{x\to x_0\\y\to y_0}}f(P)=A\quad 或\quad \lim_{(x,y)\to(x_0,y_0)}f(x,y)=A$$

为区分一元函数的极限，也将二元函数的极限称为二重极限.

注　二元函数极限中自变量的变化较一元函数要复杂. 对于一元函数，自变量 $x\to x_0$ 的路径仅有两条，即沿 x 轴从 x_0 的左、右两侧趋近于 x_0；而二元函数自变量 $(x,y)\to(x_0,y_0)$ 的路径有无穷多条. 只有当点 $P(x,y)$ 沿任

何路径趋向于点 $P_0(x_0, y_0)$ 时，函数值 $f(x, y)$ 都无限接近于同一个常数 A，才能判定函数 $f(x, y)$ 以 A 为极限. 这显然对证明极限存在是不可操作的. 但是如果可以找出 $(x, y) \to (x_0, y_0)$ 的不同路径使对应的极限值不同，那么就可以说明二元函数在 $(x, y) \to (x_0, y_0)$ 时极限不存在.

例 8.2.1 讨论

$$f(x, y) = \begin{cases} \dfrac{xy}{x^2 + y^2}, & x^2 + y^2 \neq 0 \\ 0, & x^2 + y^2 = 0 \end{cases}$$

在点 $(0, 0)$ 的极限.

解 显然 $\qquad\qquad f(x, 0) = 0, \qquad f(0, y) = 0$

说明点 (x, y) 沿 x 轴和 y 轴趋向于点 $(0, 0)$ 时，$f(x, y)$ 的极限都是 0.

如果点 (x, y) 沿直线 $y = kx$ 趋近于点 $(0, 0)$，那么

$$f(x, y) = f(x, kx) = \frac{kx^2}{x^2 + (kx)^2} = \frac{k}{1 + k^2}$$

即

$$\lim_{\substack{x \to x_0 \\ y \to kx}} f(x, y) = \lim_{x \to 0} \frac{k}{1 + k^2} = \frac{k}{1 + k^2}$$

此时极限值随着 k 值的不同而不同，因此函数在点 $(0, 0)$ 处不存在极限.

例 8.2.2 证明函数 $f(x, y) = \dfrac{x^2 y}{x^4 + y^2}$ 在点 $(0, 0)$ 处极限不存在.

证 动点 $P(x, y)$ 沿任何经过点 $(0, 0)$ 的直线 $y = kx$ 无限趋近于点 $(0, 0)$ 时，极限为

$$\lim_{\substack{x \to 0 \\ y = kx}} f(x, y) = \lim_{x \to 0} \frac{x^2 \cdot kx}{x^4 + (kx)^2} = \lim_{x \to 0} \frac{kx}{x^2 + k^2} = 0$$

但是当动点 $P(x, y)$ 沿经过点 $(0, 0)$ 的抛物线 $y = kx^2$ 无限趋近于点 $(0, 0)$ 时，极限为

$$\lim_{\substack{x \to 0 \\ y = kx^2}} f(x, y) = \lim_{x \to 0} \frac{x^2 \cdot kx^2}{x^4 + (kx^2)^2} = \frac{k}{1 + k^2}$$

此时极限随着 k 值的变化而变化，因此函数在点 $(0, 0)$ 处极限不存在.

以上关于二元函数的极限概念，可相应地推广到 n 元函数 $u = f(P)$，即 $u = f(x_1, x_2, \cdots, x_n)$ 上去.

关于多元函数的极限运算，有与一元函数类似的运算法则.

例 8.2.3 求 $\lim\limits_{(x, y) \to (2, 3)} (2x^2 - xy + y^2)$.

解 $\qquad \lim\limits_{(x, y) \to (2, 3)} (2x^2 - xy + y^2) = \lim\limits_{\substack{x \to 2 \\ y \to 3}} 2x^2 - \lim\limits_{\substack{x \to 2 \\ y \to 3}} x \cdot y + \lim\limits_{\substack{x \to 2 \\ y \to 3}} y^2 = 2 \times 2^2 - 2 \times 3 + 3^2 = 11$

例 8.2.4 求 $\lim\limits_{(x, y) \to (0, 2)} \dfrac{\sin xy}{x}$.

解 $\qquad \lim\limits_{(x, y) \to (0, 2)} \dfrac{\sin xy}{x} = \lim\limits_{(x, y) \to (0, 2)} \dfrac{\sin xy}{xy} \cdot y = \lim\limits_{x, y \to 0} \dfrac{\sin xy}{xy} \cdot \lim\limits_{y \to 2} 2 = 1 \times 2 = 2$

例 8.2.5 求 $\lim\limits_{(x,y)\to(0,2)} x^2 \cdot y \cdot \sin\dfrac{1}{x^2+y^2}$.

解 因为
$$0 \leqslant \left| \sin\frac{1}{x^2+y^2} \right| \leqslant 1$$

且
$$\lim_{(x,y)\to(0,2)} x^2 \cdot y = 0$$

所以
$$\lim_{(x,y)\to(0,2)} x^2 \cdot y \cdot \sin\frac{1}{x^2+y^2} = 0$$

8.2.4 多元函数的连续性

定义 8.2.4 设二元函数 $f(P)=f(x,y)$ 的定义域为 D，点 $P_0(x_0,y_0)$ 是 D 的聚点，且 $P_0 \in D$，若
$$\lim_{(x,y)\to(x_0,y_0)} f(x,y) = f(x_0,y_0)$$
则称函数 $f(x,y)$ 在点 $P_0(x_0,y_0)$ 处连续.

若函数 $f(x,y)$ 在 D 的每一点处都连续，则称函数 $f(x,y)$ 在 D 上连续，或称函数 $f(x,y)$ 是 D 上的连续函数.

若函数 $f(x,y)$ 在点 $P_0(x_0,y_0)$ 处不连续，则称点 P_0 为函数 $f(x,y)$ 的间断点. 这里需要指出，$f(x,y)$ 不但可以有间断点，有时间断点还可以形成一条曲线，称为间断线. 例如：点 $(0,0)$ 是 $f(x,y)=\dfrac{1}{x^2+y^2}$ 的间断点；曲线 $x^2+y^2=1$ 是 $f(x,y)=\dfrac{1}{x^2+y^2-1}$ 的间断线.

仿此可以定义 n 元函数的连续性及间断点.

与一元函数一样，利用多元函数的极限运算法则可以证明，多元连续函数的和、差、积、商（在分母不为 0 处）仍是连续函数，多元函数的复合函数也是连续函数.

与一元初等函数相类似，一个多元初等函数是指可用一个式子表示的多元函数，这个式子由常数及具有不同自变量的一元基本初等函数经过有限次四则运算和复合运算而得到. 例如，$\dfrac{x^2-y^2}{1+y^2}$，$\sin(x^2-y^2+z)$，e^{xyz} 等都是多元初等函数.

根据上面的分析，可得到如下结论：

一切多元初等函数在其定义区域内是连续的. 定义区域是指包含在自然定义域内的开区域或闭区域.

在求多元初等函数 $f(P)$ 在点 P_0 处的极限时，如果点 P_0 在函数的定义区域内，那么由函数的连续性，该极限值就等于函数在点 P_0 的函数值，即
$$\lim_{P\to P_0} f(P) = f(P_0)$$

例如，设 $f(x,y)=\dfrac{x+y}{xy}$，则
$$\lim_{(x,y)\to(1,2)} f(x,y) = f(1,2) = \frac{3}{2}$$

闭区间上的一元连续函数有几个重要性质，它们可以推广到有界闭区域的多元连续函数上来.

性质 8.2.1 有界闭区域 D 上的多元连续函数是有界函数，即存在 $M>0$，使得 $\forall P \in D$，有 $|f(P)| \leq M$.

性质 8.2.2 有界闭区域 D 上的多元连续函数必定在 D 上取得最大值和最小值，即存在 $P_1, P_2 \in D$，使得 $f(P_1)=m$，$f(P_2)=M$，$\forall P \in D$，有 $m \leq f(P) \leq M$.

性质 8.2.3 有界闭区域 D 上的多元连续函数必取得介于最大值与最小值之间的任何值，即 $\forall C$ $(m \leq C \leq M)$，必至少存在点 $P_0 \in D$，使得 $f(P_0)=C$.

习 题 8.2

（A）

1. 判别下列平面点集，哪些是开集、闭集、区域、有界集、无界集：

（1）$\{(x,y) \mid x \neq 0, y \neq 0\}$；

（2）$\{(x,y) \mid 1 < x^2 + y^2 \leq 4\}$；

（3）$\{(x,y) \mid x^2 > y\}$；

（4）$\{(x,y) \mid |x| + |y| \leq 1\}$.

2. 求下列各函数的表达式：

（1）$f(x,y) = x^2 - y^2$，求 $f\left(x+y, \dfrac{y}{x}\right)$；

（2）$f\left(x+y, \dfrac{y}{x}\right) = x^2 - y^2$，求 $f(x,y)$.

3. 求下列各函数的定义域，并画出图：

（1）$z = \ln(y^2 - 2x + 1)$；

（2）$z = \sqrt{x - \sqrt{y}}$；

（3）$z = \dfrac{\sqrt{x+y}}{\sqrt{x-y}}$；

（4）$u = \sqrt{9 - x^2 - y^2 - z^2} + \dfrac{1}{\sqrt{x^2 + y^2 + z^2 - 4}}$；

（5）$u = \dfrac{z}{\sqrt{x^2 + y^2}}$.

4. 证明下列极限不存在：

（1）$\lim\limits_{(x,y)\to(0,0)} \dfrac{x-y}{x+y}$；

（2）$\lim\limits_{(x,y)\to(0,0)} \dfrac{xy}{x+y}$.

5. 求下列极限：

（1）$\lim\limits_{(x,y)\to(0,1)} \dfrac{1-xy}{x^2 + y^2}$；

（2）$\lim\limits_{(x,y)\to(0,0)} \dfrac{2 - \sqrt{xy+4}}{xy}$；

（3）$\lim\limits_{(x,y)\to(0,2)} \dfrac{y\sqrt{xy+1}-y}{x}$；

（4）$\lim\limits_{(x,y)\to(0,0)} \left(x\sin\dfrac{1}{y} + y\sin\dfrac{1}{x}\right)$；

（5）$\lim\limits_{(x,y)\to(0,1)} (1 + \sin xy)^{\frac{1}{x}}$；

（6）$\lim\limits_{(x,y)\to(0,0)} \dfrac{1 - \cos(x^2 + y^2)}{(x^2 + y^2) \mathrm{e}^{x^2+y^2}}$；

（7）$\lim\limits_{(x,y)\to(0,4)} \dfrac{\ln(1 + x\sqrt{y})}{x}$；

（8）$\lim\limits_{(x,y)\to(0,0)} \dfrac{\sin x^2 y}{x^2 + y^2}$；

（9）$\lim\limits_{(x,y)\to(0,1)} \dfrac{\tan x\sqrt{y}}{xy}$.

6. 指出下列函数在何处间断：

（1）$z = \dfrac{y^2 + 2x}{y^2 - 2x}$；

（2）$z = \dfrac{1}{1 - x^2 - y^2}$；

（3）$z = e^{\sqrt{y^2-2x}}$.

7. 讨论下列函数的连续性：

（1）$f(x,y) = \begin{cases} \dfrac{\sin(xy)}{y}, & y \neq 0, \\ 0, & y = 0; \end{cases}$

（2）$f(x,y) = \begin{cases} \dfrac{x(x^2-y^2)}{x^2+y^2}, & (x,y) \neq (0,0), \\ 0, & (x,y) = (0,0); \end{cases}$

（3）$z = \begin{cases} \dfrac{xy}{x^2+y^2}, & x^2+y^2 \neq 0, \\ 0, & x^2+y^2 = 0. \end{cases}$

（B）

1. 试确定 α 的范围，使得 $\displaystyle\lim_{(x,y)\to(0,0)} \frac{(|x|+|y|)^\alpha}{x^2+y^2} = 0$.

2. 证明极限 $\displaystyle\lim_{(x,y)\to(0,0)} \frac{xy^3}{x^2+y^6}$ 不存在.

3. 求下列函数的极限：

（1）$\displaystyle\lim_{\substack{x\to\infty \\ y\to 1}} \left(1 + \frac{1}{xy}\right)^{\frac{x^2}{x+y}}$;

（2）$\displaystyle\lim_{(x,y)\to(0,0)} \frac{x^2 |y|^{\frac{3}{2}}}{x^4 + y^2}$;

（3）$\displaystyle\lim_{(x,y)\to(1,0)} \frac{\ln(x + e^y)}{\sqrt{x^2 + y^2}}$;

（4）$\displaystyle\lim_{(x,y)\to(0,0)} \frac{\sin xy}{x^2 + y^2}$.

4. 来自火山爆发的火山灰 V（单位：kg/km^2）依赖于离火山的距离 d 和火山爆发后的时间 t，其函数关系式为

$$V = f(d,t) = \sqrt{t}\, e^{-d}$$

（1）对于 $t = 1$ 和 $t = 2$，在同一坐系中画出 f 的截面. 随着离火山距离的增加，火山灰如何变化？讨论图形之间的关系：火山灰如何随着时间的改变而改变？从火山的角度加以解释.

（2）对于 $d = 0$，$d = 1$，$d = 2$，在同一坐系中画出 f 的截面. 自火山爆发起，火山灰随着时间的流逝如何变化？讨论图形之间的关系：作为距离的函数，火山灰如何变化？从火山的角度加以解释.

8.3 偏导数及其在经济中的应用

8.3.1 偏导数的概念

在研究一元函数时，我们从研究函数的变化率引入导数概念. 对于多元函数同样需要讨论它的变化率. 但多元函数的自变量不止一个，情况比较复杂，可以考虑函数对于某一个自变量的变化率，也就是在一个自变量发生变化，而其余自变量都保持不变的情形下，考虑函数对于该自变量的变化率. 例如，在经济学中，某商品的销售量与该商品的广告费支出 S 和商品的价格 P 有关. 为了研究这一关系，可以观察在 P 不变时，销售量对广告费支出 S 的变化率；也可以分析在 S 一定时，销售量对价格 P 的变化率. 这实际上是将多元函数作为一元函数来对待，进而引出偏导数的概念. 下面以二元函数为例来讨论偏导数的定义、性质及计算. 二元以上的多元函数可相类似讨论.

定义 8.3.1 设函数 $z=f(x,y)$ 在点 (x_0,y_0) 的某邻域内有定义，当 y 固定在 y_0，而 x 在 x_0 处有增量 Δx 时，相应地函数有增量 $f(x_0+\Delta x,y_0)-f(x_0,y_0)$，若

$$\lim_{\Delta x\to 0}\frac{f(x_0+\Delta x,y_0)-f(x_0,y_0)}{\Delta x}$$

存在，则称此极限为函数 $z=f(x,y)$ 在点 (x_0,y_0) 处对 x 的偏导数，记为

$$\frac{\partial z}{\partial x}\bigg|_{(x_0,y_0)}, \quad \frac{\partial f}{\partial x}\bigg|_{(x_0,y_0)}, \quad z_x\big|_{(x_0,y_0)} \quad \text{或} \quad f_x(x_0,y_0)$$

类似地，函数 $z=f(x,y)$ 在点 (x_0,y_0) 处对 y 的偏导数定义为

$$\lim_{\Delta y\to 0}\frac{f(x_0,y_0+\Delta y)-f(x_0,y_0)}{\Delta y}$$

记为 $\qquad \dfrac{\partial z}{\partial y}\bigg|_{(x_0,y_0)}, \quad \dfrac{\partial f}{\partial y}\bigg|_{(x_0,y_0)}, \quad z_y\big|_{(x_0,y_0)} \quad \text{或} \quad f_y(x_0,y_0)$

当函数 $z=f(x,y)$ 在点 (x_0,y_0) 处同时存在对 x 和对 y 的偏导数时，称 $f(x,y)$ 在点 (x_0,y_0) 处可偏导.

如果函数 $z=f(x,y)$ 在区域 D 内每一点 (x,y) 处都存在对 x 和对 y 的偏导数，那么这些偏导数仍然是关于 x 和 y 的函数，称为函数 $z=f(x,y)$ 的偏导函数，记为 $\dfrac{\partial z}{\partial x}$，$\dfrac{\partial f}{\partial x}$，$z_x,f_x(x,y)$，$z_y,f_y(x,y)$ 等. 在不至于混淆时也将偏导函数简称为偏导数.

偏导的概念可以类似地推广到三元及三元以上的 n 元函数中去，例如，若 n 元函数 $y=f(x_1,x_2,\cdots,x_n)$ 在其定义域内任一点 $(x_1,x_2,\cdots,x_n)$ 处可导，则 f 对某个自变量 x_i 的偏导数定义为

$$\frac{\partial y}{\partial x_i}=f_{x_i}(x_1,x_2,\cdots,x_n)=\lim_{\Delta x_i\to 0}\frac{f(x_1,x_2,\cdots,x_i+\Delta x_i,\cdots,x_n)-f(x_1,x_2,\cdots,x_i,\cdots,x_n)}{\Delta x_i}$$

举例

另外，需要特别注意的是，符号 $\dfrac{\partial z}{\partial x}$ 是一个整体的记号，不能看成 ∂z 与 ∂x 的商，这一点与一元函数微商的理解是不同的.

根据偏导数的定义，计算多元函数关于某个变量的偏导数时，只要将其他变量当成常数，视多元函数为该变量的一元函数，利用一元函数的求导方法即可. 这样，一元函数的求导公式和求导法则都可移用到多元函数偏导数的计算上来.

例 8.3.1 求 $z=x^3+2x^2y-y^3$ 在点 $(1,3)$ 处的偏导数.

解 将 y 看成常数，对 x 求导得

$$z_x=3x^2+4xy$$

将 x 看成常数，对 y 求导得

$$z_y=2x^2-3y^2$$

将点 $(1,3)$ 代入上面的结果得

$$z_x(1,3)=3\times 1^2+4\times 1\times 3=15$$
$$z_y(1,3)=2\times 1^2-3\times 3^2=-25$$

例 8.3.2 求 $z = x^2 \cdot \ln y$ 的偏导数.

解
$$z_x = 2x \cdot \ln y$$
$$z_y = x^2 \cdot \frac{1}{y}$$

例 8.3.3 求 $f(x, y) = x^y$ $(x > 0, x \neq 1)$ 的偏导数.

解
$$f_x(x, y) = y \cdot x^{y-1}$$
$$f_y(x, y) = x^y \cdot \ln x$$

例 8.3.4 设 $f(x, y) = x^2 + (y - 1) \cdot \arcsin \sqrt{\dfrac{y}{x}}$，求 $f_x(1, 1)$.

解 固定 $y = 1$，则
$$f(x, 1) = x^2$$

进而
$$f_x(x, 1) = 2x$$

所以
$$f_x(1, 1) = 2$$

例 8.3.5 已知
$$f(x, y) = \begin{cases} \dfrac{xy}{x^2 + y^2}, & x^2 + y^2 \neq 0 \\ 0, & x^2 + y^2 = 0 \end{cases}$$

求 $f(x, y)$ 在点 $(0, 0)$ 处的偏导数.

解
$$f_x(0, 0) = \lim_{\Delta x \to 0} \frac{f(\Delta x, 0) - f(0, 0)}{\Delta x} = \lim_{\Delta x \to 0} \frac{0}{\Delta x} = 0$$

同理
$$f_y(0, 0) = 0$$

例 8.3.6 求 $r = \sqrt{x^2 + y^2 + z^2}$ 的偏导数.

解 将 y 和 z 都看成常数，有
$$\frac{\partial r}{\partial x} = \frac{x}{\sqrt{x^2 + y^2 + z^2}} = \frac{x}{r}$$

同理
$$\frac{\partial r}{\partial y} = \frac{y}{r}, \qquad \frac{\partial r}{\partial z} = \frac{z}{r}$$

二元函数 $z = f(x, y)$ 在点 (x_0, y_0) 处的偏导数有下述几何意义：

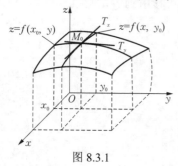

图 8.3.1

设点 $M_0(x_0, y_0, f(x_0, y_0))$ 为曲面 $z = f(x, y)$ 上的一点，过点 M_0 作平面 $y = y_0$，截曲面一曲线，此曲线在平面 $y = y_0$ 上的方程为 $z = f(x, y_0)$，则导数

$$\frac{\mathrm{d}}{\mathrm{d}x} f(x, y_0) \bigg|_{x = x_0}$$ 即偏导数 $f_x(x_0, y_0)$，就是此曲线在点

M_0 处的切线 $M_0 T_x$ 对 x 轴的斜率（图 8.3.1）. 同样，偏导数 $f_y(x_0, y_0)$ 的几何意义是曲面被平面 $x = x_0$ 所截得的曲线在点 M_0 处的切线 $M_0 T_y$ 对 y 轴的斜率.

我们已知道，如果一元函数在某一点可导，那么函数在该点一定连续．但对于多元函数来说，即使它在某一点可偏导，也不能保证它在该点连续．这是因为各偏导数的存在只能保证点 P 沿着平行于坐标轴的方向趋向于点 P_0 时，函数值 $f(P)$ 趋向于 $f(P_0)$，但不能保证点 P 按任意方向趋向于点 P_0 时，函数值 $f(P)$ 都能趋向于 $f(P_0)$．例如，例 8.3.5 中函数 $f(x, y)$ 在点 $(0, 0)$ 处的偏导数都存在，但由例 8.2.1 知函数 $f(x, y)$ 在点 $(0, 0)$ 处并不连续．

举例

反之，多元函数在某一点连续，函数在该点的偏导数也不一定存在．总之，多元函数的连续与可偏导之间没有必然关系．

8.3.2　高阶偏导数

设函数 $z=f(x, y)$ 在平面区域 D 内处处存在偏导数 $f_x(x, y)$ 和 $f_y(x, y)$，若这两个偏导数仍可偏导，则称它们的偏导数为函数 $z=f(x, y)$ 的二阶偏导数．按照对变量求导次序的不同，有下列四个二阶偏导数：

$$\frac{\partial}{\partial x}\left(\frac{\partial z}{\partial x}\right)=\frac{\partial^2 z}{\partial x^2}=f_{xx}(x, y)=z_{xx}(x, y)$$

$$\frac{\partial}{\partial y}\left(\frac{\partial z}{\partial x}\right)=\frac{\partial^2 z}{\partial x \partial y}=f_{xy}(x, y)=z_{xy}(x, y)$$

$$\frac{\partial}{\partial x}\left(\frac{\partial z}{\partial y}\right)=\frac{\partial^2 z}{\partial y \partial x}=f_{yx}(x, y)=z_{yx}(x, y)$$

$$\frac{\partial}{\partial y}\left(\frac{\partial z}{\partial y}\right)=\frac{\partial^2 z}{\partial y^2}=f_{yy}(x, y)=z_{yy}(x, y)$$

其中第二个和第三个偏导数称为混合偏导数．同样可得三阶、四阶……以及 n 阶偏导数．二阶及二阶以上的偏导数统称为高阶偏导数．

例 8.3.7　设 $z=x^3 y^2-3xy^3-xy+1$，求四个二阶偏导数及 $\dfrac{\partial^3 z}{\partial x^3}$．

解　　$z_x=3x^2 y^2-3y^3-y$,　　　$z_y=2x^3 y-9xy^2-x$

$\qquad z_{xx}=6xy^2$,　　　　　　　　$z_{yx}=6x^2 y-9y^2-1$

$\qquad z_{xy}=6x^2 y-9y^2-1$,　　　$z_{yy}=2x^3-18xy$

$\qquad z_{xxx}=6y^2$

注意到例 8.3.7 中 $z_{xy}=z_{yx}$，这不是偶然的，事实上，有下述定理：

定理 8.3.1　如果函数 $z=f(x, y)$ 的两个二阶混合偏导数 z_{xy} 和 z_{yx} 在区域 D 内连续，则在 D 内必有 $z_{xy}=z_{yx}$．

此定理说明，二阶混合偏导数在连续的条件下，与求导次序无关．这个性质可进一步推广：高阶混合偏导数在连续的条件下与求导次序无关．

分段函数高阶
偏导举例

例 8.3.8 已知 $u=\dfrac{1}{r}$，$r=\sqrt{(x-a)^2+(y-b)^2+(z-c)^2}$，试证：

$$u_{xx}+u_{yy}+u_{zz}=0$$

证

$$\frac{\partial u}{\partial x}=\frac{\mathrm{d}u}{\mathrm{d}r}\cdot\frac{\partial r}{\partial x}=-\frac{1}{r^2}\cdot\frac{x-a}{r}=-\frac{x-a}{r^3}$$

$$\frac{\partial^2 u}{\partial x^2}=-\frac{r^3-(x-a)\cdot 3r^2\cdot\dfrac{x-a}{r}}{r^6}=-\frac{1}{r^3}+\frac{3(x-a)^2}{r^5}$$

类似地

$$\frac{\partial^2 u}{\partial y^2}=-\frac{1}{r^3}+\frac{3(y-b)^2}{r^5}$$

$$\frac{\partial^2 u}{\partial z^2}=-\frac{1}{r^3}+\frac{3(z-c)^2}{r^5}$$

所以

$$\frac{\partial^2 u}{\partial x^2}+\frac{\partial^2 u}{\partial y^2}+\frac{\partial^2 u}{\partial z^2}=-\frac{3}{r^3}+\frac{3}{r^5}[(x-a)^2+(y-b)^2+(z-c)^2]=-\frac{3}{r^3}+\frac{3}{r^5}\cdot r^2=0$$

8.3.3　偏导数在经济中的应用

一元函数微分学中给出了边际和弹性的概念，来分别表示经济函数在某一点的变化率和相对变化率．这些概念也可以推广到多元函数中．

1．边际

设需求函数为

$$Q=f(P,P_1,M)$$

其中 Q 为商品的需求量，P 为商品的价格，P_1 为相关商品的价格，M 为消费者收入．偏导数 $\dfrac{\partial Q}{\partial P}$，$\dfrac{\partial Q}{\partial P_1}$，$\dfrac{\partial Q}{\partial M}$ 分别称为自身价格 P 的边际需求、相关价格 P_1 的边际需求、收入 M 的边际需求．

边际 $\dfrac{\partial Q}{\partial P}$ 的意义是，当 P_1 和 M 不变时，价格每上涨 1 个单位，需求量减少 $\dfrac{\partial Q}{\partial P}$ 个单位（通常 $\dfrac{\partial Q}{\partial P}<0$）．对 $\dfrac{\partial Q}{\partial P_1}$ 和 $\dfrac{\partial Q}{\partial M}$ 有类似的解释．例如，$\dfrac{\partial Q}{\partial P_1}$ 表示当 P 和 M 不变时，P_1 每增加 1 个单位，该商品的需求改变 $\dfrac{\partial Q}{\partial P_1}$ 个单位．如果 $\dfrac{\partial Q}{\partial P_1}>0$，说明两种商品是相互竞争的，此时相关商品为替代品；如果 $\dfrac{\partial Q}{\partial P_1}<0$，说明两种商品是互补品．如果 $\dfrac{\partial Q}{\partial M}>0$，说明商品是一种正常商品；如果 $\dfrac{\partial Q}{\partial M}<0$，说明收入增多反而使需求减少，说明商品是一种劣质品．

例 8.3.9　设生产函数为

$$Q = 10K^{0.4}L^{0.6}$$

其中 Q 为产量，K 为资本量，L 为劳动量. 求当 $K=8$，$L=20$ 时的资本边际产量 $\dfrac{\partial Q}{\partial K}$ 和劳动边际产量 $\dfrac{\partial Q}{\partial L}$.

解　　　　　　　　$\dfrac{\partial Q}{\partial K} = 4K^{-0.6}L^{0.6}$,　　　　$\dfrac{\partial Q}{\partial L} = 6K^{0.4}L^{-0.4}$

当 $K=8$，$L=20$ 时，有

$$\frac{\partial Q}{\partial K} = 4 \times 8^{-0.6} \times 20^{0.6} \approx 6.93$$

$$\frac{\partial Q}{\partial L} = 6 \times 8^{0.4} \times 20^{-0.4} \approx 4.16$$

2. 交叉弹性

类似一元函数的弹性，多元函数中也可以定义偏弹性的概念.

定义 8.3.2　设函数 $z=f(x,y)$ 在点 (x,y) 处偏导数存在，函数对 x 的相对改变量

$$\frac{\Delta_x z}{z} = \frac{f(x+\Delta x, y) - f(x,y)}{f(x,y)}$$

与自变量 x 的相对改变量 $\dfrac{\Delta x}{x}$ 之比 $\dfrac{\Delta_x z / z}{\Delta x / x}$，称为 $f(x,y)$ 对 x 从 x 到 $x+\Delta x$ 两点间的偏弹性. 当 $\Delta x \to 0$ 时，极限

$$\lim_{\Delta x \to 0} \frac{\Delta_x z / z}{\Delta x / x} = \frac{x}{z} \cdot \frac{\partial z}{\partial x}$$

称为 $f(x,y)$ 在点 (x,y) 处对 x 的偏弹性，记为 $\dfrac{Ez}{Ex}$ 或 ε_x.

类似地，可定义 $f(x,y)$ 在点 (x,y) 处对 y 的偏弹性：

$$\frac{Ez}{Ey} = \varepsilon_y = \lim_{\Delta y \to 0} \frac{\Delta_y z / z}{\Delta y / y} = \frac{y}{z} \cdot \frac{\partial z}{\partial y}$$

它表示固定另一自变量保持不变，当该自变量变化 1% 时，函数值将改变的百分比. 例如，$\dfrac{Ez}{Ex}$ 表示固定 y 不变，当 x 改变 1% 时，函数值将改变 $\dfrac{Ez}{Ex}$ %.

设需求函数 $Q = f(P, P_1, M)$，定义下列偏弹性：

（1）需求的直接价格偏弹性为

$$\varepsilon_P = \frac{EQ}{EP} = \frac{P}{Q} \cdot \frac{\partial Q}{\partial P}$$

表示当 P_1 和 M 不变时，若 P 改变 1%，则 Q 改变 ε_P %.

（2）需求的交叉价格弹性为

$$\varepsilon_{P_1} = \frac{EQ}{EP_1} = \frac{P_1}{Q} \cdot \frac{\partial Q}{\partial P_1}$$

表示当 P 和 M 不变时，若 P_1 改变 1%，则 Q 改变 ε_{P_1}%. 当 $\varepsilon_{P_1} > 0$ 时，说明相关商品是替代品；当 $\varepsilon_{P_1} < 0$ 时，说明相关商品是互补品；当 $\varepsilon_{P_1} = 0$ 时，说明两商品相互独立.

例 8.3.10 设某商品的需求函数为

$$Q = \frac{1}{200} P^{-\frac{3}{4}} P_1^{-\frac{3}{8}} M^{\frac{1}{4}}$$

求需求的各弹性并说明经济含义.

解 $\varepsilon_P = \frac{P}{Q} \cdot \frac{\partial Q}{\partial P} = \dfrac{P}{\dfrac{1}{200} P^{-\frac{3}{4}} P_1^{-\frac{3}{8}} M^{\frac{1}{4}}} \cdot \dfrac{1}{200} \left(-\dfrac{3}{4}\right) P^{-\frac{7}{4}} P_1^{-\frac{3}{8}} M^{\frac{1}{4}} = -\dfrac{3}{4} = -0.75$

表示当 P_1 和 M 不变时，P 增加（减少）1%，需求减少（增加）0.75%. 进一步，因为 $|\varepsilon_P|\% < 1\%$，说明商品是缺乏弹性的，对价格变化不敏感，可能是生活必需品.

同理 $\qquad\qquad\qquad \varepsilon_{P_1} = \dfrac{P_1}{Q} \cdot \dfrac{\partial Q}{\partial P_1} = -0.375$

表示当 P 和 M 不变时，P_1 增加（减少）1%，需求减少（增加）0.375%. 因为 $\varepsilon_{P_1} < 0$，两商品是互补品.

$$\varepsilon_M = 0.25$$

表示当 P 和 P_1 不变时，收入增加 1%，需求只增加 0.25%，说明此产品的市场已有一定程度的饱和.

例 8.3.11 已知猪肉需求量 Q 对鸡肉价格 P_1 的交叉弹性为 0.85. 现估计明年鸡肉价格将下降 5%，问明年猪肉的需求量将如何变化？

解 已知 $\varepsilon_{P_1} = 0.85$，$\dfrac{\Delta P_1}{P_1} = 5\%$，所以猪肉需求将下降

$$\frac{\Delta_{P_1} Q}{Q} = \varepsilon_{P_1} \cdot \frac{\Delta P_1}{P_1} = 0.85 \times 5\% = 4.25\%$$

习 题 8.3

（A）

1. 求下列函数的偏导数：

（1）$z = x^3 y - y^3 x$；

（2）$z = \sin(xy) + \cos^2(xy)$；

（3）$u = x^{\frac{y}{z}}$；

（4）$u = \arctan(x - y)^z$；

（5）$z = \ln\left(\tan\dfrac{x}{y}\right)$；

（6）$z = \ln\left(x + \sqrt{x^2 + y^2}\right)$.

2. 已知 $f(x, y) = e^{\arctan\frac{y}{x}} \ln\sqrt{x^2 + y^2}$，用两种方法求 $f_x(1, 0)$.

3. 曲线 $\begin{cases} z = \dfrac{x^2 + y^2}{4} \\ y = 4 \end{cases}$ 在点 $(2, 4, 5)$ 处的切线对于 x 轴的倾角是多少？

4. 已知 $f(x,y) = \mathrm{e}^{\sqrt{x^2+y^4}}$，则（　　　　）.

A. $f_x'(0,0)$，$f_y'(0,0)$ 都存在　　　　B. $f_x'(0,0)$ 不存在，$f_y'(0,0)$ 存在

C. $f_x'(0,0)$ 存在，$f_y'(0,0)$ 不存在　　　D. $f_x'(0,0)$，$f_y'(0,0)$ 都不存在

5. 质量为 m 的物体的动能是 $K = \dfrac{1}{2}mv^2$，证明：$\dfrac{\partial K}{\partial m} \cdot \dfrac{\partial^2 K}{\partial v^2} = K$.

6. 求下列函数的二阶偏导数：

（1）$z = \sin(x^2 + y^2)$；　　　　　　　　（2）$z = \sqrt{1 + x^2 y^2}$；

（3）$z = \mathrm{e}^{xy^2}$.

7. 求下列函数的指定偏导数：

（1）$z = x\ln(xy)$，求 $\dfrac{\partial^3 z}{\partial x^2 \partial y}$；

（2）$z = x^3 \sin y + y^3 \sin x$，求 $\dfrac{\partial^3 z}{\partial x \partial y^2}$.

8. 设 $z = 2\cos^2\left(x - \dfrac{y}{2}\right)$，证明：$2\dfrac{\partial^2 z}{\partial y^2} + \dfrac{\partial^2 z}{\partial x \partial y} = 0$.

9. 设函数 $f(x,y)$ 存在二阶偏导数，且 $f_{xx}(x,y) = 3, f(0,y) = 4, f_x(0,y) = -y$，求 $f(x,y)$.

10. 某工厂生产函数 $Q = 1.5K^{0.25}L^{0.75}$，计算 $K = 100, L = 100$ 的边际产出，并说明经济含义.

11. 某种电脑的销量 Q 与其价格 P 和打印机的价格 P_1 满足关系

$$Q = 120 + \frac{250}{P} - 10P_1 - P_1^2$$

求当 $P = 50, P_1 = 5$ 时：

（1）Q 对 P 的偏弹性；

（2）Q 对 P_1 的交叉偏弹性.

（B）

1. 设 $f(x+y, x-y) = x^2 - y^2 + \dfrac{xy}{x+y}$，求 $\dfrac{\partial^2 f(xy)}{\partial x \partial y}$.

2. 求下列函数的偏导数：

（1）$z = (1 + xy)^{x+y}$；　　　　　　　　（2）$f(x,y) = \displaystyle\int_y^x \cos t^2 \,\mathrm{d}t$；

（3）$f(x,y,z) = \displaystyle\int_{xz}^{yz} \mathrm{e}^{t^2} \,\mathrm{d}t$.

3. 设函数 $f(x,y) = \begin{cases} \mathrm{e}^{-\frac{1}{x^2+y^2}}, & (x,y) \neq (0,0), \\ 0, & (x,y) = (0,0), \end{cases}$ 求 $f_{xx}(0,0), f_{xy}(0,0)$.

4. 设 $f(x,y) = \begin{cases} \dfrac{x^2 y^2}{(x^2+y^2)^{\frac{3}{2}}}, & (x,y) \neq (0,0), \\ 0, & (x,y) = (0,0), \end{cases}$ 证明：$f(x,y)$ 在点 $(0,0)$ 处连续、可偏导.

5. 判别函数 $f(x,y) = \begin{cases} \dfrac{\sin xy}{x^2 + y^2}, & (x,y) \neq (0,0) \\ 0, & (x,y) = (0,0) \end{cases}$ 在点 $(0,0)$ 处是否连续，是否可偏导. 若可偏导，求

$f_x(0,0), f_y(0,0)$.

8.4 全 微 分

一元函数微分是研究在自变量有微小变化时函数增量的问题，简言之就是为寻找函数增量的一个简单且误差不大的近似值而引入的数学概念. 对于多元函数，其自变量不止一个，要研究其增量，情况就更复杂一些.

如果只是某一个自变量变化，而其他自变量不变，此时多元函数可以看成一元函数. 由偏导数的定义知，多元函数对某个变量的偏导数相当于一元函数求导. 以二元函数为例，根据一元函数微分学中函数增量与微分的关系，有

$$f(x+\Delta x, y) - f(x, y) \approx f_x(x, y) \cdot \Delta x$$
$$f(x, y+\Delta y) - f(x, y) \approx f_y(x, y) \cdot \Delta y$$

上面两式中的左边分别称为二元函数对 x 和对 y 的偏增量，分别记为 $\Delta_x z$ 和 $\Delta_y z$，右边分别称为二元函数对 x 和对 y 的偏微分.

但是在实际问题中，有时需要研究多元函数中各个自变量都取增量时因变量的增量，即全增量问题. 以二元函数为例，给出全增量定义如下：

设函数 $z=f(x, y)$ 在点 (x, y) 的某邻域内有定义，点 $(x+\Delta x, y+\Delta y)$ 为该邻域内任一点，则两点的函数值之差 $f(x+\Delta x, y+\Delta y) - f(x, y)$ 称为全增量，记为 Δz.

对于多元函数的全增量，有没有与一元函数增量类似的规律呢？为了研究这个问题，本节以二元函数为例引入多元函数全微分的概念.

8.4.1 全微分的概念

定义 8.4.1 设函数 $z=f(x, y)$ 在点 (x, y) 的某邻域内有定义，如果函数在点 (x, y) 的全增量

$$\Delta z = f(x+\Delta x, y+\Delta y) - f(x, y)$$

可表示为

$$\Delta z = A \cdot \Delta x + B \cdot \Delta y + o(\rho) \tag{8.4.1}$$

其中 A, B 为仅与 x, y 有关而与 $\Delta x, \Delta y$ 无关的常数，$\rho = \sqrt{(\Delta x)^2 + (\Delta y)^2}$，那么称函数 $z=f(x, y)$ 在点 (x, y) 处可微分，$A \cdot \Delta x + B \cdot \Delta y$ 称为函数在点 (x, y) 处的全微分，记为 $\mathrm{d}z$，即

$$\mathrm{d}z = A \cdot \Delta x + B \cdot \Delta y$$

如果函数在区域 D 内各点处都可微分，那么称函数在 D 内可微分.

由上述定义可得函数 $z=f(x, y)$ 在点 (x, y) 处可微分的条件：

定理 8.4.1 （**必要条件**）若函数 $z=f(x, y)$ 在点 (x, y) 处可微分，则

（i）$f(x, y)$ 在点 (x, y) 处连续；

（ii）$f(x, y)$ 在点 (x, y) 处可偏导，且 $\dfrac{\partial z}{\partial x} = A$，$\dfrac{\partial z}{\partial y} = B$，即 $f(x, y)$ 在点 (x, y) 处的全微分

$$\mathrm{d}z = \frac{\partial z}{\partial x} \cdot \Delta x + \frac{\partial z}{\partial y} \cdot \Delta y$$

证　(i) 由已知,在公式(8.4.1)中令$(\Delta x,\Delta y)\to(0,0)$得

$$\lim_{(\Delta x,\Delta y)\to(0,0)}\Delta z=0$$

即

$$\lim_{(\Delta x,\Delta y)\to(0,0)}f(x+\Delta x,y+\Delta y)=f(x,y)$$

所以函数在点(x,y)处连续.

(ii) 在公式(8.4.1)中令$\Delta y=0$,则$\rho=|\Delta x|$,从而

$$\Delta z=f(x+\Delta x,y)-f(x,y)=A\cdot\Delta x+o(|\Delta x|)$$

上式两边同除以Δx,再令$\Delta x\to0$,得

$$\lim_{\Delta x\to0}\frac{f(x+\Delta x,y)-f(x,y)}{\Delta x}=A$$

从而$\dfrac{\partial z}{\partial x}$存在,且等于$A$.

同理可证

$$\frac{\partial z}{\partial y}=B$$

一元函数中,函数在某点的导数存在是微分存在的充要条件.但对于多元函数来说,情况就不同了.上述定理中各偏导数存在只是全微分存在的必要条件,而不是充分条件.例如,函数

$$f(x,y)=\begin{cases}\dfrac{xy}{\sqrt{x^2+y^2}}, & x^2+y^2\neq0\\ 0, & x^2+y^2=0\end{cases}$$

在点$(0,0)$处有$f_x(0,0)=0$和$f_y(0,0)=0$,所以

$$\Delta z-[f_x(0,0)\cdot\Delta x+f_y(0,0)\cdot\Delta y]=\frac{\Delta x\cdot\Delta y}{\sqrt{(\Delta x)^2+(\Delta y)^2}}$$

如果考虑点$(\Delta x,\Delta y)$沿直线$y=x$趋于点$(0,0)$,则

$$\frac{\dfrac{\Delta x\cdot\Delta y}{\sqrt{(\Delta x)^2+(\Delta y)^2}}}{\rho}=\frac{\Delta x\cdot\Delta y}{(\Delta x)^2+(\Delta y)^2}=\frac{(\Delta x)^2}{2(\Delta x)^2}=\frac{1}{2}$$

它不能随$\rho\to0$而趋于0,说明函数在点$(0,0)$处不可微.

定理 8.4.2　(**充分条件**)　如果函数$z=f(x,y)$的偏导数$\dfrac{\partial z}{\partial x}$,$\dfrac{\partial z}{\partial y}$在点$(x,y)$处连续,那么函数在该点可微分.

证　将全增量Δz写为

$\Delta z=f(x+\Delta x,y+\Delta y)-f(x,y)=[f(x+\Delta x,y+\Delta y)-f(x,y+\Delta y)]+[f(x,y+\Delta y)-f(x,y)]$

其中第一对中括号中是固定$y+\Delta y$时函数关于x的偏增量,第二对中括号中是固定x时函数关于y的偏增量,分别应用一元函数中拉格朗日中值定理,得到

$$\Delta z=f_x(x+\theta_1\cdot\Delta x,y+\Delta y)\cdot\Delta x+f_y(x,y+\theta_2\cdot\Delta y)\cdot\Delta y\quad(0<\theta_1,\theta_2<1)$$

因为 $f_x(x,y)$ 和 $f_y(x,y)$ 的连续性，所以

$$\lim_{(\Delta x,\Delta y)\to(0,0)}f_x(x+\theta_1\cdot\Delta x,y+\Delta y)=f_x(x,y)$$

$$\lim_{(\Delta x,\Delta y)\to(0,0)}f_y(x,y+\theta_2\cdot\Delta y)=f_y(x,y)$$

即

$$f_x(x+\theta_1\cdot\Delta x,y+\Delta y)=f_x(x,y)+\alpha$$

$$f_y(x,y+\theta_2\cdot\Delta y)=f_y(x,y)+\beta$$

其中 α 和 β 为 $(\Delta x,\Delta y)\to(0,0)$ 时的无穷小. 于是得到

$$\Delta z=f_x(x,y)\cdot\Delta x+f_y(x,y)\cdot\Delta y+\alpha\cdot\Delta x+\beta\cdot\Delta y$$

且

$$\left|\frac{\alpha\cdot\Delta x+\beta\cdot\Delta y}{\rho}\right|\leqslant|\alpha|+|\beta|$$

它随 $\rho\to0$ 而趋于 0.

习惯上，将自变量 $\Delta x,\Delta y$ 分别记为 dx,dy，并分别称为自变量 x，y 的微分. 这样，函数 $z=f(x,y)$ 的全微分就可写为

$$dz=\frac{\partial z}{\partial x}\cdot dx+\frac{\partial z}{\partial y}\cdot dy$$

通常将二元函数的全微分等于其两个偏微分之和称为二元函数的微分符合叠加原理.

叠加原理也适用于二元以上函数的情形. 例如，如果函数 $u=f(x,y,z)$ 可微分，那么其全微分

$$du=u_x\cdot dx+u_y\cdot dy+u_z\cdot dz$$

例 8.4.1 求函数 $z=x^2\cdot y+\dfrac{x}{y}$ 的全微分.

解 因为 $\quad z_x=2xy+\dfrac{1}{y},\quad z_y=x^2-\dfrac{x}{y^2}$

所以 $\quad dz=\left(2xy+\dfrac{1}{y}\right)dx+\left(x^2-\dfrac{x}{y^2}\right)dy$

例 8.4.2 求函数 $z=e^{xy}$ 在点 $(2,1)$ 处的全微分.

解 因为 $\quad z_x=y\cdot e^{xy},\quad z_y=x\cdot e^{xy}$

$$z_x|_{(2,1)}=e^2,\quad z_y|_{(2,1)}=2e^2$$

所以 $\quad dz=e^2dx+2e^2dy$

例 8.4.3 求 $u=\left(\dfrac{y}{x}\right)^z$ 的全微分.

解 因为 $\quad u_x=z\left(\dfrac{y}{x}\right)^{z-1}\left(-\dfrac{y}{x^2}\right)=-\dfrac{z}{x}\left(\dfrac{y}{x}\right)^z$

$$u_y=z\left(\dfrac{y}{x}\right)^{z-1}\left(\dfrac{1}{x}\right)=\dfrac{z}{y}\left(\dfrac{y}{x}\right)^z$$

$$u_z = \left(\frac{y}{x}\right)^z \ln \frac{y}{x}$$

所以
$$du = \left(\frac{y}{x}\right)^z \left[-\frac{z}{x}dx + \frac{z}{y}dy + \ln \frac{y}{x}dz \right]$$

8.4.2　全微分在近似计算中的应用

当函数 $z = f(x,y)$ 在点 (x_0, y_0) 处可微分时，有
$$\Delta z \approx dz$$
即
$$f(x_0 + \Delta x, y_0 + \Delta y) - f(x_0, y_0) \approx f_x(x_0, y_0) \cdot \Delta x + f_y(x_0, y_0) \cdot \Delta y$$
或
$$f(x_0 + \Delta x, y_0 + \Delta y) \approx f(x_0, y_0) + f_x(x_0, y_0) \cdot \Delta x + f_y(x_0, y_0) \cdot \Delta y$$
若记 $x_0 + \Delta x = x$，$y_0 + \Delta y = y$，则有
$$f(x,y) \approx f(x_0, y_0) + f_x(x_0, y_0)(x - x_0) + f_y(x_0, y_0)(y - y_0)$$

例 8.4.4　近似计算 $(1.04)^{2.02}$.

解　设 $f(x,y) = x^y$. 显然，要计算的值就是 $f(1.04, 2.02)$.

取 $x = 1.04$，$y = 2.02$，$x_0 = 1$，$y_0 = 2$，则
$$f(x,y) \approx f(x_0, y_0) + f_x(x_0, y_0)(x - x_0) + f_y(x_0, y_0)(y - y_0)$$
$$= 1 + \left[y \cdot x^{y-1} \big|_{(1,2)} \right] \times 0.04 + \left[x^y \cdot \ln x \big|_{(1,2)} \right] \times 0.02 = 1 + 2 \times 0.04 + 0 \times 0.02 = 1.08$$

例 8.4.5　一直角三角形斜边长为 1.9 m，一个锐角为 31°，求这个锐角所对边长的近似值.

解　设所求边长为 a，则
$$a = 1.9 \times \sin 31°$$
设 $f(x,y) = x\sin y$，则
$$f_x(x,y) = \sin y, \quad f_y(x,y) = x\cos y$$
取 $x = 1.9$，$y = \frac{\pi}{6} + \frac{\pi}{180}$，$x_0 = 2$，$y_0 = \frac{\pi}{6}$，则
$$f(x,y) \approx f\left(2, \frac{\pi}{6}\right) + f_x\left(2, \frac{\pi}{6}\right)(-0.1) + f_y\left(2, \frac{\pi}{6}\right) \times \frac{\pi}{180} = 1 - 0.1 \times \frac{1}{2} + 2 \times \frac{\sqrt{3}}{2} \times \frac{\pi}{180} \approx 0.98$$
即所求边长近似长为 0.98 m.

例 8.4.6　要在高为 $H = 20$ cm、半径为 $R = 4$ cm 的圆柱体表面均匀地镀上一层厚度为 0.1cm 的黄铜，问需要多少黄铜？（已知黄铜比重为 8.5 g/cm^3）.

解　圆柱体体积 $V = \pi R^2 H$，故
$$V_R = 2\pi RH, \quad V_H = \pi R^2$$
依题意，当 $R = 4$，$H = 20$，$\Delta R = 0.1$，$\Delta H = 0.2$ 时，有
$$\Delta V \approx dV = V_R \cdot \Delta R + V_H \cdot \Delta H = 160\pi \times 0.1 + 16\pi \times 0.2 = 19.2\pi$$
又因为 $8.5 \times 19.2\pi = 163.2\pi$ g，从而所需黄铜大约为 163.2π g.

习　题　8.4

（A）

1. 求下列函数的全微分：

（1）$z = e^{2xy}\cos(x+y)$；

（2）$u = y\sin(x+y) - z^2$；

（3）$z = \arctan\dfrac{x}{y}$；

（4）$z = \ln(x+\sqrt{x^2+y^2})$；

（5）$u = \sqrt{x^2+y^2+z^2}$；

（6）$z = (x^2+y^2)^{xy}$.

2. 求函数 $z = \ln(1+x^2+y^2)$ 在 $x=1$，$y=2$ 时的全微分.

3. 已知函数 $z = \dfrac{x}{y}$.

（1）求全微分 $\mathrm{d}z$；

（2）x 从 2 变化为 2.03，且 y 从 1 变化为 1.02，比较 Δz 与 $\mathrm{d}z$ 的值.

4. 求函数 $z = e^{xy}$ 在 $x=1, y=1, \Delta x=0.01, \Delta y=-0.02$ 时的全微分.

5. 求下列近似值：

（1）$\sqrt{(1.02)^3+(1.97)^3}$；

（2）$\sin 29° \times \tan 46°$.

6. 设矩形的边长 $x=6\,\mathrm{m}, y=8\,\mathrm{m}$. 若 x 增加 $2\,\mathrm{mm}$，y 减少 $5\,\mathrm{mm}$，则矩形的对角线和面积如何变化？

7. 设有一无盖圆柱形容器，容器的壁和底的厚度均为 $0.1\,\mathrm{cm}$，内高为 $20\,\mathrm{cm}$，内半径为 $4\,\mathrm{cm}$，求容器外壳体积的近似值.

8. 考虑 $f(x,y)$ 的性质：

（1）$f(x,y)$ 在点 (x_0,y_0) 处连续；

（2）$f_x(x,y), f_y(x,y)$ 在点 (x_0,y_0) 处连续；

（3）$f(x,y)$ 在点 (x_0,y_0) 处可微；

（4）$f_x(x,y), f_y(x,y)$ 在点 (x_0,y_0) 处存在.

若用 $P \Rightarrow Q$ 表示可由性质 P 可推出性质 Q，则下列选项中正确的是（　　）.

A.（2）$\Rightarrow$（3）$\Rightarrow$（1）
B.（3）$\Rightarrow$（2）$\Rightarrow$（1）

C.（3）$\Rightarrow$（4）$\Rightarrow$（1）
D.（3）$\Rightarrow$（1）$\Rightarrow$（4）

9. m,n 为何值时，$\left[2xy^3+m\cos(x+y^2)+3x^2e^{x^3}\right]\mathrm{d}x+\left[nx^2y^2+y\cos(x+y^2)\right]\mathrm{d}y$ 是函数 $z=f(x,y)$ 的全微分？

（B）

1. 已知函数 $f(x,y)$ 在点 $(0,0)$ 的某邻域内有定义，且满足 $f(0,0)=0$，$\lim\limits_{(x,y)\to(0,0)}\dfrac{f(x,y)}{x^2+y^2}=1$，则 $f(x,y)$ 在点 $(0,0)$ 处（　　）.

A. 极限存在但不连续
B. 连续但偏导数不存在

C. 偏导数存在但不可微
D. 可微

2. 函数 $z=f(x,y)$ 在点 $(0,1)$ 的某邻域内连续，且满足 $\lim\limits_{(x,y)\to(0,1)}\dfrac{f(x,y)-2x+y-2}{\sqrt{x^2+(y-1)^2}}=0$，判别函数在点 $(0,1)$ 处是否可微，若可微，求其全微分 $\mathrm{d}z\big|_{(0,1)}$.

3. 函数 $f(x,y) = \begin{cases} y\arctan\dfrac{1}{\sqrt{x^2+y^2}}, & (x,y)\neq(0,0) \\ 0, & (x,y)=(0,0) \end{cases}$ 在点 $(0,0)$ 处是否连续？是否偏导数存在？是否可

微？若可微，求 $\mathrm{d}z\big|_{(0,0)}$.

4. 证明函数 $f(x,y) = \begin{cases} (x^2+y^2)\sin\dfrac{1}{x^2+y^2}, & (x,y)\neq(0,0) \\ 0, & (x,y)=(0,0) \end{cases}$ 在点 $(0,0)$ 处可微，但偏导数不连续.

5. 函数 $f(x,y) = \begin{cases} \dfrac{x^2y^2}{x^2+y^2}, & (x,y)\neq(0,0) \\ 0, & (x,y)=(0,0) \end{cases}$ 在点 $(0,0)$ 处是否连续？是否偏导数存在？是否可微？一阶

偏导数是否连续？

8.5 多元复合函数求导法则

8.5.1 多元复合函数的求导法则

由于一元复合函数的所有中间变量也是一元函数，因变量、各层中间变量和终止自变量可以用"一条线"串起来，类似一个"链条"，求导采用的是"链式法则"；多元复合函数因为中间变量和终止自变量众多，且中间变量可能是一元函数也可能是多元函数，所以情况会复杂很多. 下面根据中间变量的具体形式分三种典型情况来讨论.

1. 复合函数中间变量为一元函数的情形

定理 8.5.1 设函数 $z=f(u,v)$ 在点 (u,v) 处可微，函数 $u=\varphi(x),v=\psi(x)$ 在对应点 x 可导，则复合函数 $z=f[\varphi(x),\psi(x)]$ 在点 x 处也可导，且

$$\frac{\mathrm{d}z}{\mathrm{d}x}=\frac{\partial z}{\partial u}\cdot\frac{\mathrm{d}u}{\mathrm{d}x}+\frac{\partial z}{\partial v}\cdot\frac{\mathrm{d}v}{\mathrm{d}x} \tag{8.5.1}$$

证 设 x 有增量 Δx，函数 u 和 v 分别产生增量 Δu 和 Δv，由已知 $z=f(u,v)$ 可微得

$$\Delta z=\frac{\partial z}{\partial u}\cdot\Delta u+\frac{\partial z}{\partial v}\cdot\Delta v+o(\rho)$$

其中

$$\rho=\sqrt{(\Delta u)^2+(\Delta v)^2}$$

所以

$$\frac{\Delta z}{\Delta x}=\frac{\partial z}{\partial u}\cdot\frac{\Delta u}{\Delta x}+\frac{\partial z}{\partial v}\cdot\frac{\Delta v}{\Delta x}+\frac{o(\rho)}{\Delta x} \tag{8.5.2}$$

又因为

$$\lim_{\Delta x\to 0}\frac{\Delta u}{\Delta x}=\frac{\mathrm{d}u}{\mathrm{d}x}, \qquad \lim_{\Delta x\to 0}\frac{\Delta y}{\Delta x}=\frac{\mathrm{d}v}{\mathrm{d}x}$$

$$\left|\frac{o(\rho)}{\Delta x}\right|=\left|\frac{o(\rho)}{\rho}\right|\cdot\left|\frac{\rho}{\Delta x}\right|=\left|\frac{o(\rho)}{\rho}\right|\cdot\sqrt{\left(\frac{\Delta u}{\Delta x}\right)^2+\left(\frac{\Delta v}{\Delta x}\right)^2}$$

故对公式（8.5.2）两边令 $\Delta x\to 0$ 得

$$\frac{\mathrm{d}z}{\mathrm{d}x} = \frac{\partial z}{\partial u} \cdot \frac{\mathrm{d}u}{\mathrm{d}x} + \frac{\partial z}{\partial v} \cdot \frac{\mathrm{d}v}{\mathrm{d}x}$$

定理 8.5.1 可推广到复合函数的中间变量多于两个的情形. 例如, 设

$$z = f(u, v, w), \quad u = \varphi(x), \quad v = \psi(x), \quad w = \omega(x)$$

则在与定理相类似的条件下, 复合函数在点 x 处可导, 且

$$\frac{\mathrm{d}z}{\mathrm{d}x} = \frac{\partial z}{\partial u} \cdot \frac{\mathrm{d}u}{\mathrm{d}x} + \frac{\partial z}{\partial v} \cdot \frac{\mathrm{d}v}{\mathrm{d}x} + \frac{\partial z}{\partial w} \cdot \frac{\mathrm{d}w}{\mathrm{d}x} \qquad (8.5.3)$$

公式（8.5.1）和公式（8.5.3）中的导数 $\dfrac{\mathrm{d}z}{\mathrm{d}x}$ 称为全导数.

注 虽然复合情况不同, 求导公式也不同, 但这些公式都有规律可循. 为了便于记忆这些求偏导公式, 可以先画出因变量、中间变量与终止自变量之间的变量关系图. 例如, 定理 8.5.1 中复合函数的变量关系图可以表示为

$$z \begin{cases} \nearrow u \to x \\ \searrow v \to x \end{cases}$$

定理 8.5.1 推广的列举函数变量关系图可以表示为

$$z \to \begin{cases} \nearrow u \to x \\ v \to x \\ \searrow w \to x \end{cases}$$

公式（8.5.1）和公式（8.5.3）就可以看成上面关系图中从 z 到 x 的每一条路径上利用一元函数"链式法则"（注意多元函数用偏导记号, 一元函数用导数记号）, 再将每一条路径上的"链式法则"式相加得到. 可按"寻找路径、分段求导、依次相乘、综合相加"的口诀记忆. 本节中各复合函数读者可以自行补充变量关系图, 按照口诀写出公式, 求出各偏导数.

例 8.5.1 设 $z = \mathrm{e}^{u-2v}$, 其中 $u = \sin x$, $v = x^3$, 求 $\dfrac{\mathrm{d}z}{\mathrm{d}x}$.

解 $\dfrac{\mathrm{d}z}{\mathrm{d}x} = \dfrac{\partial z}{\partial u} \cdot \dfrac{\mathrm{d}u}{\mathrm{d}x} + \dfrac{\partial z}{\partial v} \cdot \dfrac{\mathrm{d}v}{\mathrm{d}x} = \mathrm{e}^{u-2v} \cdot \cos x + (-2)\mathrm{e}^{u-2v} \cdot 3x^2 = \mathrm{e}^{\sin x - 2x^3}(\cos x - 6x^2)$

2. 复合函数中间变量为多元函数的情形

定理 8.5.2 若函数 $z = f(u, v)$ 在点 (u, v) 处可微, 函数 $u = \varphi(x, y)$, $v = \psi(x, y)$ 在对应的点 (x, y) 处都存在偏导数, 则复合函数 $z = f[\varphi(x, y), \psi(x, y)]$ 在点 (x, y) 处存在偏导数, 且

$$\frac{\partial z}{\partial x} = \frac{\partial z}{\partial u} \cdot \frac{\partial u}{\partial x} + \frac{\partial z}{\partial v} \cdot \frac{\partial v}{\partial x} \qquad (8.5.4)$$

$$\frac{\partial z}{\partial y} = \frac{\partial z}{\partial u} \cdot \frac{\partial u}{\partial y} + \frac{\partial z}{\partial v} \cdot \frac{\partial v}{\partial y} \qquad (8.5.5)$$

事实上, 求 $\dfrac{\partial z}{\partial x}$ 时, 将 y 看成常数, 因此 $u = \varphi(x, y), v = \psi(x, y)$ 仍可看成一元函数而应用定理 8.5.1, 易得公式（8.5.4）. 同理也可得公式（8.5.5）.

类似地，设 $z=f(u,v,w),u=\varphi(x,y),v=\psi(x,y),w=\omega(x,y)$，在与定理相类似的条件下，复合函数在点 (x,y) 处可偏导，且

$$\frac{\partial z}{\partial x}=\frac{\partial z}{\partial u}\cdot\frac{\partial u}{\partial x}+\frac{\partial z}{\partial v}\cdot\frac{\partial v}{\partial x}+\frac{\partial z}{\partial w}\cdot\frac{\partial w}{\partial x}$$

$$\frac{\partial z}{\partial y}=\frac{\partial z}{\partial u}\cdot\frac{\partial u}{\partial y}+\frac{\partial z}{\partial v}\cdot\frac{\partial v}{\partial y}+\frac{\partial z}{\partial w}\cdot\frac{\partial w}{\partial y}$$

例 8.5.2 $z=\mathrm{e}^u\cdot\sin v$，且 $u=xy,v=x+y$，求 $\dfrac{\partial z}{\partial x}$ 和 $\dfrac{\partial z}{\partial y}$.

解 $\dfrac{\partial z}{\partial x}=\dfrac{\partial z}{\partial u}\cdot\dfrac{\partial u}{\partial x}+\dfrac{\partial z}{\partial v}\cdot\dfrac{\partial v}{\partial x}=\mathrm{e}^u\cdot\sin v\cdot y+\mathrm{e}^u\cdot\cos v\cdot1=\mathrm{e}^{xy}[y\cdot\sin(x+y)+\cos(x+y)]$

$\dfrac{\partial z}{\partial y}=\dfrac{\partial z}{\partial u}\cdot\dfrac{\partial u}{\partial y}+\dfrac{\partial z}{\partial v}\cdot\dfrac{\partial v}{\partial y}=\mathrm{e}^u\cdot\sin v\cdot x+\mathrm{e}^u\cdot\cos v\cdot1=\mathrm{e}^{xy}[x\cdot\sin(x+y)+\cos(x+y)]$

3. 复合函数中间变量既有一元函数又有多元函数的情形

定理 8.5.3 设函数 $z=f(u,v)$ 在点 (u,v) 处可微分，函数 $u=\varphi(x,y)$ 在相应点 (x,y) 处可偏导，函数 $v=\psi(y)$ 在相应点 y 处可导，则复合函数 $z=f[\varphi(x,y),\psi(y)]$ 在点 (x,y) 处可偏导，且

$$\frac{\partial z}{\partial x}=\frac{\partial z}{\partial u}\cdot\frac{\partial u}{\partial x}$$

$$\frac{\partial z}{\partial y}=\frac{\partial z}{\partial u}\cdot\frac{\partial u}{\partial y}+\frac{\partial z}{\partial v}\cdot\frac{\mathrm{d}v}{\mathrm{d}y}$$

定理 8.5.3 实际上是定理 8.5.2 的一种特例.

在情形 3 中还会遇到这样的情形：复合函数的某些中间变量本身又是复合函数的自变量. 例如，设函数 $z=f(u,x,y)$ 可微，而函数 $u=\varphi(x,y)$ 可偏导，则复合函数 $z=f[\varphi(x,y),x,y]$ 可看成情形 2 中 $v=x,w=y$ 的特殊情形，因此

$$\frac{\partial z}{\partial x}=\frac{\partial f}{\partial u}\cdot\frac{\partial u}{\partial x}+\frac{\partial f}{\partial x}$$

$$\frac{\partial z}{\partial y}=\frac{\partial f}{\partial u}\cdot\frac{\partial u}{\partial y}+\frac{\partial f}{\partial y}$$

注 这里 $\dfrac{\partial z}{\partial x}$ 与 $\dfrac{\partial f}{\partial x}$ 是不同的. $\dfrac{\partial z}{\partial x}$ 是将复合函数 $z=f[\varphi(x,y),x,y]$ 中的 y 看成不变而对 x 求偏导数；$\dfrac{\partial f}{\partial x}$ 是将函数 $f(u,x,y)$ 中的 u 和 y 看成不变而对 x 求偏导数. $\dfrac{\partial z}{\partial y}$ 与 $\dfrac{\partial f}{\partial y}$ 也有类似的区别.

例 8.5.3 设 $z=uv+\sin t,u=\mathrm{e}^t,v=\cos t$，求 $\dfrac{\mathrm{d}z}{\mathrm{d}t}$.

解 $\dfrac{\mathrm{d}z}{\mathrm{d}t}=\dfrac{\partial z}{\partial u}\cdot\dfrac{\mathrm{d}u}{\mathrm{d}t}+\dfrac{\partial z}{\partial v}\cdot\dfrac{\mathrm{d}v}{\mathrm{d}t}+\dfrac{\partial z}{\partial t}=v\cdot\mathrm{e}^t+u\cdot(-\sin t)+\cos t=\mathrm{e}^t(\cos t-\sin t)+\cos t$

例 8.5.4 设 $u=\mathrm{e}^{x^2+y^2+z^2},z=x^2\sin y$，求 $\dfrac{\partial u}{\partial x}$ 和 $\dfrac{\partial u}{\partial y}$.

解
$$\frac{\partial u}{\partial x} = \frac{\partial f}{\partial x} + \frac{\partial f}{\partial z} \cdot \frac{\partial z}{\partial x} = 2x \cdot \mathrm{e}^{x^2+y^2+z^2} + 2z \cdot \mathrm{e}^{x^2+y^2+z^2} \cdot 2x \sin y$$
$$= 2x \mathrm{e}^{x^2+y^2+z^2}(1 + 2z \sin y) = 2x \mathrm{e}^{x^2+y^2+z^2}(1 + 2x^2 \sin^2 y)$$
$$\frac{\partial u}{\partial y} = \frac{\partial f}{\partial y} + \frac{\partial f}{\partial z} \cdot \frac{\partial z}{\partial y} = 2y \cdot \mathrm{e}^{x^2+y^2+z^2} + 2z \cdot \mathrm{e}^{x^2+y^2+z^2} \cdot x^2 \cos y$$
$$= 2\mathrm{e}^{x^2+y^2+z^2}(y + zx^2 \cos y) = 2\mathrm{e}^{x^2+y^2+z^2}(y + x^4 \sin y \cos y)$$

例 8.5.5　设 $w = f(x+y+z, xyz)$，f 具有二阶连续偏导数，求 $\dfrac{\partial w}{\partial x}$ 和 $\dfrac{\partial^2 w}{\partial x \partial z}$．

解　令 $u = x+y+z, v = xyz$，则
$$w = f(u,v)$$
为表达简便起见，引入以下记号：
$$f_1'(u,v) = f_u(u,v), \qquad f_{12}''(u,v) = f_{uv}(u,v)$$
其中下标 1 表示对第一个变量 u 求偏导数，下标 2 表示对第二个变量 v 求偏导数．

同理有 f_2'、f_{11}''、f_{22}'' 等．

由复合函数求导法则，有
$$\frac{\partial w}{\partial x} = f_1'(u,v) \cdot \frac{\partial u}{\partial x} + f_2'(u,v) \cdot \frac{\partial v}{\partial x} = f_1'(u,v) + yz f_2'(u,v)$$
$$\frac{\partial^2 w}{\partial x \partial z} = \left[f_{11}''(u,v) \cdot \frac{\partial u}{\partial z} + f_{12}''(u,v) \cdot \frac{\partial v}{\partial z} \right] + y \cdot f_2'(u,v) + yz \cdot \left[f_{21}''(u,v) \cdot \frac{\partial u}{\partial z} + f_{22}''(u,v) \cdot \frac{\partial v}{\partial z} \right]$$
$$= \left[f_{11}'' + f_{12}'' \cdot (xy) \right] + y \cdot f_2' + yz \left[f_{21}'' + f_{22}'' \cdot (xy) \right] = f_{11}'' + y(x+z)f_{12}'' + xy^2 z f_{22}'' + y f_2'$$

8.5.2　全微分形式不变性

若 $z = f(u,v)$ 具有连续偏导数，则有全微分
$$\mathrm{d}z = \frac{\partial z}{\partial u} \cdot \mathrm{d}u + \frac{\partial z}{\partial v} \cdot \mathrm{d}v \tag{8.5.6}$$
若函数 $u = \varphi(x,y), v = \psi(x,y)$ 也具有连续偏导数，则复合函数 $z = f[\varphi(x,y), \psi(x,y)]$ 的全微分为

$$\mathrm{d}z = \frac{\partial z}{\partial x} \cdot \mathrm{d}x + \frac{\partial z}{\partial y} \cdot \mathrm{d}y = \left(\frac{\partial z}{\partial u} \cdot \frac{\partial u}{\partial x} + \frac{\partial z}{\partial v} \cdot \frac{\partial v}{\partial x} \right) \cdot \mathrm{d}x + \left(\frac{\partial z}{\partial u} \cdot \frac{\partial u}{\partial y} + \frac{\partial z}{\partial v} \cdot \frac{\partial v}{\partial y} \right) \cdot \mathrm{d}y$$
$$= \frac{\partial z}{\partial u} \left(\frac{\partial u}{\partial x} \cdot \mathrm{d}x + \frac{\partial u}{\partial y} \cdot \mathrm{d}y \right) + \frac{\partial z}{\partial v} \left(\frac{\partial v}{\partial x} \cdot \mathrm{d}x + \frac{\partial v}{\partial y} \cdot \mathrm{d}y \right) = \frac{\partial z}{\partial u} \cdot \mathrm{d}u + \frac{\partial z}{\partial v} \cdot \mathrm{d}v \tag{8.5.7}$$

公式（8.5.6）与公式（8.5.7）在形式上完全一样，称为多元函数的一阶全微分形式不变性．

例 8.5.6　设 $z = \mathrm{e}^{xy} \sin(x^2+y^2)$，求全微分 $\mathrm{d}z$，并由此求 $\dfrac{\partial z}{\partial x}$，$\dfrac{\partial z}{\partial y}$．

解　利用全微分形式的不变性，有
$$\mathrm{d}z = \mathrm{d}[\mathrm{e}^{xy} \sin(x^2+y^2)] = \sin(x^2+y^2) \cdot \mathrm{d}\mathrm{e}^{xy} + \mathrm{e}^{xy} \cdot \mathrm{d}[\sin(x^2+y^2)]$$

$$= \sin(x^2+y^2)e^{xy}d(xy) + e^{xy} \cdot \cos(x^2+y^2) \cdot d(x^2+y^2)$$

$$= \sin(x^2+y^2)e^{xy} \cdot (y \cdot dx + x \cdot dy) + e^{xy} \cdot \cos(x^2+y^2) \cdot (2x \cdot dx + 2ydy)$$

$$= e^{xy}[y\sin(x^2+y^2) + 2x\cos(x^2+y^2)]dx + e^{xy}[x\sin(x^2+y^2) + 2y\cos(x^2+y^2)]dy$$

由此得到

$$\frac{\partial z}{\partial x} = e^{xy}\left[y\sin(x^2+y^2) + 2x\cos(x^2+y^2) \right]$$

$$\frac{\partial z}{\partial y} = e^{xy}\left[x\sin(x^2+y^2) + 2y\cos(x^2+y^2) \right]$$

习　题　8.5

（A）

1. 设函数 $f(u)$ 可微，且 $f'(0) = \frac{1}{2}$，求 $z = f(4x^2 - y^2)$ 在点 $(1, 2)$ 处的全微分 $dz\big|_{(1,2)}$.

2. 求下列函数的全导数：

（1）$z = \arcsin(x - y)$，$x = 3t$，$y = 4t^3$，求 $\dfrac{dz}{dt}$；

（2）设 $z = e^{x-2y}$，而 $x = \sin t$，$y = t^3$，求 $\dfrac{dz}{dt}$；

（3）设 $w = xy + yz^2$，而 $x = e^t$，$y = e^t\sin t$，$z = e^t\cos t$，求 $\dfrac{dw}{dt}$；

（4）设 $z = \arctan(xy)$，而 $y = e^x$，求 $\dfrac{dz}{dx}$.

3. 求下列复合函数的偏导数：

（1）设 $z = u^2\ln v$，$u = \dfrac{y}{x}$，$v = x^2 + y^2$，求 $\dfrac{\partial z}{\partial x}$，$\dfrac{\partial z}{\partial y}$；

（2）设 $z = f(u,v)$，而 $u = x^2 + y^2$，$v = 2xy$，求 $\dfrac{\partial z}{\partial x}$，$\dfrac{\partial z}{\partial y}$.

4. 设 $z = \arctan\dfrac{x}{y}$，$x = u + v$，$y = u - v$，验证 $\dfrac{\partial z}{\partial u} + \dfrac{\partial z}{\partial v} = \dfrac{u-v}{u^2+v^2}$.

5. 设 $z = u^2 e^v$，$u = x^2 y$，$v = 3x - 2y^2$，计算 $\dfrac{\partial z}{\partial x}$，$\dfrac{\partial z}{\partial y}$，$\dfrac{\partial^2 z}{\partial x \partial y}$.

6. 设函数 f 具有一阶连续偏导数，求下列函数的一阶偏导数：

（1）$u = f(x+y, xy)$；　　　　　　　　（2）$u = f\left(\dfrac{x}{y}, \dfrac{y}{z} \right)$；

（3）$u = f(x^2+y^2, e^{xz}, z)$；　　　　　（4）$z = \dfrac{1}{x}f(3x-y, \cos y)$；

（5）$u = f(x,y)$，$x = r+s+t$，$y = r^2 + s^2 + t^2$.

7. 设 $z = xy + xF(u)$，$u = \dfrac{y}{x}$，$F(u)$ 为可导函数，证明：$x\dfrac{\partial z}{\partial x} + y\dfrac{\partial z}{\partial y} = z + xy$.

8. 设 $z = \dfrac{y}{f(x^2-y^2)}$，$f$ 为可导函数，验证：$\dfrac{1}{x}\dfrac{\partial z}{\partial x} + \dfrac{1}{y}\dfrac{\partial z}{\partial y} = \dfrac{z}{y^2}$.

9. 设 f，g 都有二阶连续偏导数，且 $z = f(x+at) + g(x-at)$，证明：$\dfrac{\partial^2 z}{\partial t^2} = a^2 \dfrac{\partial^2 z}{\partial x^2}$.

10. 证明：函数 $u = \dfrac{1}{r}$ 满足方程 $\dfrac{\partial^2 u}{\partial x^2} + \dfrac{\partial^2 u}{\partial y^2} + \dfrac{\partial^2 u}{\partial z^2} = 0$，其中 $r = \sqrt{x^2 + y^2 + z^2}$.

11. 函数 $f(x, y)$ 存在一阶连续偏导数，且 $f(x, 2x) = x^2 + 3x$，$f_x(x, 2x) = 6x + 1$，求 $f_y(x, 2x)$.

12. 设函数 $f(u)$ 连续可导，$z = f(\mathrm{e}^x \cos y)$ 满足 $\cos y \dfrac{\partial z}{\partial x} - \sin y \dfrac{\partial z}{\partial y} = (4z + \mathrm{e}^x \cos y)\mathrm{e}^x$. 若 $f(0) = 0$，求 $f(u)$ 的表达式.

（B）

1. 设函数 f 具有二阶连续偏导数，求下列函数的二阶偏导数 $\dfrac{\partial^2 z}{\partial x^2}$，$\dfrac{\partial^2 z}{\partial y^2}$，$\dfrac{\partial^2 z}{\partial x \partial y}$：

（1）$z = f(x^2 + y^2)$；　　　　　　　　　　（2）$z = f(xy, y)$；

（3）$z = f(\sin x, \cos y, \mathrm{e}^{x+y})$.

2. 设函数 f 二阶偏导数存在，$z = f(u, x, y)$，其中 $u = x\mathrm{e}^y$，求 $\dfrac{\partial^2 z}{\partial x \partial y}$.

3. 已知二元函数 $z = \dfrac{1}{x}f(xy) + yf(x+y)$，其中 f 具有二阶连续导数，求 $\dfrac{\partial^2 z}{\partial x \partial y}$.

4. 函数 $u = f(x, y)$ 有连续偏导数，且 $x = \rho\cos\theta$，$y = \rho\sin\theta$，证明：

$$\left(\frac{\partial u}{\partial x}\right)^2 + \left(\frac{\partial u}{\partial y}\right)^2 = \left(\frac{\partial u}{\partial \rho}\right)^2 + \frac{1}{\rho^2}\left(\frac{\partial u}{\partial \theta}\right)^2$$

5. 设函数 $f(u)$ 具有二阶连续导数，而 $z = f(\mathrm{e}^x \sin y)$ 满足方程 $\dfrac{\partial^2 z}{\partial x^2} + \dfrac{\partial^2 z}{\partial y^2} = \mathrm{e}^{2x}z$，求 $f(u)$.

6. 设函数 $f(t)$ 在 $(0, +\infty)$ 内具有连续二阶导数，函数 $z = f(\sqrt{x^2 + y^2})$ 满足 $\dfrac{\partial^2 z}{\partial x^2} + \dfrac{\partial^2 z}{\partial y^2} = 0$，若 $f(1) = 0, f'(1) = 1$，求 $f(x)$.

7. 方程 $\dfrac{\partial^2 z}{\partial x^2} - y\dfrac{\partial^2 z}{\partial y^2} - \dfrac{1}{2}\dfrac{\partial z}{\partial y} = 0$ 在变换 $\begin{cases} u = x + a\sqrt{y} \\ v = x + 2\sqrt{y} \end{cases}$ 下化为 $\dfrac{\partial^2 z}{\partial u \partial v} = 0$，求常数 a 的值.

8. 设二元函数 $f(x, y)$ 具有连续偏导数，且对任意 x, y 满足 $\left(\dfrac{\partial f}{\partial x}\right)^2 + \left(\dfrac{\partial f}{\partial y}\right)^2 = 4$. 又记 $g(u, v) = f\left[uv, \dfrac{1}{2}(u^2 - v^2)\right]$，已知对任意 u, v 满足 $a\left(\dfrac{\partial g}{\partial u}\right)^2 - b\left(\dfrac{\partial g}{\partial v}\right)^2 = u^2 + v^2$，求常数 a, b 的值.

8.6　隐函数的求导公式

8.6.1　一个方程的情形

一元函数微分学中已经提出了隐函数的概念，并且指出了不经过显化直接由方程
$$F(x,\ y) = 0 \tag{8.6.1}$$
求其所确定的隐函数的导数的方法. 现在介绍隐函数存在定理，并根据多元复合函数求导法来导出隐函数的导数公式.

定理 8.6.1 设函数 $F(x, y)$ 在点 $P_0(x_0, y_0)$ 的某邻域内具有连续偏导数，且 $F(x_0, y_0) = 0$，$F_y(x_0, y_0) \neq 0$，则方程 $F(x, y) = 0$ 在点 (x_0, y_0) 的邻域内可以唯一确定连续且具有连续导数的函数 $y = f(x)$，它满足条件 $y_0 = f(x_0)$，且

$$\frac{dy}{dx} = -\frac{F_x}{F_y} \tag{8.6.2}$$

证明从略，仅对公式（8.6.2）推导如下：

将方程（8.6.1）所确定的函数 $y = f(x)$ 代入方程（8.6.1），得

$$F[x, f(x)] = 0$$

其左边是 x 的复合函数，由于等式两边求导后仍然相等，即得

$$\frac{\partial F}{\partial x} + \frac{\partial F}{\partial y} \cdot \frac{dy}{dx} = 0$$

因为 F_y 连续，且 $F_y(x_0, y_0) \neq 0$，所以在点 (x_0, y_0) 的某邻域内 $F_y \neq 0$，于是

$$\frac{dy}{dx} = -\frac{F_x}{F_y}$$

关于隐函数存在定理，以方程 $F(x, y) = x^2 + y^2 - 1 = 0$ 为例来说明. 容易验证函数 $F(x, y)$ 具有连续偏导函数 $F_x(x, y) = 2x$，$F_y(x, y) = 2y$. $F(x, y) = 0$ 至少有一个解 (x_0, y_0)，显然单位圆上每个点都是方程的解.

（1）考虑圆上点 $(0, 1)$ 处，显然 $F(0, 1) = 0$ 且 $F_y(0, 1) = 2 \neq 0$，所以在点 $(0, 1)$ 的邻域内可以唯一确定连续且有连续导数的函数 $y = f(x)$. 事实上不难看出，在点 $(0, 1)$ 邻域内有 $y = \sqrt{1 - x^2}$.

（2）考虑圆上点 $(1, 0)$ 处，显然 $F(1, 0) = 0$ 且 $F_y(1, 0) = 0$，不满足隐函数存在定理，所以在点 $(1, 0)$ 的邻域内不能唯一确定连续且有连续导数的函数 $y = f(x)$. 显然，在点 $(1, 0)$ 邻域内 $y = \pm\sqrt{1 - x^2}$ 不是唯一的.

(3) 事实上，除 $(1, 0)$ 和 $(-1, 0)$ 两点外，单位圆上任一点都可以"局部"确定唯一隐函数 $y = f(x)$. 当 $y > 0$ 时，函数可显化为 $y = \sqrt{1 - x^2}$；当 $y < 0$ 时，函数可显化为 $y = -\sqrt{1 - x^2}$.

（4）方程 $F(x, y) = 0$ 中两变量 x, y 若看成平等关系，则相应条件变为 $F_x(x_0, y_0) \neq 0$（其他条件不变），则该方程在点 (x_0, y_0) 的邻域内可以唯一确定连续且有连续导数的函数 $x = x(y)$. 例如，在点 $(1, 0)$ 处，$F(1, 0) = 0$ 但 $F_x(1, 0) \neq 0$，所以在点 $(1, 0)$ 的邻域内唯一确定函数 $x = x(y) = \sqrt{1 - y^2}$. 同理，在圆周上除 $(0, 1)$ 和 $(0, -1)$ 两点外，其他任一点的邻域内都可以唯一确定隐函数 $x = x(y)$. 类似地，多元隐函数存在定理也有相似结论.

如果 $F(x, y)$ 的二阶偏导数也连续，由公式（8.6.2）可得二阶导数的公式：

$$\frac{d^2 y}{dx^2} = \frac{\partial}{\partial x}\left(-\frac{F_x}{F_y}\right) + \frac{\partial}{\partial y}\left(-\frac{F_x}{F_y}\right) \cdot \frac{dy}{dx} = -\frac{F_{xx}F_y - F_x F_{yx}}{F_y^2} - \frac{F_{xy}F_y - F_x F_{yy}}{F_y^2} \cdot \left(-\frac{F_x}{F_y}\right)$$

$$= -\frac{F_{xx}F_y^2 - 2F_{xy}F_x F_y + F_{yy}F_x^2}{F_y^3}$$

例 8.6.1 设 $x^2+y^2-1=0$，求 $\dfrac{\mathrm{d}y}{\mathrm{d}x}$，$\dfrac{\mathrm{d}^2y}{\mathrm{d}x^2}$.

解 设 $F(x,y)=x^2+y^2-1$，则

$$F_x=2x, \qquad F_y=2y$$

所以

$$\frac{\mathrm{d}y}{\mathrm{d}x}=-\frac{F_x}{F_y}=-\frac{x}{y}$$

$$\frac{\mathrm{d}^2y}{\mathrm{d}x^2}=-\frac{y-x\dfrac{\mathrm{d}y}{\mathrm{d}x}}{y^2}=-\frac{y-x\left(-\dfrac{x}{y}\right)}{y^2}=-\frac{x^2+y^2}{y^3}=-\frac{1}{y^3}$$

定理 8.6.1 的结论可以推广到 $n+1$ 元方程确定 n 元隐函数的情形. 就 $n=2$ 时的情形，给出如下定理：

定理 8.6.2 设函数 $F(x,y,z)$ 在点 (x_0,y_0,z_0) 的某邻域内具有连续偏导数，且

$$F(x_0,y_0,z_0)=0, \qquad F_z(x_0,y_0,z_0)\neq0$$

则方程 $F(x,y,z)=0$ 在点 (x_0,y_0,z_0) 的邻域内可以唯一确定连续且具有连续偏导数的函数 $z=f(x,y)$，它满足条件 $z_0=f(x_0,y_0)$，且有

$$\frac{\partial z}{\partial x}=-\frac{F_x}{F_z}, \qquad \frac{\partial z}{\partial y}=-\frac{F_y}{F_z} \tag{8.6.3}$$

证明从略，仅对公式（8.6.3）推导如下：

由于

$$F[x,y,f(x,y)]=0$$

式子左右两边分别对 x 和 y 求导，应用复合函数求导法则得

$$F_x+F_z\cdot\frac{\partial z}{\partial x}=0, \qquad F_y+F_z\cdot\frac{\partial z}{\partial y}=0$$

因为 F_z 连续，且 $F_z(x_0,y_0,z_0)\neq0$，所以在点 (x_0,y_0,z_0) 的邻域内 $F_z\neq0$，于是

$$\frac{\partial z}{\partial x}=-\frac{F_x}{F_z}, \qquad \frac{\partial z}{\partial y}=-\frac{F_y}{F_z}$$

例 8.6.2 求由 $xy+y+\sin z=2z$ 所确定的隐函数 $z=f(x,y)$ 的偏导数.

解 设 $F(x,y,z)=xy+y+\sin z-2z$，则

$$F_x=y, \quad F_y=x+1, \quad F_z=\cos z-2$$

例 8.6.2
其他解法

所以

$$\frac{\partial z}{\partial x}=-\frac{F_x}{F_z}=-\frac{y}{\cos z-2}=\frac{y}{2-\cos z}$$

$$\frac{\partial z}{\partial y}=-\frac{F_y}{F_z}=-\frac{x+1}{\cos z-2}=\frac{x+1}{2-\cos z}$$

注 第 2 章学过一元隐函数求导的直接法和微分法，不论一元隐函数还是多元隐函数求导，本节学习的公式法外，以前学过的直接法和微分法也依然适用.

例 8.6.3   求方程 $f(x+y, \tilde{y}\,z, z+x) = 0$ 所确定函数的全微分 $\mathrm{d}z$.

解   令 $F(x,y,z) = f(x+y, \tilde{y}z, z+x)$, 由复合函数求导法则得

$$F_x = f'_1 + f'_3, \quad F_y = f'_1 + f'_2, \quad F_z = -f'_2 + f'_3$$

代入隐函数求导公式得

$$\frac{\partial z}{\partial x} = -\frac{F_x}{F_z} = \frac{f'_1 + f'_3}{f'_2 - f'_3}, \qquad \frac{\partial z}{\partial y} = -\frac{F_y}{F_z} = \frac{f'_1 + f'_2}{f'_2 - f'_3}$$

因此

$$\mathrm{d}z = \frac{\partial z}{\partial x}\mathrm{d}x + \frac{\partial z}{\partial y}\mathrm{d}y = \frac{(f'_1 + f'_3)\mathrm{d}x + (f'_1 + f'_2)\mathrm{d}y}{f'_2 - f'_3}$$

例 8.6.3
其他解法

8.6.2 方程组的情形

有些隐函数是由方程组确定的, 隐函数的存在性、连续性、可微性与前面定理类似, 且叙述过程较为复杂, 这里不再详述. 仅以下面的例题说明其偏导数的计算方法.

例 8.6.4   已知 $\begin{cases} ux - yv = 0, \\ yu + xv = 1, \end{cases}$ 求 $\dfrac{\partial u}{\partial x}, \dfrac{\partial u}{\partial y}, \dfrac{\partial v}{\partial x}, \dfrac{\partial v}{\partial y}$.

解   方程两边对 x 求导得

$$\begin{cases} (u + x \cdot u_x) - y \cdot v_x = 0 \\ y \cdot u_x + (v + x \cdot v_x) = 0 \end{cases}$$

在 $x^2 + y^2 \neq 0$ 的条件下, 解得

$$\begin{cases} u_x = -\dfrac{xu + yv}{x^2 + y^2} \\[2mm] v_x = \dfrac{yu - xv}{x^2 + y^2} \end{cases}$$

方程两边对 y 求导, 同样可得在 $x^2 + y^2 \neq 0$ 的条件下, 有

$$\begin{cases} u_y = \dfrac{xv - yu}{x^2 + y^2} \\[2mm] v_y = -\dfrac{xu + yv}{x^2 + y^2} \end{cases}$$

例 8.6.4
其他解法

习 题   8.6

（A）

1. 方程 $xy + z\ln y + \mathrm{e}^{xz} = 1$ 在点 $(0, 1, 1)$ 的某邻域内能否确定出隐函数?

2. 设 $y = x\mathrm{e}^y + 1$, 求 $\dfrac{\mathrm{d}y}{\mathrm{d}x}$.

3. 设方程 $xy - \ln y = 1$, 求 $\dfrac{\mathrm{d}y}{\mathrm{d}x}$.

4. 设 $\ln\sqrt{x^2+y^2}=\arctan\dfrac{y}{x}$ ，求 $\dfrac{\mathrm{d}y}{\mathrm{d}x}$.

5. 设 $x^3+y^3+z^3-3xyz-4=0$ ，求 $\dfrac{\partial z}{\partial x},\dfrac{\partial z}{\partial y}$.

6. 设方程 $x-z=\arctan(yz)$ 确定了隐函数 $z=z(x,y)$ ，求 $\dfrac{\partial z}{\partial x},\ \dfrac{\partial z}{\partial y}$.

7. 隐函数 $x=x(y,z)$ 由方程 $x^2-4x+y^2+z^2=0$ 确定，求 $\dfrac{\partial x}{\partial y},\ \dfrac{\partial x}{\partial z}$.

8. 设方程 $x^2+y^2+z^2=xyf\left(\dfrac{z}{x}\right)$ 确定了隐函数 $z=z(x,y)$ ，其中 f 可微分，求 $\mathrm{d}z$.

9. 设方程 $\dfrac{x}{z}=\ln\dfrac{z}{y}$ 确定了隐函数 $z=z(x,y)$ ，求 $\dfrac{\partial z}{\partial x},\dfrac{\partial z}{\partial y},\dfrac{\partial^2 z}{\partial x\partial y}$.

10. 设方程 $z^5-xz^4+yz^3=1$ 确定了隐函数 $z=z(x,y)$ ，求 $\left.\dfrac{\partial^2 z}{\partial x\partial y}\right|_{(0,0)}$.

11. 设 $\mathrm{e}^z-xyz=0$ ，求 $\dfrac{\partial^2 z}{\partial x^2}$.

12. 设 $\begin{cases}z=x^2+y^2,\\x^2+2y^2+3z^2=20,\end{cases}$ 求 $\dfrac{\mathrm{d}y}{\mathrm{d}x},\ \dfrac{\mathrm{d}z}{\mathrm{d}x}$.

13. 设 $\begin{cases}x-u^2-yv=0,\\y-v^2-xu=0,\end{cases}$ 求 $\dfrac{\partial u}{\partial x},\dfrac{\partial u}{\partial y},\dfrac{\partial v}{\partial x},\dfrac{\partial v}{\partial y}$.

（B）

1. 证明：若方程 $F(x,y,z)=0$ 的任一个变量都是另外两个变量的隐函数，则

$$\frac{\partial z}{\partial x}\cdot\frac{\partial x}{\partial y}\cdot\frac{\partial y}{\partial z}=-1$$

2. 设隐函数 $z=z(x,y)$ 由方程 $F(az-by,bx-cz,cy-ax)=0$ 确定，其中 F 连续可偏导，且 $aF_1'-cF_2'\neq0$ ，求 $c\dfrac{\partial z}{\partial x}+a\dfrac{\partial z}{\partial y}$.

3. 设 $y=f(x,t)$ ，而 $t=t(x,y)$ 是由方程 $F(x,y,t)=0$ 所确定的隐函数，其中 f 和 F 都具有一阶连续偏导数，试证明：

$$\frac{\mathrm{d}y}{\mathrm{d}x}=\frac{\dfrac{\partial f}{\partial x}\cdot\dfrac{\partial F}{\partial t}-\dfrac{\partial f}{\partial t}\cdot\dfrac{\partial F}{\partial x}}{\dfrac{\partial f}{\partial t}\cdot\dfrac{\partial F}{\partial y}+\dfrac{\partial F}{\partial t}}$$

4. 设 $z=z(x,y)$ 是由方程 $x^2+y^2-z=\varphi(x+y+z)$ 所确定的隐函数，其中 φ 具有二阶导数，且 $\varphi'\neq-1$.

（1）求 $\mathrm{d}z$ ；

（2）记 $u(x,y)=\dfrac{1}{x-y}\left(\dfrac{\partial z}{\partial x}-\dfrac{\partial z}{\partial y}\right)$ ，求 $\dfrac{\partial u}{\partial x}$.

5. 设 $u=f(x^2+y^2,xz),z=z(x,y)$ 由方程 $\mathrm{e}^x+\mathrm{e}^y=\mathrm{e}^z$ 确定，其中 f 可偏导，求 $\dfrac{\partial u}{\partial x},\dfrac{\partial u}{\partial y}$.

6. 设 $\begin{cases}u=f(ux,v+y),\\v=g(u-x,v^2y),\end{cases}$ 其中 f 和 g 具有一阶连续偏导数，求 $\dfrac{\partial u}{\partial x},\dfrac{\partial v}{\partial x},\dfrac{\partial u}{\partial y},\dfrac{\partial v}{\partial y}$.

8.7 多元函数的极值及其求法

在经济学、管理学、社会学及其他工程、科技问题中，常常需要计算某个多元函数的最值. 通常称在实际问题中需要计算其最值的函数为目标函数，该函数的自变量称为决策变量，相应的问题在数学上称为优化问题. 本节只讨论与多元函数的最值有关的简单优化问题.

与一元函数相似，多元函数的最值与极值有密切联系，因此以二元函数为例，先来讨论多元函数的极值问题.

8.7.1 二元函数的极值

定义 8.7.1 设函数 $z=f(x, y)$ 的定义域为 D, 点 $P_0(x_0, y_0)$ 是 D 的内点. 若存在点 P_0 的某邻域 $U(P_0) \subset D$，使得对于该邻域内的任意点 (x, y)，都有
$$f(x, y) \leqslant f(x_0, y_0)$$
则称函数 $f(x, y)$ 在点 (x_0, y_0) 有极大值 $f(x_0, y_0)$，点 (x_0, y_0) 称为极大值点；若对任意 $(x, y) \in U(P_0)$，都有
$$f(x, y) \geqslant f(x_0, y_0)$$
则称函数 $f(x, y)$ 在点 (x_0, y_0) 有极小值 $f(x_0, y_0)$，点 (x_0, y_0) 称为极小值点. 极大值和极小值统称为极值，极大值点和极小值点统称为极值点.

例 8.7.1 函数 $z=6x^2+8y^2$ 在点 $(0, 0)$ 处有极小值，因为对于点 $(0, 0)$ 的任一邻域内的任意点 (x, y)，都有 $f(x, y) \geqslant f(0, 0)=0$. 从几何上看这是显然的，函数图形是开口向上的抛物面，点 $(0, 0, 0)$ 是其顶点，也是最低的点.

例 8.7.2 函数 $z=2-\sqrt{x^2+y^2}$ 在点 $(0, 0)$ 处有极大值，因为对于点 $(0, 0)$ 的任一邻域内的任意点 (x, y)，都有 $f(x, y) \leqslant f(0, 0)=2$. 从几何上来看，函数图形是位于平面 $z=2$ 以下的圆锥面，而点 $(0, 0, 2)$ 是其顶点，也是最高的点.

例 8.7.3 函数 $z=xy$ 在点 $(0, 0)$ 处既没有极大值，也没有极小值，因为 $f(0, 0)=0$，而点 $(0, 0)$ 的任一邻域内，总有点的函数值为正，也有点的函数值为负.

根据极值的定义，函数的极值点必须是其定义域的内点，边界上的点不可能是函数的极值点. 那么在定义域内，函数可能在哪些特殊点处取得极值呢？这就需要寻找多元函数取得极值的必要条件和充分条件.

定理 8.7.1 （**必要条件**） 设函数 $z=f(x, y)$ 在点 (x_0, y_0) 处可偏导，且在点 (x_0, y_0) 处有极值，则有
$$f_x(x_0, y_0)=0, \qquad f_y(x_0, y_0)=0$$

证 不妨设 $z=f(x, y)$ 在点 (x_0, y_0) 处取得极大值. 由定义 8.7.1，在点 (x_0, y_0) 的某邻域内的任一点 (x, y) 都满足
$$f(x, y) \leqslant f(x_0, y_0)$$

特别地，在该邻域内取 $y=y_0$，也满足

$$f(x, y_0) \leq f(x_0, y_0)$$

说明一元函数 $f(x, y_0)$ 在点 $x=x_0$ 处有极大值，因此

$$f_x(x_0, y_0)=0$$

同理可证

$$f_y(x_0, y_0)=0$$

类似地，若三元函数 $u=f(x, y, z)$ 在点 (x_0, y_0, z_0) 处可偏导，则函数在点 (x_0, y_0, z_0) 处有极值的必要条件为

$$f_x(x_0, y_0, z_0)=0, \quad f_y(x_0, y_0, z_0)=0, \quad f_z(x_0, y_0, z_0)=0$$

使多元函数的所有一阶偏导数都为 0 的点称为函数的驻点. 由定理 8.7.1 知，可偏导的函数的极值点一定是驻点，但函数的驻点不一定是极值点. 例如，点 $(0, 0)$ 是 $z=xy$ 的驻点，但不是极值点. 怎么判断一个驻点是否是极值点呢. 有下面的定理：

定理 8.7.2 （充分条件） 设函数 $z=f(x, y)$ 在点 (x_0, y_0) 的某邻域内连续且有一阶、二阶连续偏导数，又 $f_x(x_0, y_0)=0, f_y(x_0, y_0)=0$，令

$$f_{xx}(x_0, y_0)=A, \quad f_{xy}(x_0, y_0)=B, \quad f_{yy}(x_0, y_0)=C$$

则有

（i）若 $AC-B^2>0$，则有极值，且当 $A<0$ 时有极大值，当 $A>0$ 时有极小值；

（ii）若 $AC-B^2<0$，则无极值；

（iii）若 $AC-B^2=0$，则不能判断，需另讨论.

利用定理 8.7.1 和定理 8.7.2，将具有二阶连续偏导数的函数 $z=f(x, y)$ 的极值的求解步骤总结如下：

（1）解方程组 $\begin{cases} f_x(x, y)=0, \\ f_y(x, y)=0, \end{cases}$ 得驻点 (x_0, y_0).

（2）求二阶偏导数，并代入点 (x_0, y_0)，得 A, B, C 的值.

（3）由 $AC-B^2$ 的符号，按定理 8.7.2 判断 $f(x_0, y_0)$ 是否为极值.

例 8.7.4 求函数 $f(x, y)=x^3-y^3+3x^2+3y^2-9x$ 的极值.

解 先解方程组

$$\begin{cases} f_x(x, y)=3x^2+6x-9=0 \\ f_y(x, y)=-3y^2+6y=0 \end{cases}$$

得驻点 $(1, 0), (1, 2), (-3, 0), (-3, 2)$.

再求二阶偏导数：

$$f_{xx}=6x+6, \quad f_{xy}=0, \quad f_{yy}=-6y+6$$

在点 $(1, 0)$ 处，$AC-B^2>0$，又 $A>0$，所以函数在点 $(1, 0)$ 处有极小值 $f(1, 0)=-5$；

在点 $(1, 2)$ 处，$AC-B^2<0$，所以 $f(1, 2)$ 不是极值；

在点 $(-3, 0)$ 处，$AC-B^2<0$，所以 $f(-3, 0)$ 不是极值；

在点 $(-3, 2)$ 处，$AC-B^2>0$，且 $A<0$，所以 $f(-3, 2)=31$ 是极大值.

定理 8.7.2 无法判别使得 $AC-B^2=0$ 的驻点是否为极值点，要用其他方法来确定，一般用极值的定义.

例 8.7.5 求函数 $f(x,y)=y^2-3x^2y+2x^4$ 的极值.

解 由 $f(x,y)=y^2-3x^2y+2x^4=(y-x^2)(y-2x^2)$ 知，曲线 $y=x^2$ 和 $y=2x^2$ 将点 $(0,0)$ 的邻域分成三个部分（图 8.7.1）.

在 $y=2x^2$ 的上方部分，$y-x^2>0, y-2x^2>0$，有
$$f(x,y)>f(0,0)=0$$
在 $y=x^2$ 的下方部分，$y-x^2<0, y-2x^2<0$，有
$$f(x,y)>f(0,0)=0$$
在 $y=x^2$ 与 $y=2x^2$ 之间的部分，$y-x^2>0, y-2x^2<0$，有
$$f(x,y)<f(0,0)=0$$

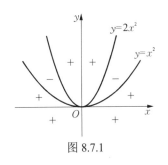

图 8.7.1

综上所述，在点 $(0,0)$ 的任何邻域内，既有点 (x,y) 使得 $f(x,y)>f(0,0)$，又有点 (x,y) 使得 $f(x,y)<f(0,0)$. 由极值的定义知，点 $(0,0)$ 不是 $f(x,y)$ 的极值点.

注 与一元函数相似，多元函数的极值可能在驻点取得，也可能在偏导数不存在的点取得. 例如，函数 $z=\sqrt{x^2+y^2}$ 在点 $(0,0)$ 处的偏导数不存在，但函数在点 $(0,0)$ 处却具有极大值. 因此，在计算函数的极值问题时，除要考虑函数的驻点外，还要考虑那些偏导数不存在的点.

8.7.2 二元函数的最值

与一元函数相类似，利用函数的极值来求函数的最值. 第 8.2 节中已指出，若 $f(x,y)$ 在有界闭区域 D 上连续，则 $f(x,y)$ 在 D 上必定能取得最值. 这种使函数取得最值的点既可能在 D 的内部，也可能在 D 的边界上. 总结得出求函数最值的一般方法和步骤.

设函数 $z=f(x,y)$ 在有界闭区域 D 上连续、可微分，且驻点只有有限个，则求函数 $z=f(x,y)$ 的最值的一般步骤如下：

（1）求函数 $z=f(x,y)$ 在 D 上所有驻点的函数值.

（2）求函数在 D 的边界上的最值.

（3）比较前面得到的函数值，其中最大者即是最大值，最小者即是最小值.

例 8.7.6 求函数 $z=x^2y(5-x-y)$ 在 $D: x\geqslant0, y\geqslant0, x+y\leqslant4$ 上的最值.

解 解方程组
$$\begin{cases} \dfrac{\partial z}{\partial x}=xy(10-3x-2y)=0 \\ \dfrac{\partial z}{\partial y}=x^2(5-x-2y)=0 \end{cases}$$

在 D 的内部有驻点 $\left(\dfrac{5}{2},\dfrac{5}{4}\right)$，且
$$z\left(\frac{5}{2},\frac{5}{4}\right)=\frac{625}{64}$$

下面求函数 z 在边界上的最值：

在边界 $x=0$ 和 $y=0$ 上，函数值均为 $z=0$；在边界 $x+y=4$ 上，函数 $z=x^2(4-x)$ $(0 \leq x \leq 4)$ 形式的一元函数. 由 $\dfrac{\mathrm{d}z}{\mathrm{d}x}=8x-3x^2=0$，得 $x=\dfrac{8}{3}$，且 $z\left(\dfrac{8}{3}\right)=\dfrac{256}{27}$，端点处函数值 $z(0)=0,z(4)=0$.

综上可知函数的最大值为

$$z\left(\frac{5}{2},\frac{5}{4}\right)=\frac{625}{64}$$

最小值为

$$z(0,4)=z(4,0)=0$$

从上例中可看出，在计算函数 $z=f(x,y)$ 在边界上的最值时，往往比较复杂. 但是在很多实际问题中，可以根据实际问题的意义来确定. 如果根据问题的性质知函数 $f(x,y)$ 的最值一定在 D 的内部取得，而函数在 D 内只有一个驻点，那么可以肯定该驻点处的函数值就是所求函数的最值.

例8.7.7 某厂要用铁板做成一个体积为 $2\ \mathrm{m}^3$ 的有盖长方体水箱. 问当长、宽、高各取怎样的尺寸时，能使用料最省？

解 设水箱长为 $x\ \mathrm{m}$，宽为 $y\ \mathrm{m}$，则其高为 $\dfrac{2}{xy}\ \mathrm{m}$. 此时水箱所用材料的面积为

$$A=2\left(xy+y\cdot\frac{2}{xy}+x\cdot\frac{2}{xy}\right)=2\left(xy+\frac{2}{x}+\frac{2}{y}\right)\quad(x>0,y>0)$$

可见材料面积 $A=A(x,y)$ 是 x 和 y 的二元函数，即目标函数.

令

$$\begin{cases} A_x=2\left(y-\dfrac{2}{x^2}\right)=0 \\ A_y=2\left(x-\dfrac{2}{y^2}\right)=0 \end{cases}$$

解得唯一驻点 $(\sqrt[3]{2},\sqrt[3]{2})$.

由题意知，水箱所用材料面积的最小值一定存在，并在开区域

$$D=\{(x,y)|x>0,y>0\}$$

内取得，因此可判定，当 $x=\sqrt[3]{2},y=\sqrt[3]{2}$ 时，A 取得最小值.

所以，当水箱长为 $\sqrt[3]{2}\ \mathrm{m}$，宽为 $\sqrt[3]{2}\ \mathrm{m}$，高为 $\dfrac{2}{\sqrt[3]{2}\cdot\sqrt[3]{2}}=\sqrt[3]{2}\ \mathrm{m}$ 时，所用材料最省.

例8.7.8 某工厂生产 A,B 两种产品，A 产品售价为 1000 元/件，B 产品售价为 900 元/件，生产 x 件 A 产品和 y 件 B 产品的总成本为

$$C(x,y)=40\,000+200x+300y+3x^2+xy+3y^2(元)$$

求 A,B 两种产品各生产多少时，利润最大？

解 设生产 A,B 产品的数量分别是 x 和 y（单位：件）时的总利润为 $L(x,y)$，则

$$L(x,y)=1\,000x+900y-C(x,y)=-3x^2-xy-3y^2+800x+600y-40\,000$$

由

$$\begin{cases} L_x(x,y)=-6x-y+800=0 \\ L_y(x,y)=-x-6y+600=0 \end{cases}$$

得唯一驻点$(120, 80)$.

又
$$L_{xx}(120, 80) = -6 < 0$$
$$L_{xy}(120, 80) = -1$$
$$L_{yy}(120, 80) = -6$$

所以
$$AC - B^2 > 0$$

因此 $L(x, y)$ 在点 $(120, 80)$ 处取得极大值, 即最大值. 故安排生产 A 产品 120 件, B 产品 80 件, 可使利润最大, 且最大利润为

$$L(120, 80) = 32\,000\ (元)$$

8.7.3 条件极值

前面所讨论的极值问题, 对于函数的自变量, 除限制在函数的定义域内以外, 并无其他条件, 所以称为无条件极值. 但在实际问题中, 常会遇到对自变量还有附加条件的极值问题. 例如, 求表面积为 a^2 时体积最大的长方体的体积问题. 设长方体三棱的长分别为 x, y, z, 则体积 $V = xyz$. 自变量 x, y, z 除定义域之外, 还要受 $2(xy + xz + yz) = a^2$ 附加条件的限制. 像这种对自变量有附加条件的极值称为条件极值, 自变量的附加条件称为约束条件.

如何求条件极值呢? 方法之一是将条件极值化为无条件极值. 例如, 上述问题中, 可由条件 $2(xy + xz + yz) = a^2$, 将 z 表示为 x, y 的函数

$$z = \frac{a^2 - 2xy}{2(x + y)}$$

再将其代入 $V = xyz$, 则问题就化为求

$$V = \frac{xy}{2} \cdot \frac{a^2 - 2xy}{x + y}$$

的无条件极值. 例 8.7.7 也属于这种例子.

但在很多情况下, 将条件极值化为无条件极值并不简单, 下面介绍另一种解决条件极值的方法——拉格朗日乘数法.

设目标函数为 $z = f(x, y)$, 约束条件为 $\varphi(x, y) = 0$, 现在先来寻求在点 (x_0, y_0) 取得极值的必要条件.

假设在点 (x_0, y_0) 的某邻域内 $f(x, y)$ 与 $\varphi(x, y)$ 均有连续的一阶偏导数, 而 $\varphi_y(x_0, y_0) \neq 0$. 又因为 $\varphi(x_0, y_0) = 0$, 由 8.6 节中定理 8.6.1 知, $\varphi(x, y) = 0$ 确定一个连续且具有连续导数的函数 $y = \psi(x)$, 将其代入 $z = f(x, y)$, 可得到一个一元函数

$$z = f[x, \psi(x)] \tag{8.7.1}$$

则函数 $z = f(x, y)$ 在点 (x_0, y_0) 取得所求的极值, 就相当于函数 (8.7.1) 在点 x_0 取得极值. 由一元可导函数取得极值的必要条件知

$$\left.\frac{\mathrm{d}z}{\mathrm{d}x}\right|_{x=x_0} = f_x(x_0, y_0) + f_y(x_0, y_0) \cdot \left.\frac{\mathrm{d}y}{\mathrm{d}x}\right|_{x=x_0} = 0 \tag{8.7.2}$$

而由隐函数求导公式有

$$\frac{dy}{dx}\bigg|_{x=x_0} = -\frac{\varphi_x(x_0, y_0)}{\varphi_y(x_0, y_0)}$$

将上式代入公式（8.7.2）得

$$f_x(x_0, y_0) - f_y(x_0, y_0)\frac{\varphi_x(x_0, y_0)}{\varphi_y(x_0, y_0)} = 0 \qquad (8.7.3)$$

综上所述，如果条件极值问题

$$\begin{cases} 目标函数，\ z = f(x, y) \\ 约束条件，\ \varphi(x, y) = 0 \end{cases}$$

在点(x_0, y_0)处取得极值，则必有$\varphi(x_0, y_0) = 0$和公式（8.7.3）成立，这就是条件极值问题在点(x_0, y_0)处取得极值的必要条件.

设$\dfrac{f_y(x_0, y_0)}{\varphi_y(x_0, y_0)} = -\lambda$，上述必要条件可写为

$$\begin{cases} f_x(x_0, y_0) + \lambda\varphi_x(x_0, y_0) = 0 \\ f_y(x_0, y_0) + \lambda\varphi_y(x_0, y_0) = 0 \\ \varphi(x_0, y_0) = 0 \end{cases} \qquad (8.7.4)$$

若引入辅助函数

$$L(x, y) = f(x, y) + \lambda\varphi(x, y)$$

则公式（8.7.4）中前两式分别为

$$L_x(x_0, y_0) = 0, \qquad L_y(x_0, y_0) = 0$$

函数$L(x, y)$称为拉格朗日函数，参数λ称为拉格朗日乘子.

由以上讨论，得到以下结论：

拉格朗日乘数法　要找函数$z = f(x, y)$在附加条件$\varphi(x, y) = 0$下的可能极值点，可以先作拉格朗日函数

$$L(x, y) = f(x, y) + \lambda\varphi(x, y)$$

其中λ为参数. 由方程组

$$\begin{cases} L_x(x, y) = f_x(x, y) + \lambda\varphi_x(x, y) = 0 \\ L_y(x, y) = f_y(x, y) + \lambda\varphi_y(x, y) = 0 \\ \varphi(x, y) = 0 \end{cases}$$

确定的点(x, y)就是该条件极值问题可能的极值点.

这个方法还可以推广到三元以上函数以及约束条件多于一个的情形. 例如，

$$\begin{cases} 目标函数，\ u = f(x, y, z) \\ 约束条件，\ \varphi(x, y, z) = 0 \end{cases}$$

可先作拉格朗日函数

$$L(x, y, z) = f(x, y, z) + \lambda\varphi(x, y, z)$$

其中λ为参数. 由方程组

$$\begin{cases} f_x(x,y,z) + \lambda\varphi_x(x,y,z) = 0 \\ f_y(x,y,z) + \lambda\varphi_y(x,y,z) = 0 \\ f_z(x,y,z) + \lambda\varphi_z(x,y,z) = 0 \\ \varphi(x,y,z) = 0 \end{cases}$$

确定的点(x,y,z)就是其可能的极值点.

又如，函数$u = f(x,y,z,t)$在约束条件$\varphi(x,y,z,t)=0, \psi(x,y,z,t)=0$下的条件极值，可先作拉格朗日函数

$$L(x,y,z,t) = f(x,y,z,t) + \lambda\varphi(x,y,z,t) + \mu\psi(x,y,z,t)$$

由方程组

$$\begin{cases} f_x(x,y,z,t) + \lambda\varphi_x(x,y,z,t) + \mu\psi_x(x,y,z,t) = 0 \\ f_y(x,y,z,t) + \lambda\varphi_y(x,y,z,t) + \mu\psi_y(x,y,z,t) = 0 \\ f_z(x,y,z,t) + \lambda\varphi_z(x,y,z,t) + \mu\psi_z(x,y,z,t) = 0 \\ f_t(x,y,z,t) + \lambda\varphi_t(x,y,z,t) + \mu\psi_t(x,y,z,t) = 0 \\ \varphi(x,y,z,t) = 0 \\ \psi(x,y,z,t) = 0 \end{cases}$$

确定的点(x,y,z,t)就是可能的极值点.

按照上述方法只能得到可能的极值点，至于如何确定所得到的点是否是极值点，往往需要根据问题本身的特点或实际意义来确定.

例 8.7.9　求表面积为a^2且有最大体积的长方体的体积.

解　设长方体的长、宽、高分别为x,y,z，则问题就是求函数

$$V = xyz \quad (x,y,z > 0)$$

在约束条件$\varphi(x,y,z) = 2(xy+xz+yz) - a^2 = 0$下的最大值.

作拉格朗日函数

$$L(x,y,z) = xyz + \lambda\left[2(xy+xz+yz) - a^2\right]$$

解方程组

$$\begin{cases} yz + 2\lambda(y+z) = 0 \\ xz + 2\lambda(x+z) = 0 \\ xy + 2\lambda(x+y) = 0 \\ 2(xy+xz+yz) = a^2 \end{cases}$$

得

$$x = y = z = \frac{\sqrt{6}}{6}a$$

这是唯一可能的极值点. 因为由问题本身知最大值一定存在，所以最大值就是在这个可能的极值点处取得. 因此，在表面积为a^2的长方体中，以棱长为$\frac{\sqrt{6}}{6}a$的正方体体积最大，最大体积为$V = \frac{\sqrt{6}}{36}a^3$.

例 8.7.10 抛物面 $z=x^2+y^2$ 被平面 $x+y+z=1$ 截成一个椭圆，求这个椭圆到坐标原点的最长和最短距离.

解 这个问题实质上就是求函数

$$f(x, y, z)=x^2+y^2+z^2$$

在条件 $x^2+y^2-z=0$ 和 $x+y+z-1=0$ 下的最值问题.

令

$$L(x,y,z) = x^2 + y^2 + z^2 + \lambda(x^2 + y^2 - z) + \mu(x + y + z - 1)$$

解方程组

$$\begin{cases} 2x+2\lambda x+\mu = 0 \\ 2y+2\lambda y+\mu = 0 \\ 2z-\lambda+\mu = 0 \\ x^2+y^2-z = 0 \\ x+y+z-1 = 0 \end{cases}$$

得 $\quad P_1\left(\dfrac{-1+\sqrt{3}}{2}, \dfrac{-1+\sqrt{3}}{2}, 2-\sqrt{3}\right)$ 和 $\quad P_2\left(\dfrac{-1-\sqrt{3}}{2}, \dfrac{-1-\sqrt{3}}{2}, 2+\sqrt{3}\right)$

此即两个可能的极值点.

因为 $\quad f(P_1)=9-5\sqrt{3}, \quad f(P_2)=9+5\sqrt{3}$

所以所求最长距离为 $\sqrt{9+5\sqrt{3}}$ ，最短距离为 $\sqrt{9-5\sqrt{3}}$.

例 8.7.11 某厂生产甲、乙两种产品，当产量分别为 x 和 y（单位：t）时，总收益为

$$R=27x+42y-x^2-2xy-4y^2 (万元)$$

成本函数为

$$C=36+12x+8y (万元)$$

另外，生产甲、乙产品每吨还分别需要支付排污费 1 万元和 2 万元.

（1）如果不限制排污费，如何安排生产，可使总利润最大？

（2）如果排污费支出总额限制为 6 万元，又应如何安排生产使利润最大？

解 （1）设甲、乙产品的产量分别为 x 和 y，则总利润为

$$L(x,y)=R-C-(x+2y)=14x+32y-x^2-2xy-4y^2-36$$

解方程组

$$\begin{cases} L_x=14-2x-2y=0 \\ L_y=32-2x-8y=0 \end{cases}$$

得唯一驻点 $(4, 3)$. 由实际意义知，总利润存在最大值，最大值必在点 $(4, 3)$ 处取得. 即生产 4 t 甲产品，3 t 乙产品时总利润最大，且最大总利润为 $L(4, 3)=40$ (万元).

（2）设当甲、乙产品的产量分别为 x 和 y 时，总利润为

$$L(x,y)=14x+32y-x^2-2xy-4y^2-36$$

令 $\quad G(x,y)=14x+32y-x^2-2xy-4y^2-36+\lambda(x+2y-6)$

解方程组

$$\begin{cases} 14-2x-2y+\lambda=0 \\ 32-2x-8y+2\lambda=0 \\ x+2y-6=0 \end{cases}$$

得唯一可能的驻点 $(2,2)$. 故生产甲、乙产品各 2 t 时取得最大的总利润，总利润为

$$L(2,2)=28\,(万元)$$

*8.7.4 最小二乘法

许多经济和工程问题，常常需要根据两个变量的几组试验数值——试验数据，来找出这两个变量的函数关系的近似表达式. 这样的近似表达式称为经验公式. 经验公式建立以后，就可以将生产或试验中所积累的某些经验，提高到理论上加以分析.

下面介绍一种常用的建立经验公式的方法.

例 8.7.12 为了弄清某企业利润与产值的函数关系，将该企业近 10 年的利润 y 和产值 x 的统计数据列于表 8.7.1.

表 8.7.1

年份	2002	2003	2004	2005	2006	2007	2008	2009	2010	2011
产值 x_i/万元	4.92	5.00	4.93	4.90	4.90	4.95	4.98	4.99	5.02	5.02
利润 y_i/万元	1.67	1.70	1.68	1.66	1.66	1.68	1.69	1.70	1.70	1.71

试根据以上数据建立 y 与 x 之间的经验公式 $y=f(x)$.

解 首先要确定 $f(x)$ 的类型. 在 xOy 直角坐标系中，描出上述各对数据的对应点，如图 8.7.2 所示. 从图中可以看出，这些点的分布大致接近一条直线，于是可认为 $y=f(x)$ 是线性函数，并设 $f(x)=ax+b$，其中 a 和 b 为待定常数.

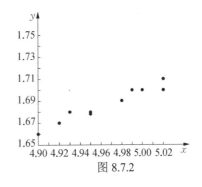
图 8.7.2

如何确定 a 和 b 呢？要取这样的 a 和 b：使得函数 $y=f(x)$ 在点 $x_1, x_2, \cdots, x_{10}$ 处的函数值与试验值 $y_1, y_2, \cdots, y_{10}$ 相差都很小，就是要使每个偏差 $y_i-f(x_i)\ (i=1,2,\cdots,10)$ 都很小. 如何达到这一要求呢？能否设法使偏差的和

$$\sum_{i=1}^{10}[y_i-f(x_i)]$$

很小来保证每个偏差很小呢？不能，因为偏差有正有负，在求和时，可能相互抵消. 为避免这种情形，可对偏差的绝对值求和，只要

$$\sum_{i=1}^{10}|y_i-f(x_i)|=\sum_{i=1}^{10}|y_i-(ax_i+b)|$$

很小，就能保证每个偏差的绝对值很小. 但式子中有绝对值符号不利于进一步分析，因此

考虑选取常数 a 和 b，使

$$M = \sum_{i=1}^{10} \left[y_i - (ax_i + b) \right]^2$$

最小来保证每个偏差的绝对值都很小. 这种由偏差的平方和最小的条件来选择常数 a 和 b 的方法称为最小二乘法.

接下来研究，经验公式 $y=ax+b$ 中，a 和 b 符合什么条件时，可以使上述的 M 值最小. 将 M 看成自变量为 a 和 b 的二元函数，则由本节前面的讨论知，可以通过求方程组

$$\begin{cases} M_a(a,b) = 0 \\ M_b(a,b) = 0 \end{cases}$$

的解来解决.

令

$$\begin{cases} M_a = -2\sum_{i=1}^{10}\left[y_i - (ax_i+b)\right]x_i = 0 \\ M_b = -2\sum_{i=1}^{10}\left[y_i - (ax_i+b)\right] = 0 \end{cases}$$

整理化简得

$$\begin{cases} a\sum_{i=1}^{10}x_i^2 + b\sum_{i=1}^{10}x_i = \sum_{i=1}^{10}(x_iy_i) \\ a\sum_{i=1}^{10}x_i + 10b = \sum_{i=1}^{10}y_i \end{cases} \tag{8.7.5}$$

下面分别计算 $\sum_{i=1}^{10}x_i, \sum_{i=1}^{10}x_i^2, \sum_{i=1}^{10}y_i, \sum_{i=1}^{10}x_iy_i$，列于表 8.7.2.

表 8.7.2

年份	x_i	y_i	x_i^2	x_iy_i
2002	4.92	1.67	24.21	8.27
2003	5.00	1.70	25.00	8.50
2004	4.93	1.68	24.30	8.25
2005	4.90	1.66	24.01	8.13
2006	4.90	1.66	24.01	8.18
2007	4.95	1.68	24.50	8.32
2008	4.98	1.69	24.80	8.42
2009	4.99	1.70	24.90	8.48
2010	5.02	1.70	25.20	8.53
2011	5.02	1.71	25.20	8.58
$\sum$	49.61	16.86	246.13	83.65

代入方程组（8.7.5）解得

$$a=0.338\,9, \qquad b=0.004\,9$$

即所求经验公式为

$$y = 0.338\ 9x + 0.004\ 9 \tag{8.7.6}$$

由函数（8.7.6）算出的函数值 $f(x_i)$ 与实测值 y_i 有一定的偏差，偏差的平方和 $M = 1.665\ 3 \times 10^{-4}$，其平方根 $\sqrt{M} = 0.012\ 9$．$\sqrt{M}$ 称为均方误差，其大小在一定程度上反映了经验公式近似程度的好坏.

注　最小二乘法给出的是一种线性函数关系的经验公式的计算方法. 如果经验公式的类型不是线性函数，有时可以设法将其转化为线性函数关系. 例如，在研究单分子化学反应速度时，测得一组数据如表 8.7.3 所示.

表 8.7.3

i	1	2	3	4	5	6	7	8
t_i	3	6	9	12	15	18	21	24
y_i	57.6	41.9	31.0	22.7	16.6	12.2	8.9	6.5

表中，t 为从试验开始算起的时间，y 为 t 时刻反应物的量. 由表中数据及化学反应速度理论知，所求经验公式 $y = f(t)$ 可近似看成指数函数

$$y = k\mathrm{e}^{mt}$$

其中 k 和 m 为待定系数. 上式两边取对数得

$$\lg y = mt \cdot \lg \mathrm{e} + \lg k$$

记 $a = m \cdot \lg \mathrm{e}, b = \lg k$，则

$$\lg y = at + b$$

即 $\lg y$ 是 t 的线性函数. 仿例 8.7.12 的做法得

$$a = -0.045, \qquad b = 1.896\ 4$$

从而

$$m = -0.103\ 6, \qquad k = 10^b \approx 78.78$$

所以

$$y = 78.78\mathrm{e}^{-0.103\ 6t}$$

习　题　8.7

（A）

1. 求下列函数的极值：

（1）$f(x, y) = 4(x - y) - x^2 - y^2$；

（2）$f(x, y) = \mathrm{e}^{-\sqrt{x^2 + y^2}}$；

（3）$f(x, y) = x^3 + 3xy^2 - 15x - 12y$；

（4）$f(x, y) = (6x - x^2)(4y - y^2)$；

（5）$f(x, y) = \mathrm{e}^{2x}(x + y^2 + 2y)$；

（6）$f(x, y) = x^4 - y^2$.

2. 求函数 $f(x, y) = x^2 - y^2$ 在 $D = \{(x, y) \mid x^2 + y^2 \leqslant 4\}$ 上的最值.

3. 求函数 $f(x, y) = x^2 - xy + y^2$ 在 $D = \{(x, y) \mid |x| + |y| \leqslant 1\}$ 上的最值.

4. 求函数 $z = x^2 + y^2$ 在条件 $\dfrac{x}{a} + \dfrac{y}{b} = 1$ 下的极值.

5. 求函数 $u = x^2 + 2x - 3y + z$ 在条件 $4x^2 + y^2 + 2z = 2$ 下的最大值.

6. 从斜边长为 l 的一切直角三角形中，求出周长最大的那个直角三角形.

7. 设两种产品产量分别为 x 和 y（单位：千件），利润函数为

$$L(x,y)=6x-x^2+16y-4y^2-2 \quad (单位：万元)$$

已知生产这两种产品时，每千件产品均需消耗某种原料 2 000 kg，现有该原料 12 000 kg，问两种产品各生产多少千件时，总利润最大？最大利润为多少？

8. 设某电视机厂生产一台电视机的成本为 c，每台电视机的销售价格为 p，销售量为 x. 假设该厂的生产处于平衡状态，即生产量等于销售量. 根据市场预测，x 与 p 满足关系式 $x=Me^{-ap}$（$M>0$，$a>0$），其中 M 为最大市场需求量，a 为价格系数. 又根据对生产环节的分析，预测每台电视机的生产成本满足 $c=c_0-k\ln x$（$k>0$，$x>1$），其中 c_0 为生产一台电视机的成本，k 为规模系数. 问应如何确定每台电视机的售价 p，才能使该厂获得最大利润？

9. 某公司的销售收入 R（万元）与电视广告费 x（万元）和报纸广告费 y（万元）之间的关系为 $R(x,y)=15+14x+32y-8xy-2x^2-10y^2$，求：

（1）广告费不限时的最优广告策略；

（2）广告费限制为 1.5 万元时的最优广告策略.

10. 设生产某种产品需要投入两种要素，x_1 和 x_2 分别为两要素的投入量，Q 为产出量. 若生产函数 $Q=2x_1^\alpha x_2^\beta$，其中 α 和 β 为正常数，且 $\alpha+\beta=1$，两种要素的价格分别为 P_1 和 P_2，问产出量为 12 时，两要素各投入多少可以使投入总费用最小？

（B）

1. 已知函数 $f(x,y)$ 在点 $(0,0)$ 的某邻域内连续，且 $\lim\limits_{(x,y)\to(0,0)}\dfrac{f(x,y)-xy}{(x^2+y^2)^2}=1$，则（   ）.

    A. 点 $(0,0)$ 不是 $f(x,y)$ 的极值点   B. 点 $(0,0)$ 是 $f(x,y)$ 的极大值点

    C. 点 $(0,0)$ 是 $f(x,y)$ 的极小值点   D. 无法判断.

2. 设函数 $u(x,y)$ 在平面有界闭区域 D 上连续，在 D 的内部具有二阶连续偏导数，且满足 $\dfrac{\partial^2 u}{\partial x \partial y}\neq 0$ 和 $\dfrac{\partial^2 u}{\partial x^2}+\dfrac{\partial^2 u}{\partial y^2}=0$，则（   ）.

    A. $u(x,y)$ 的最大值点和最小值点必定都在区域 D 的边界上

    B. $u(x,y)$ 的最大值点和最小值点必定都在区域 D 的内部

    C. $u(x,y)$ 的最大值点在区域 D 的内部，最小值点在区域 D 的边界上

    D. $u(x,y)$ 的最小值点在区域 D 的内部，最大值点在区域 D 的边界上

3. 由方程 $2y^3-2y^2+2xy+y-x^2=0$ 确定的函数 $y=y(x)$（   ）.

    A. 没有驻点   B. 有驻点但不是极值点

    C. 驻点为极小值点   D. 驻点为极大值点

4. 设 $z=z(x,y)$ 是由 $x^2-6xy+10y^2-2yz-z^2+18=0$ 所确定的函数，求 $z=z(x,y)$ 的极值点和极值.

5. 证明函数 $f(x,y)=(1+e^x)\cos x-ye^y$ 有无穷多个极大值，但无极小值.

6. 求椭圆 $5x^2+4xy+2y^2=1$ 的面积.

7. 求内接于半径为 a 的球且有最大体积的长方体.

8. 求函数 $u=\sqrt{x^2+y^2+z^2}$ 在约束条件 $\begin{cases} z=x^2+y^2 \\ x+y+z=4 \end{cases}$ 下的最大值和最小值.

MATLAB
计算多元函数
的偏导数

小 结

本章介绍了多元函数微分学的基本内容，包括空间解析几何简介，多元函数的极限、连续、偏导数、全微分等概念及计算方法，多元函数的极值和最值. 读者在学习的过程中应当能体会到，本章的内容与一元函数微分学有相近之处，也有区别. 因此，理解一元函数微分学与多元函数微分学之间的异同，对学习是非常必要且重要的.

一、学习目的

（1）理解空间直角坐标系，理解曲面方程的概念，了解常用二次曲面方程.

（2）理解多元函数的概念，会求函数的定义域.

（3）理解二元函数极限、连续的概念，了解有界闭区域上连续函数的性质.

（4）理解偏导数、全微分的概念，了解全微分存在的必要条件和充分条件，能熟练计算多元函数的偏导数和全微分. 了解多元函数连续与可偏导、可微分之间的关系.

（5）掌握复合函数的求导方法.

（6）掌握隐函数的求导方法.

（7）理解多元函数极值的概念，会求多元函数的极值和最值，会求条件极值，了解最小二乘法.

二、内容小结

1. 空间解析几何部分

两点间距离：$d = \sqrt{(x_1 - x_2)^2 + (y_1 - y_2)^2 + (z_1 - z_2)^2}$；

旋转抛物面：$z = x^2 + y^2$；

双曲抛物面：$z = y^2 - x^2$.

2. 二元函数的定义

若平面点集 D 上任一点 $P(x, y)$，变量 z 按对应法则 f 都有唯一的值与之对应，则称 z 与 x, y 之间存在函数关系 f，记为 $z = f(x, y)$ 或 $z = f(P)$，也称二元函数.

3. 二元函数的极限

设函数 $z = f(x, y)$ 的定义域为 D，点 $P_0(x_0, y_0)$ 是 D 的聚点. 若 $\forall \varepsilon > 0$，总存在 $\delta > 0$，当 $P \in \mathring{U}(P_0, \delta)$ 时，都有 $|f(x, y) - A| < \varepsilon$，则称 A 为函数 $z = f(x, y)$ 当 $P \to P_0$ 时的极限，记为

$$\lim_{P \to P_0} f(P) = A \quad \text{或} \quad \lim_{(x, y) \to (x_0, y_0)} f(x, y) = A$$

4. 二元函数连续

设函数 $z=f(x,y)$ 在点 $P_0(x_0,y_0)$ 的某邻域内有定义，若

$$\lim_{(x,y)\to(x_0,y_0)} f(x,y) = f(x_0,y_0)$$

则称函数 $z=f(x,y)$ 在点 P_0 处连续.

二元连续函数的和、差、积、商（分母不为 0）及复合函数仍为连续函数. 二元初等函数在其定义区域内连续.

若二元函数在有界闭区域 D 上连续，则它在 D 上有界、存在最值，且满足介值定理.

5. 偏导数

设函数 $z=f(x,y)$ 在点 $P_0(x_0,y_0)$ 的某邻域内有定义，若 $\lim\limits_{\Delta x\to 0} \dfrac{f(x_0+\Delta x,y_0)-f(x_0,y_0)}{\Delta x}$ 存在，则称该极限为函数 $z=f(x,y)$ 在点 $P_0(x_0,y_0)$ 处对 x 的偏导数，记为

$$z_x(x_0,y_0), \quad f_x(x_0,y_0), \quad \frac{\partial z}{\partial x}\Big|_{(x_0,y_0)}, \quad \frac{\partial f}{\partial x}\Big|_{(x_0,y_0)}$$

同理可定义对 y 的偏导数.

6. 全微分

若函数 $z=f(x,y)$ 在点 $P_0(x_0,y_0)$ 的全增量

$$\Delta z=f(x_0+\Delta x,y_0+\Delta y)-f(x_0,y_0)$$

可表示为

$$\Delta z = A\cdot\Delta x + B\cdot\Delta y + o(\rho)$$

其中 A,B 只与 x_0,y_0 有关，而与 $\Delta x,\Delta y$ 无关，$\rho=\sqrt{(\Delta x)^2+(\Delta y)^2}$，则称函数 $z=f(x,y)$ 在点 (x_0,y_0) 处可微分，且 $A\cdot\Delta x + B\cdot\Delta y$ 称为函数 $z=f(x,y)$ 在点 P_0 处的全微分，记为 $\mathrm{d}z\big|_{(x_0,y_0)}$.

实际上，

$$\mathrm{d}z\big|_{(x_0,y_0)}=f_x(x_0,y_0)\cdot\Delta x + f_y(x_0,y_0)\cdot\Delta y = f_x(x_0,y_0)\cdot\mathrm{d}x + f_y(x_0,y_0)\cdot\mathrm{d}y$$

且

$$\mathrm{d}z\approx\Delta z$$

7. 复合函数求导法

若函数 $z=f(u,v)$ 在点 (u,v) 处可微分，$u=\varphi(x,y)$ 和 $v=\psi(x,y)$ 在相应点 (x,y) 处可偏导，则复合函数 $z=f[\varphi(x,y),\psi(x,y)]$ 在点 (x,y) 处可偏导，且

$$\begin{cases} \dfrac{\partial z}{\partial x}=\dfrac{\partial z}{\partial u}\cdot\dfrac{\partial u}{\partial x}+\dfrac{\partial z}{\partial v}\cdot\dfrac{\partial v}{\partial x} \\[2mm] \dfrac{\partial z}{\partial y}=\dfrac{\partial z}{\partial u}\cdot\dfrac{\partial u}{\partial y}+\dfrac{\partial z}{\partial v}\cdot\dfrac{\partial v}{\partial y} \end{cases}$$

8. 隐函数求导

若函数 $F(x, y)$ 在点 $P_0(x_0, y_0)$ 的某邻域内可偏导且偏导数连续，并且

$$F(x_0, y_0) = 0, \qquad F_y(x_0, y_0) \neq 0$$

则方程 $F(x, y) = 0$ 在点 (x_0, y_0) 的邻域内唯一确定一个具有连续导数的函数 $y = f(x)$，满足 $y_0 = f(x_0)$，且

$$\frac{\mathrm{d}y}{\mathrm{d}x} = -\frac{F_x(x, y)}{F_y(x, y)}$$

9. 多元函数的极值

设函数 $z = f(x, y)$ 在点 $P_0(x_0, y_0)$ 的某邻域 $U(P_0)$ 内有定义，若对任意 $P \in U(P_0)$，有

$$f(x, y) \leqslant f(x_0, y_0)$$

则称函数 $z = f(x, y)$ 在点 (x_0, y_0) 处取得极大值. 同理可定义极小值.

求法：

（1）由 $f_x(x, y) = 0, f_y(x, y) = 0$ 解出驻点；

（2）求出驻点 $A = f_{xx}, B = f_{xy}, C = f_{yy}$；

（3）由 $AC - B^2$ 和 A 的符号判别驻点是否为极值点.

10. 条件极值

目标函数 $z = f(x, y)$ 在约束条件 $\varphi(x, y) = 0$ 下的极值称为条件极值.

求法有两种：①化为无条件极值；②拉格朗日乘数法. 写出拉格朗日函数

$$L(x, y) = f(x, y) + \lambda \varphi(x, y)$$

由 $F_x = 0, F_y = 0, \varphi(x, y) = 0$ 解出点 (x, y)，则点 (x, y) 可能为极值点.

三、常用方法

（1）截痕法. 研究空间曲面的形状主要介绍了截痕法，从曲面被平面所截得的截痕及曲面的形成过程推测出曲面的形状.

（2）计算多元函数的极限. 连续函数的定义、无穷小的性质、夹逼准则等一元函数极限所用的方法都可以用，也可以通过换元化为一元函数.

（3）证明函数极限不存在. 找两条特殊的直线或曲线，使沿两条路径的极限不相等.

（4）计算形式复杂的多元函数在固定点的偏导数. 先固定其他变量，再对一元函数求导数，可简化计算.

（5）隐函数求导. 既可以用求导公式，也可以在等式两边同时对某一变量求导.

（6）计算函数极值. 若 $AC - B^2 = 0$，一般用定义来计算.

（7）求解条件极值问题. 需注意拉格朗日乘数法只是寻找可能极值点的一种方法，如果用此法求不出极值，并不能说明不存在极值.

总 习 题 8

1. 填空题：

（1）函数 $f(x,y)$ 在点 (x,y) 处可微分是 $f(x,y)$ 在点 (x,y) 处连续的_____条件；函数 $f(x,y)$ 在点 (x,y) 处连续是 $f(x,y)$ 在点 (x,y) 处可微分的_____条件.

（2）函数 $f(x,y)$ 在点 (x,y) 处 f_x,f_y 存在是 $f(x,y)$ 在点 (x,y) 处可微分的_____条件；函数 $f(x,y)$ 在点 (x,y) 处可微分是 $f(x,y)$ 在点 (x,y) 处存在 f_x,f_y 的_____条件.

（3）函数 $f(x,y)$ 在点 (x,y) 处具有连续偏导数是 $f(x,y)$ 在点 (x,y) 处可微分的_____条件.

（4）函数 $z=f(x,y)$ 的 z_{xy},z_{yx} 在区域 D 内连续是 $z_{xy}=z_{yx}$ 的_____条件.

（5）已知 $\dfrac{(x+ay)\mathrm{d}x+y\mathrm{d}y}{(x+y)^2}$ 为某函数的全微分，则 $a=$_____.

（6）设 $u=\mathrm{e}^{-x}\sin\dfrac{x}{y}$ ，则 $u_{xy}\Big|_{\left(2,\frac{1}{\pi}\right)}=$_____.

（7）设 $z=xyf\left(\dfrac{x}{y}\right)$ ， f 可导，则 $xz_x+yz_y=$_____.

（8）设函数 $f(x,y)$ 有一阶连续偏导数，且 $f(x,x^2)=1,f_x(x,x^2)=x$ ，则 $f_y(x,x^2)=$_____.

2. 求函数 $f(x,y)=\dfrac{\sqrt{4x-y^2}}{\ln(1-x^2-y^2)}$ 的定义域，并求 $\lim\limits_{(x,y)\to(1/2,0)}f(x,y)$.

3. 指出下列函数的间断点：

（1） $z=\dfrac{1}{x+y}$ ；

（2） $z=\dfrac{y^2+2x}{y^2-2x}$.

4. 求下列函数的极限：

（1） $\lim\limits_{\substack{x\to1\\y\to0}}\dfrac{1-xy}{x^2+y^2}$ ；

（2） $\lim\limits_{\substack{x\to2\\y\to0}}(1+x^2y)^{\frac{1}{xy}}$ ；

（3） $\lim\limits_{\substack{x\to0\\y\to0}}\dfrac{x^2}{x^2+y^2-x}$.

5. 证明 $\lim\limits_{(x,y)\to(0,0)}f(x,y)=\dfrac{xy^2}{x^2+y^4}$ 不存在.

6. 设
$$f(x,y)=\begin{cases}\dfrac{x^2y}{x^2+y^2}, & x^2+y^2\neq0\\ 0, & x^2+y^2\neq0\end{cases}$$

证明：函数 $f(x,y)$ 在点 $(0,0)$ 处连续且可偏导，但不可微分.

7. 求下列函数的偏导数：

（1） $z=x^y$ ；

（2） $z=\mathrm{e}^{xy}$ ；

（3） $z=\arctan\dfrac{x-y}{x+y}$ ；

（4） $z=\mathrm{e}^{x^2+y^2}\sin(xy)$.

8. 证明： $u=z\arctan\dfrac{x}{y}$ 满足 $\dfrac{\partial^2u}{\partial x^2}+\dfrac{\partial^2u}{\partial y^2}+\dfrac{\partial^2u}{\partial z^2}=0$.

9. 设 $u = x^y$，且 $x = \varphi(t), y = \psi(t)$，求 $\dfrac{\mathrm{d}u}{\mathrm{d}t}$.

10. 设 $w = F(xy, yz)$ ，F 是具有连续偏导数的二元函数，证明：

$$x\frac{\partial w}{\partial x} + z\frac{\partial w}{\partial z} = y\frac{\partial w}{\partial y}$$

11. 设 $z = uv, x = \mathrm{e}^u \cos v, y = \mathrm{e}^u \sin v$，求 $\dfrac{\partial z}{\partial x}, \dfrac{\partial z}{\partial y}$.

12. 下列方程确定 y 是 x 的函数，求 $\dfrac{\mathrm{d}y}{\mathrm{d}x}$：

（1） $\sin y + \mathrm{e}^x - xy^2 = 0$ ；
（2） $x^y = y^x$.

13. 设 f 具有连续的一阶偏导数，求下列函数的一阶偏导数：

（1） $z = f(3x + 2y, 4x - 3y)$ ；
（2） $z = f(x^2 - y^2, \mathrm{e}^{xy})$ ；

（3） $u = f(x, xy, xyz)$.

14. 设可微分函数 $z = f(x, y)$ 满足 $x\dfrac{\partial f}{\partial x} + y\dfrac{\partial f}{\partial y} = 0$，证明：$f(x, y)$ 在极坐标中只是 θ 的函数.

15. 设 $f(x, y) = \displaystyle\int_0^{xy} \mathrm{e}^{-t^2}\mathrm{d}t$ ，求 $\dfrac{x}{y}\dfrac{\partial^2 f}{\partial x^2} - 2\dfrac{\partial^2 f}{\partial x \partial y} + \dfrac{y}{x}\dfrac{\partial^2 f}{\partial y^2}$.

16. 设 $z = f(x, y) = x^2 y(4 - x - y)$ 在由直线 $x + y = 6$ ，x 轴，y 轴所围成的闭区域上的最值.

17. 求 $z = x^2 + y^2 - 12x + 16y$ 在 $x^2 + y^2 \leqslant 25$ 上的最值.

18. 某工厂生产的一种产品同时在两个市场销售，售价分别为 P_1 和 P_2 ，销售量分别为 Q_1 和 Q_2 ，且 $Q_1 = 24 - 0.2P_1, Q_2 = 10 - 0.05P_2$ ，总成本 $C = 35 + 40(Q_1 + Q_2)$ ，问工厂如何定价能使总利润最大？

19. 某企业雇用 x 名技术工人和 y 名非技术工人时，产品的产量为 $Q = -8x^2 + 12xy - 3y^2$ ，企业只能雇用 230 人，应如何分配工人名额才能使产量最大？

20. 一圆柱体由周长为 C 的矩形绕其一边旋转而成，问当矩形的边长各为多少时，圆柱体的体积最大？

21. 设函数 $f(u)$ 具有连续的一阶导数，且当 $x > 0, y > 0$ 时，$z = \dfrac{y}{x}f\left(\dfrac{y}{x}\right)$ 满足 $x\dfrac{\partial z}{\partial x} + 2y\dfrac{\partial z}{\partial y} = \left(\dfrac{y}{x}\right)^3$，求 z 的表达式.

22. 设 $\begin{cases} x^2 + 2y^2 - z^2 = 1, \\ x^2 + y^2 = ax, \end{cases}$ 求 $\dfrac{\mathrm{d}y}{\mathrm{d}x}, \dfrac{\mathrm{d}z}{\mathrm{d}x}$.

23. 设 $z = f(xy, 2x - 3y)$，其中 f 具有连续的二阶偏导数，求 $\dfrac{\partial z}{\partial x}$ ，$\dfrac{\partial^2 z}{\partial x \partial y}$.

24. 求由方程 $2x^2 + 2y^2 + z^2 + 8xz - z + 8 = 0$ 所确定的隐函数 $z = z(x, y)$ 的极值.

第 *9* 章

二 重 积 分

上册第 5 章学习了一元函数的定积分，定积分的概念源于解决一类实际问题所得到的一个和式的极限，积分范围是数轴上的区间. 多重积分是一元函数定积分概念在多元函数中的推广，积分范围也相应扩大到平面区域、空间区域等. 本章主要介绍二重积分的概念、性质、计算方法及应用.

二重积分概念形成的思想、方法、步骤与定积分几乎一致，性质也与定积分相应性质类似. 因此，学习本章时建议读者将其与定积分相应内容对比学习，以更透彻地理解其中蕴含的思想方法，并在此基础上尝试将二重积分进一步推广到三重积分.

二重积分的计算相对于定积分的计算更为复杂，涉及坐标系的选择、积分次序的选择问题，但是总的来说，二重积分的计算问题最终还是通过转化成定积分来解决.

9.1 二重积分的概念及性质

9.1.1 二重积分的概念

1. 引例

1）曲顶柱体体积

例 9.1.1 设有一立体，它的底是 xOy 平面上的闭区域 D，它的侧面是以 D 的边界

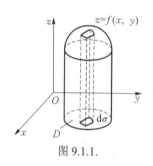

图 9.1.1.

曲线为准线而母线平行于 z 轴的柱面，它的顶是曲面 $z = f(x, y)$（图 9.1.1），其中 $f(x, y) \geqslant 0$ 且在 D 上连续. 这种立体称为曲顶柱体. 下面讨论如何计算曲顶柱体的体积.

曲顶柱体，由于其顶部的高度是变化的，其体积不能用平顶柱体体积公式（体积＝底面积×高）计算；但可以像讨论曲边梯形面积那样，采用"分割、取近似、求和、取极限"的步骤来解决曲顶柱体的体积问题.

（1）分割. 用一曲线网把区域 D 任意分成 n 个小区域

$$\Delta\sigma_1, \Delta\sigma_2, \cdots, \Delta\sigma_n$$

小区域 $\Delta\sigma_i$ 的面积也记为 $\Delta\sigma_i$. 以这些小区域的边界曲线为准线作母线平行于 z 轴的柱面，这些柱面把原来的曲顶柱体分为 n 个细条的小曲顶柱体. 它们的体积分别记为

$$\Delta V_1, \Delta V_2, \cdots, \Delta V_n$$

（2）近似代替. 当小区域 $\Delta\sigma_i$ 的直径（$\Delta\sigma_i$ 最长两点的距离）很小时，由于 $f(x, y)$ 连续，$f(x, y)$ 在 $\Delta\sigma_i$ 中的变化很小，可以近似地看成常数，从而以 $\Delta\sigma_i$ 为底的细条曲顶柱体可近似地看成以 $f(\xi_i, \eta_i)$ 为高的平顶柱体（图 9.1.1），即

$$\Delta V_i \approx f(\xi_i, \eta_i)\Delta\sigma_i \quad (i = 1, 2, \cdots, n)$$

（2）求和. 把这些细条曲顶柱体体积的近似值 $f(\xi_i, \eta_i)\Delta\sigma_i$ 加起来，就得到所求曲顶柱体体积 V 的近似值，即

$$V = \sum_{i=1}^{n} \Delta V_i \approx \sum_{i=1}^{n} f(\xi_i, \eta_i)\Delta\sigma_i$$

（4）取极限. 一般地，若区域 D 分得越细，则上述和式就越接近于曲顶柱体体积 V，当把区域 D 无限细分，即当所有小区域的最大直径 $\lambda \to 0$ 时，和式的极限就是所求曲顶柱体的体积 V，即

$$V = \lim_{\lambda \to 0} \sum_{i=1}^{n} f(\xi_i, \eta_i)\Delta\sigma_i$$

2）非均匀平面薄板的质量

例 9.1.2 设薄片的形状为闭区域 D（图 9.1.2），其面密度 $\rho = \rho(x, y)$ 为 D 上为正的连

续函数. 当质量分布均匀, 即 ρ 为常数时, 质量 M 等于面密度乘以薄片的面积. 当质量分布不均匀时, ρ 随点(x, y)而变化, 如何求质量呢? 采用与求曲顶柱体的体积相类似的方法求薄片的质量.

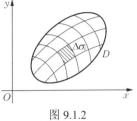

图 9.1.2

(1) 分割. 把区域 D 任意分成 n 个小区域

$$\Delta\sigma_1, \Delta\sigma_2, \cdots, \Delta\sigma_n$$

小区域 $\Delta\sigma_i$ 的面积也记为 $\Delta\sigma_i$. 该薄板就相应地分成 n 个小块薄板.

(2) 近似代替. 对于一个小区域 $\Delta\sigma_i$, 当直径很小时, 由于 $\rho(x, y)$连续, $\rho(x, y)$在 $\Delta\sigma_i$ 中的变化很小, 可以近似地看成常数, 从而 $\Delta\sigma_i$ 上薄板的质量可近似地看成以 $\rho(\xi_i, \eta_i)$为面密度的均匀薄板, 于是

$$\Delta M_i \approx \rho(\xi_i, \eta_i)\Delta\sigma_i \quad (i = 1, 2, \cdots, n)$$

(3) 求和. 把这些小薄板质量的近似值 $\rho(\xi_i, \eta_i)\Delta\sigma_i$ 加起来, 就得到所求整块薄板质量的近似值, 即

$$M = \sum_{i=1}^{n} \Delta M_i \approx \sum_{i=1}^{n} \rho(\xi_i, \eta_i)\Delta\sigma_i$$

(4) 取极限. 一般地, 若区域 D 分得越细, 则上述和式就越接近于非均匀平面薄板的质量 M, 当把区域 D 无限细分, 即所有小区域的最大直径 $\lambda \to 0$ 时, 式子的极限就是所求非均匀平面薄板的质量 M, 即

$$M = \lim_{\lambda \to 0} \sum_{i=1}^{n} \rho(\xi_i, \eta_i)\Delta\sigma_i$$

2. 二重积分的定义

上面两个例子的意义虽然不同, 但解决问题的方法是一样的, 都归结为求二元函数的某种和式的极限, 还有许多物理、几何、经济学上的量都可归结为这种形式和的极限, 抽去其几何或物理意义, 研究其共性, 便得二重积分的定义.

定义 9.1.1 设函数 $f(x, y)$ 在闭区域 D 上有定义, 将 D 任意分成 n 个小区域

$$\Delta\sigma_1, \Delta\sigma_2, \cdots, \Delta\sigma_n$$

其中 $\Delta\sigma_i$ 为第 i 个小区域, 也为它的面积. 在每个小区域 $\Delta\sigma_i$ 上任取一点(ξ_i, η_i), 作乘积

$$f(\xi_i, \eta_i)\Delta\sigma_i \, (i = 1, 2, \cdots, n)$$

并作和式 $\sum_{i=1}^{n} f(\xi_i, \eta_i)\Delta\sigma_i$. 当各小区域的直径中的最大值 λ 趋于 0 时, 此和式的极限存在, 且极限值与区域 D 的分法无关, 也与每个小区域 $\Delta\sigma_i$ 中点(ξ_i, η_i)的取法无关. 称此极限值为函数 $f(x, y)$ 在闭区域 D 上的二重积分, 记为 $\iint\limits_{D} f(x, y)\mathrm{d}\sigma$ 即

$$\iint\limits_{D} f(x, y)\mathrm{d}\sigma = \lim_{\lambda \to 0} \sum_{i=1}^{n} f(\xi_i, \eta_i)\Delta\sigma_i$$

其中 $\iint$ 称为二重积分号, $f(x, y)$ 称为被积函数, $f(x, y)\mathrm{d}\sigma$ 称为被积表达式, $\mathrm{d}\sigma$ 称为面积元素, x 和 y 称为积分变量, D 称为积分区域.

注 (1) 二重积分是个极限值, 因此是个数值, 这个数值的大小仅与被积函数 $f(x, y)$

及积分区域 D 有关，而与积分变量的记号无关，即有

$$\iint\limits_{D} f(x,y)\mathrm{d}\sigma = \iint\limits_{D} f(u,v)\mathrm{d}\sigma$$

（2）只有当和式极限 $\lim\limits_{\lambda\to 0}\sum\limits_{i=1}^{n}f(\xi_i,\eta_i)\Delta\sigma_i$ 存在时，函数 $f(x,y)$ 在 D 上的二重积分才存在，称 $f(x,y)$ 在 D 上可积.

（3）二重积分 $\iint\limits_{D} f(x,y)\mathrm{d}\sigma$ 与区域 D 的分法无关，也与每个小区域 $\Delta\sigma_i$ 中点 (ξ_i,η_i) 的取法无关.

3.二重积分的存在性

二元函数 $f(x,y)$ 在 D 上满足什么条件时，函数 $f(x,y)$ 才可积呢？现在不加证明地给出两个 $f(x,y)$ 在 D 上可积的充分条件.

定理 9.1.1　如果函数 $f(x,y)$ 在闭区域 D 上连续，那么 $f(x,y)$ 在闭区域 D 上可积，即二重积分存在.

定理 9.1.2　若函数 $f(x,y)$ 在有界闭区域 D 上有界，而间断点只分布在有限条光滑曲线上，则 $f(x,y)$ 在 D 上的二重积分存在.

本书中，如不特别声明，总是假定函数 $f(x,y)$ 在 D 上连续，因而 $f(x,y)$ 在 D 上的二重积分总是是存在的.

4.二重积分的几何意义

由例 9.1.1 知，当函数 $f(x,y)\geqslant 0$ 时，二重积分 $\iint\limits_{D} f(x,y)\mathrm{d}\sigma$ 表示以 $z=f(x,y)$ 为曲顶、D 为底面、母线平行 z 轴的曲顶柱体的体积. 当 $f(x,y)\leqslant 0$ 时，$\iint\limits_{D} f(x,y)\mathrm{d}\sigma$ 的绝对值等于曲顶 $f(x,y)$ 在 xOy 平面下方、底面为 D、母线平行于 z 轴的曲顶柱体的体积，但二重积分为负值；当 $f(x,y)$ 在 D 上的符号可能为正也可能为负时，若能将 D 分为有限个小区域 D_i，在每个小区域 D_i 内 $f(x,y)$ 符号不改变，则 $\iint\limits_{D} f(x,y)\mathrm{d}\sigma$ 表示以 $f(x,y)$ 为曲顶、以区域 D_i 为底的各小曲顶体体积的代数和.

例如，设 D 为圆形区域 $x^2+y^2\leqslant R^2$，则二重积分 $\iint\limits_{D}\sqrt{R^2-x^2-y^2}\,\mathrm{d}x\mathrm{d}y$ 表示曲顶为球面 $z=\sqrt{R^2-x^2-y^2}$、底为圆面 $x^2+y^2\leqslant R^2$ 的上半球体的体积，所以

$$\iint\limits_{D}\sqrt{R^2-x^2-y^2}\,\mathrm{d}x\mathrm{d}y = \frac{1}{2}\cdot\frac{4}{3}\pi R^3 = \frac{2}{3}\pi R^3$$

9.1.2　二重积分的性质

比较一元函数的定积分与二重积分的定义知，二重积分与定积分有完全类似的性质. 假设二元函数 $f(x,y),g(x,y)$ 在积分区域 D 上都连续，则它们在 D 上的二重积分是存在的.

性质 9.1.1 被积函数的常数因子可以提到二重积分号的外面，即

$$\iint\limits_{D} kf(x,y)\mathrm{d}\sigma = k\iint\limits_{D} f(x,y)\mathrm{d}\sigma \quad (k \text{ 为常数})$$

性质 9.1.2 函数的和（或差）的二重积分等于各个函数的二重积分的和（或差），即

$$\iint\limits_{D}[f(x,y) \pm g(x,y)]\mathrm{d}\sigma = \iint\limits_{D} f(x,y)\mathrm{d}\sigma \pm \iint\limits_{D} g(x,y)\mathrm{d}\sigma$$

性质 9.1.2 可以推广到有限个代数和的情况.

性质 9.1.1 和性质 9.1.2 称为二重积分的线性性质.

性质 9.1.3 （积分区域的可加性） 若闭区域 D 被分为有限个内点不相交的闭区域，则在 D 上的二重积分等于在各部分闭区域上的二重积分的和.

例如，D 分为两个无公共内点的闭区域 D_1 和 D_2，则

$$\iint\limits_{D} f(x,y)\mathrm{d}\sigma = \iint\limits_{D_1} f(x,y) + \mathrm{d}\sigma\iint\limits_{D_2} f(x,y)\mathrm{d}\sigma$$

性质 9.1.4 若在 D 上，$f(x,y)=1$，D 的面积为 σ，则

$$\iint\limits_{D} f(x,y)\mathrm{d}\sigma = \iint\limits_{D} 1\mathrm{d}\sigma = \sigma$$

性质 9.1.5 （保序性） 若在区域 D 上有 $f(x,y) \geqslant g(x,y)$，则

$$\iint\limits_{D} f(x,y)\mathrm{d}\sigma \geqslant \iint\limits_{D} g(x,y)\mathrm{d}\sigma$$

特别地，有

（i）若在区域 D 上 $f(x,y) \geqslant 0$，则有

$$\iint\limits_{D} f(x,y)\mathrm{d}\sigma \geqslant 0$$

（ii）因为 $-|f(x,y)| \leqslant f(x,y) \leqslant |f(x,y)|$，所以

$$\left|\iint\limits_{D} f(x,y)\mathrm{d}\sigma\right| \leqslant \iint\limits_{D} |f(x,y)|\mathrm{d}\sigma$$

性质 9.1.6 （二重积分估值定理） 设 M 和 m 分别为 $f(x,y)$ 在闭区域 D 上的最大值和最小值，σ 为 D 的面积，则

$$m\sigma \leqslant \iint\limits_{D} f(x,y)\mathrm{d}\sigma \leqslant M\sigma$$

性质 9.1.7 （二重积分中值定理） 设函数 $f(x,y)$ 在闭区域 D 上连续，σ 为 D 的面积，则在 D 上至少存在一点 (ξ,η)，使得下式成立：

$$\iint\limits_{D}(x,y)\mathrm{d}\sigma = f(\xi,\eta)\sigma$$

性质 9.1.7 证明
及几何意义

例 9.1.3 根据二重积分的性质，比较

$$\iint\limits_{D}(x+y)^2\mathrm{d}\sigma \quad \text{与} \quad \iint\limits_{D}(x+y)^3\mathrm{d}\sigma$$

的大小，其中 D 为由 x 轴，y 轴，直线 $x+y=1$ 所围成的区域（图 9.1.3）.

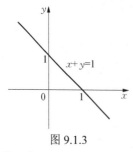

图 9.1.3

解 对于 D 上的任意一点 (x,y)，有 $0 \leqslant x+y \leqslant 1$，因此在 D 上有

$$(x+y)^3 \leqslant (x+y)^2$$

由性质 9.1.5 知

$$\iint\limits_D (x+y)^2 \mathrm{d}\sigma \geqslant \iint\limits_D (x+y)^3 \mathrm{d}\sigma$$

例 9.1.4 试估计 $\iint\limits_D \sqrt[3]{1+x^2+y^2}\,\mathrm{d}\sigma$ 的取值范围，其中 D：$x^2+y^2 \leqslant 26$.

解 由于 $\sqrt[3]{1+x^2+y^2}$ 在区域 D 上的最大值是 3，最小值是 1，又区域 D 的面积为 26π，由二重积分估值定理得

$$26\pi \leqslant \iint\limits_D \sqrt[3]{1+x^2+y^2}\,\mathrm{d}\sigma \leqslant 78\pi$$

习 题 9.1

（A）

1. 使用二重积分的定义证明：

（1）$\iint\limits_D 1\,\mathrm{d}\sigma = S_D$（$S_D$ 为 D 的面积）；

（2）$\iint\limits_D kf(x,y)\,\mathrm{d}\sigma = k\iint\limits_D f(x,y)\,\mathrm{d}\sigma$（$k$ 为常数）.

2. 比较下面二重积分的大小：

（1）$I_1 = \iint\limits_D \ln(x+y)\,\mathrm{d}\sigma$，$I_2 = \iint\limits_D (x+y)^2\,\mathrm{d}\sigma$，$I_3 = \iint\limits_D \sin^2(x+y)\,\mathrm{d}\sigma$，其中 $D = \left\{ (x,y) \left| \dfrac{1}{2} \leqslant x+y \leqslant 1 \right. \right\}$；

（2）$I_1 = \iint\limits_{D_1} \mathrm{e}^{x-y^2}\,\mathrm{d}\sigma$，$I_2 = \iint\limits_{D_2} \mathrm{e}^{x-y^2}\,\mathrm{d}\sigma$，$I_3 = \iint\limits_{D_3} \mathrm{e}^{x-y^2}\,\mathrm{d}\sigma$，其中 $D_1 = \{(x,y)|0 \leqslant x \leqslant 1, 0 \leqslant y \leqslant 1\}$，$D_2$ 是 D_1 的内切圆及其内部，D_3 是 D_1 的外接圆及其内部；

（3）$I_1 = \iint\limits_D (x+y)^2\,\mathrm{d}x\mathrm{d}y$，$I_2 = \iint\limits_D (x+y)^3\,\mathrm{d}\sigma$，其中 $D = \{(x,y)|(x-2)^2+(y-1)^2 \leqslant 1\}$；

（4）$I_1 = \iint\limits_D \cos\sqrt{x^2+y^2}\,\mathrm{d}\sigma$，$I_2 = \iint\limits_D \cos(x^2+y^2)\,\mathrm{d}\sigma$，$I_3 = \iint\limits_D \cos(x^2+y^2)^2\,\mathrm{d}\sigma$，其中 $D = \{(x,y)|x^2+y^2 \leqslant 1\}$.

3. 根据二重积分的性质，比较 $\iint\limits_D \ln(x+y)\,\mathrm{d}x\mathrm{d}y$ 与 $\iint\limits_D [\ln(x+y)]^2\,\mathrm{d}x\mathrm{d}y$ 的大小，其中：

（1）D 表示以点 $(0,1)$，$(1,0)$，$(1,1)$ 为顶点的三角形；

（2）D 表示矩形区域 $D = \{(x,y)|0 \leqslant x \leqslant 2, 3 \leqslant y \leqslant 5\}$.

4. 试确定下列积分的符号并说明理由：

（1）$\iint\limits_{r \leqslant |x|+|y| \leqslant 1} \ln(x^2+y^2)\,\mathrm{d}\sigma$（$r < 1$）；

（2）$\iint\limits_D (\mathrm{e}^{x+y} - x - y - 1)\,\mathrm{d}x\mathrm{d}y$，其中 $D = \{(x,y)|0 \leqslant x+y \leqslant 1\}$.

5. 根据二重积分的几何意义求下列二重积分：

（1）$\iint\limits_D \mathrm{d}\sigma$，其中 D 是由 $y = \sqrt{4-x^2}$，$y = 0$ 所围成的区域；

（2）$\displaystyle\iint_{D}(1-x-y)\mathrm{d}\sigma$ ，其中 D 为直线 $x+y=1$ 与两坐标轴在第一象限所围平面区域；

（3）$\displaystyle\iint_{D}(a-\sqrt{x^2+y^2})\mathrm{d}x\mathrm{d}y$ ，其中 $D=\{(x,y)|x^2+y^2\leqslant a^2\}$.

6. 利用二重积分的性质估计下列积分的值：

（1）$\displaystyle I=\iint_{D}xy(x+y)\mathrm{d}\sigma$ ，其中 $D=\{(x,y)|0\leqslant x\leqslant 1,0\leqslant y\leqslant 1\}$ ；

（2）$\displaystyle I=\iint_{D}(x^2+4y^2+9)\mathrm{d}\sigma$ ，其中 $D=\{(x,y)|0\leqslant x^2+y^2\leqslant 4\}$ ；

（3）$\displaystyle I=\iint_{D}\frac{1}{100+\cos^2 x+\cos^2 y}\mathrm{d}\sigma$ ，其中 $D=\{(x,y)\big|\,|x|+|y|\leqslant 10\}$ ；

（4）$\displaystyle I=\iint_{D}\sin^2 x\sin^2 y\,\mathrm{d}\sigma$ ，其中 $D=\{(x,y)|0\leqslant x\leqslant \pi,0\leqslant y\leqslant \pi\}$ ；

（5）$\displaystyle I=\iint_{D}xy\,\mathrm{d}\sigma$ ，其中 $D=\{(x,y)|x\geqslant 0,y\geqslant 0,0\leqslant x+y\leqslant 2\}$.

7. 利用二重积分的定义证明：当积分区域 D 关于 y 轴对称，且 $f(x,y)$ 关于 x 为奇函数，即 $f(-x,y)=-f(x,y)$ 时，$\displaystyle\iint_{D}f(x,y)\mathrm{d}\sigma=0$ ；当积分区域 D 关于 y 轴对称，且 $f(x,y)$ 关于 x 为偶函数，即 $f(-x,y)=f(x,y)$ 时，$\displaystyle\iint_{D}f(x,y)\mathrm{d}\sigma=2\iint_{D_1}f(x,y)\mathrm{d}\sigma$ ，其中 D_1 是 D 在 $x\geqslant 0$ 的部分. 同理，当积分区域关于 x 轴对称时，有类似的结论.

8. 若积分区域 D 是圆形区域 $x^2+y^2\leqslant R^2$ ，试计算：

（1）$\displaystyle\iint_{D}xy^4\,\mathrm{d}\sigma$ ； 　　　　　　　　（2）$\displaystyle\iint_{D}\frac{y^3\cos x}{1+x^2+y^2}\mathrm{d}\sigma$ ；

（3）设 $\displaystyle\iint_{D_1}x^2\mathrm{d}\sigma=I$ ，其中 D_1 是 D 的第一象限部分，求 $\displaystyle\iint_{D}x^2\mathrm{d}\sigma$.

（B）

1. 函数设 $f(x,y)$ 为连续函数，求 $\displaystyle\lim_{r\to 0}\frac{1}{r^2}\iint_{D}f(x,y)\mathrm{d}x\mathrm{d}y$ ，其中 $D=\{(x,y)|-r\leqslant x\leqslant r,-r\leqslant y\leqslant r\}$.

2. 求 $\displaystyle\lim_{t\to 0}\frac{\displaystyle\iint_{D}f(x,y)\mathrm{d}x\mathrm{d}y}{t^2}$ ，其中 $D:x^2+y^2\leqslant t^2$ ，$f(x,y)$ 在 D 上连续.

3. 设 D 是以点 $(1,1)$，$(-1,1)$，$(-1,-1)$ 为顶点的三角形区域，D_1 是该区域在第一象限部分，证明 $\displaystyle\iint_{D}(xy+\cos x\sin y)\mathrm{d}\sigma=2\iint_{D_1}\cos x\sin y\,\mathrm{d}\sigma$.

4. 证明：若函数 $f(x,y)$ 是有界闭区域 D 上的连续函数，$g(x,y)$ 在 D 上可积且不变号，则存在点 $(\zeta,\eta)\in D$ ，使得 $\displaystyle\iint_{D}f(x,y)g(x,y)\mathrm{d}\sigma=f(\zeta,\eta)\iint_{D}g(x,y)\mathrm{d}\sigma$.

5. 设函数 $f(x,y)$ 是有界闭区域 D 上的连续函数且不变号，又 $\displaystyle\iint_{D}f(x,y)\mathrm{d}\sigma=0$ ，证明：在区域 D 上 $f(x,y)\equiv 0$.

6. 证明：设函数 $f(x,y)$ 是有界闭区域 D 上的连续函数，且 $f(x,y)\geqslant 0$ ，$f(x,y)$ 不恒为 0，则 $\displaystyle\iint_{D}f(x,y)\mathrm{d}\sigma>0$.

7. 设函数 $f(x,y)$ 在区域 D 上可积，且区域 D 关于直线 $y=x$ 对称，用定义证明：

$$\iint_{D}f(x,y)\mathrm{d}\sigma=\iint_{D}f(y,x)\mathrm{d}\sigma$$

9.2 二重积分的计算

虽然二重积分的定义可以用来计算二重积分，但作为积分和式的极限来说，计算过程复杂，只有少数被积函数和积分区域都特别简单的二重积分才能用定义直接计算，而对一般的函数和区域，用定义很难求出结果. 本节将讨论二重积分的计算方法，其基本思想是：将二重积分化为两次定积分来计算，转化后的这种两次定积分称为二次积分或累次积分. 下面先在直角坐标系中讨论二重积分的计算.

9.2.1 直角坐标系中二重积分的计算

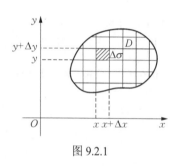

图 9.2.1

若二重积分存在，和式极限值与区域 D 的分法无关，则在直角坐标系中用与坐标轴平行的两组直线把 D 划分成各边平行于坐标轴的一些小矩形（图 9.2.1），于是小矩形的面积 $\Delta\sigma = \Delta x \Delta y$，因此在直角坐标系中，面积元素为

$$\mathrm{d}\sigma = \mathrm{d}x\mathrm{d}y$$

故二重积分可写为

$$\iint\limits_{D} f(x, y)\mathrm{d}\sigma = \iint\limits_{D} f(x, y)\mathrm{d}x\mathrm{d}y$$

下面根据二重积分的几何意义，结合积分区域的几种形状，推导二重积分的计算方法.

1. 积分区域 D 为 X-型区域

$$\{(x, y)\,|\,a \leqslant x \leqslant b, \varphi_1(x) \leqslant y \leqslant \varphi_2(x)\}$$

其中函数 $\varphi_1(x)$，$\varphi_2(x)$ 在区间 $[a, b]$ 上连续（图 9.2.2）. 这种区域的特点是：穿过区域内部且平行于 y 轴的直线与区域的边界相交不多于两个交点.

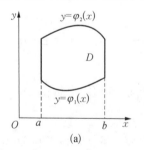
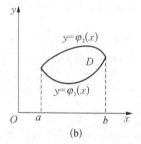

(a)　　　　　　　　　　　(b)

图 9.2.2

不妨设 $f(x, y) \geqslant 0$，由二重积分的几何意义知，$\displaystyle\iint\limits_{D} f(x, y)\mathrm{d}x\mathrm{d}y$ 表示以 D 为底、以曲面 $z = f(x, y)$ 为顶的曲顶柱体的体积（图 9.2.3）. 可以应用计算"平行截面面积为已知的立体的体积"的方法，来计算这个曲顶柱体的体积.

先计算截面面积. 在区间 $[a, b]$ 上任意取定一点 x_0, 过点 x_0 作平行于 yOz 平面的平面 $x = x_0$, 这个平面截曲顶柱体所得截面是一个以区间 $[\varphi_1(x_0), \varphi_2(x_0)]$ 为底、曲线 $z = f(x_0, y)$ 为曲边的曲边梯形（图 9.2.3 中阴影部分）, 其面积为

$$A(x_0) = \int_{\varphi_1(x_0)}^{\varphi_2(x_0)} f(x_0, y)\mathrm{d}y$$

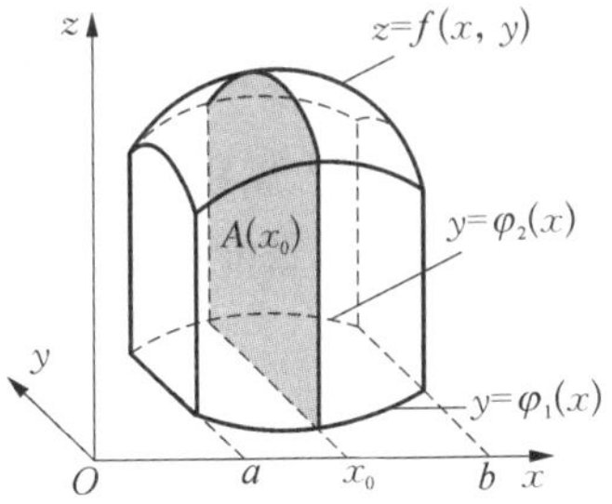

图 9.2.3

一般地, 过区间 $[a, b]$ 上任意一点 x 且平行于 yOz 平面的平面截曲顶柱体所得截面的面积为

$$A(x) = \int_{\varphi_1(x)}^{\varphi_2(x)} f(x, y)\mathrm{d}y$$

于是, 由计算平行截面面积为已知的立体体积的方法, 得曲顶柱体的体积为

$$V = \int_a^b A(x)\mathrm{d}x = \int_a^b \left[\int_{\varphi_1(x)}^{\varphi_2(x)} f(x, y)\mathrm{d}y \right]\mathrm{d}x$$

即

$$\iint_D f(x, y)\mathrm{d}x\mathrm{d}y = \int_a^b \left[\int_{\varphi_1(x)}^{\varphi_2(x)} f(x, y)\mathrm{d}y \right]\mathrm{d}x$$

上式右边是一个先对 y、再对 x 的二次积分. 也就是说, 先把 x 看成常数, 把 $f(x, y)$ 只看成 y 的函数, 对 y 计算从 $\varphi_1(x)$ 到 $\varphi_2(x)$ 的定积分, 然后把所得的结果（是 x 的函数）再对 x 计算从 a 到 b 的定积分. 这个先对 y、再对 x 的二次积分也常记为

$$\int_a^b \mathrm{d}x \int_{\varphi_1(x)}^{\varphi_2(x)} f(x, y)\mathrm{d}y$$

从而把二重积分化为先对 y、再对 x 的二次积分的公式为

$$\iint_D f(x, y)\mathrm{d}x\mathrm{d}y = \int_a^b \mathrm{d}x \int_{\varphi_1(x)}^{\varphi_2(x)} f(x, y)\mathrm{d}y \tag{9.2.1}$$

在上述讨论中, 假定 $f(x, y) \geqslant 0$, 但实际上, 公式的成立并不受此条件限制.

2. 积分区域 D 为 Y-型区域

$$\{(x, y) | c \leqslant y \leqslant d, \psi_1(y) \leqslant x \leqslant \psi_2(y)\}$$

其中函数 $\psi_1(y), \psi_2(y)$ 在区间 $[c, d]$ 上连续（图 9.2.4）. 这种区域的特点是: 穿过区域内部且平行于 x 轴的直线与区域的边界相交不多于两个交点.

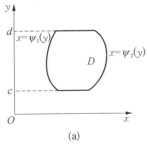

(a)　　　　　　　　　　　(b)

图 9.2.4

仿照类型 1 的计算方法，有

$$\iint\limits_{D} f(x,y)\mathrm{d}x\mathrm{d}y = \int_c^d \left[\int_{\psi_1(y)}^{\psi_2(y)} f(x,y)\mathrm{d}x \right]\mathrm{d}y = \int_c^d \mathrm{d}y \int_{\psi_1(y)}^{\psi_2(y)} f(x,y)\mathrm{d}x$$

这就是把二重积分化为先对 x、再对 y 的二次积分的公式.

注 （1）有的情况下，积分区域 D 既是 X-型区域又是 Y-型区域（图 9.2.5），不妨设

$$D = \{(x,y)|a \leqslant x \leqslant b, \varphi_1(x) \leqslant y \leqslant \varphi_2(x)\} = \{(x,y)|c \leqslant y \leqslant d, \psi_1(y) \leqslant x \leqslant \psi_2(y)\}$$

则

$$\iint\limits_{D} f(x,y)\mathrm{d}x\mathrm{d}y = \int_a^b \mathrm{d}x \int_{\varphi_1(x)}^{\varphi_2(x)} f(x,y)\mathrm{d}y = \int_c^d \mathrm{d}y \int_{\psi_1(y)}^{\psi_2(y)} f(x,y)\mathrm{d}x$$

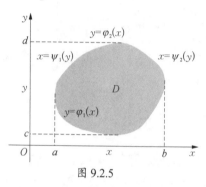

图 9.2.5

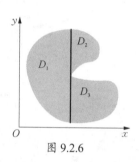

图 9.2.6

为计算方便，可以适当选择积分次序，在必要时也可交换积分次序.

（2）若积分区域 D 较复杂，不能表示成上面两种形式中的任何一种，可将 D 分割成若干个互不相交的 X-型区域或 Y-型区域. 如图 9.2.6 中阴影部分 $D = D_1 \cup D_2 \cup D_3$，有

$$\iint\limits_{D} f(x,y)\mathrm{d}x\mathrm{d}y = \iint\limits_{D_1} f(x,y)\mathrm{d}x\mathrm{d}y + \iint\limits_{D_2} f(x,y)\mathrm{d}x\mathrm{d}y + \iint\limits_{D_3} f(x,y)\mathrm{d}x\mathrm{d}y$$

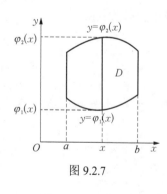

图 9.2.7

将二重积分化为二次积分时，确定积分限是一个关键. 积分限是根据积分区域来确定的，先画出积分区域 D 的图形. 假如将积分区域 D 看成 X-型区域，如图 9.2.7 所示，在区间 $[a,b]$ 上任意取定一个 x 值，则积分区域上以这个 x 值为横坐标的点为一平行于 y 轴的线段，该线段上的点的纵坐标从 $\varphi_1(x)$ 变到 $\varphi_2(x)$，这就是公式（9.2.1）中先把 x 看成常量而对 y 积分的下限和上限. 因为上面的 x 是在区间 $[a,b]$ 上任意取定的，所以再把 x 看成变量而对 x 积分时，积分区间为 $[a,b]$.

例 9.2.1 计算积分 $\iint\limits_{D}(x+y)^2\mathrm{d}x\mathrm{d}y$，其中 D 为矩形区域：$0 \leqslant x \leqslant 1, 0 \leqslant y \leqslant 2$.

解 **方法 1** 将矩形区域看成 X-型区域：

$$\iint\limits_{D}(x+y)^2\mathrm{d}x\mathrm{d}y = \int_0^1 \mathrm{d}x \int_0^2 (x+y)^2\mathrm{d}y = \int_0^1 \frac{1}{3}(x+y)^3 \bigg|_0^2 \mathrm{d}x$$

$$= \int_0^1 \left[\frac{(x+2)^3}{3} - \frac{x^3}{3} \right] \mathrm{d}x = \frac{1}{12}(x+2)^4 \bigg|_0^1 - \frac{1}{12}x^4 \bigg|_0^1 = \frac{16}{3}$$

方法 2 将矩形区域看成 Y-型区域：

$$\iint_D (x+y)^2 \mathrm{d}x\mathrm{d}y = \int_0^2 \mathrm{d}y \int_0^1 (x+y)^2 \mathrm{d}x = \int_0^2 \frac{1}{3}(x+y)^2 \bigg|_0^1 \mathrm{d}y$$

$$= \frac{1}{3} \int_0^2 \left[(y+1)^3 - y^3 \right] \mathrm{d}y = \frac{1}{3} \left[\frac{1}{4}(y+1)^4 - \frac{1}{4}y^4 \right]_0^2 = \frac{16}{3}$$

例 9.2.2 计算二重积分 $\iint_D xy \mathrm{d}\sigma$，其中积分区域 D 由抛物线 $y^2 = x$，直线 $y = x - 2$ 所围成.

解 积分区域如图 9.2.8（a）所示，若将积分区域 D 看成 Y-型区域：$-1 \leqslant y \leqslant 2$，$y^2 \leqslant x \leqslant y + 2$，则

$$\iint_D xy \mathrm{d}\sigma = \int_{-1}^2 \left(\int_{y^2}^{y+2} xy \mathrm{d}x \right) \mathrm{d}y = \int_{-1}^2 \left[\frac{x^2}{2} y \right]_{y^2}^{y+2} \mathrm{d}y = \frac{1}{2} \int_{-1}^2 \left[y(y+2)^2 - y^5 \right] \mathrm{d}y$$

$$= \frac{1}{2} \left[\frac{y^4}{4} + \frac{4}{3}y^3 + 2y^2 - \frac{y^6}{6} \right]_{-1}^2 = 5\frac{5}{8}$$

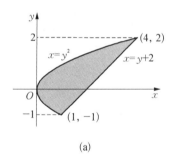 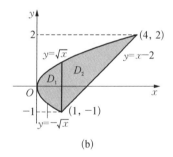

(a)　　　　　　　　　　　　　　(b)

图 9.2.8

若将积分区域 D 看成 X-型区域，则必须将区域 D 分割为 D_1 和 D_2 两部分，如图 9.2.8（b）所示，其中

$$D_1 = \{(x,y) | -\sqrt{x} \leqslant y \leqslant \sqrt{x}, 0 \leqslant x \leqslant 1\}$$
$$D_2 = \{(x,y) | x-2 \leqslant y \leqslant \sqrt{x}, 1 \leqslant x \leqslant 4\}$$

因此，根据二重积分的性质 9.1.3 有

$$\iint_D xy \mathrm{d}\sigma = \iint_{D_1} xy \mathrm{d}\sigma + \iint_{D_2} xy \mathrm{d}\sigma = \int_0^1 \left(\int_{-\sqrt{x}}^{\sqrt{x}} xy \mathrm{d}y \right) \mathrm{d}x + \int_1^4 \left(\int_{x-2}^{\sqrt{x}} xy \mathrm{d}y \right) \mathrm{d}x = 5\frac{5}{8}$$

易见选择将积分区域 D 看成 X-型区域计算较麻烦，需将积分区域分割为两部分来计算.

例 9.2.3 计算 $\iint_D y\sqrt{1+x^2-y^2} \mathrm{d}\sigma$，其中 D 是由直线 $y=x$，$x=-1$，$y=1$ 所围成的闭区域.

解 如图 9.2.9 所示，D 既是 X-型，又是 Y-型. 若视为 X 型，则

$$\iint\limits_{D} y\sqrt{1+x^2-y^2}\,\mathrm{d}\sigma = \int_{-1}^{1}\left(\int_{x}^{1} y\sqrt{1+x^2-y^2}\,\mathrm{d}y\right)\mathrm{d}x = -\frac{1}{3}\int_{-1}^{1}[(1+x^2-y^2)^{\frac{3}{2}}]_{x}^{1}\mathrm{d}x$$

$$= -\frac{1}{3}\int_{-1}^{1}(|x|^3-1)\mathrm{d}x = -\frac{2}{3}\int_{0}^{1}(x^3-1)\mathrm{d}x = \frac{1}{2}$$

若视为 Y-型，则

$$\iint\limits_{D} y\sqrt{1+x^2-y^2}\,\mathrm{d}\sigma = \int_{-1}^{1} y\left(\int_{-1}^{y}\sqrt{1+x^2-y^2}\,\mathrm{d}x\right)\mathrm{d}y$$

其中关于 x 的积分计算比较麻烦.

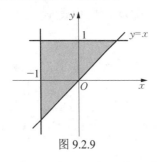

图 9.2.9

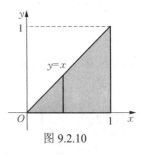

图 9.2.10

以上两例说明，在二重积分的计算中，积分次序的选取是十分重要的，合理选择积分次序，在有的情况下是问题解决的关键，积分次序的选择直接影响着二重积分计算的繁简程度. 显然，积分次序的选择与积分区域有关.

例 9.2.4　计算 $\int_{0}^{1}\mathrm{d}y\int_{y}^{1}\mathrm{e}^{x^2}\mathrm{d}x$.

分析　如果直接先对 x 求积分，那么被积函数 e^{x^2} 的原函数无法求出. 在这种情况下，可以考虑先对 y 求积分，即交换积分次序.

解　首先将积分区域用点集表示，即 $0\leqslant y\leqslant 1$, $y\leqslant x\leqslant 1$，对应的区域如图 9.2.10 所示.
然后将图中的积分区域改写为 X-型区域，即

$$0\leqslant x\leqslant 1,\qquad 0\leqslant y\leqslant x$$

最后交换积分次序，并求出该区域上的二次积分：

$$\int_{0}^{1}\mathrm{d}y\int_{y}^{1}\mathrm{e}^{x^2}\mathrm{d}x = \iint\limits_{D}\mathrm{e}^{x^2}\mathrm{d}x\mathrm{d}y = \int_{0}^{1}\mathrm{d}x\int_{0}^{x}\mathrm{e}^{x^2}\mathrm{d}y = \int_{0}^{1}\mathrm{e}^{x^2}x\mathrm{d}x$$

$$= \frac{1}{2}\int_{0}^{1}\mathrm{e}^{x^2}\mathrm{d}x^2 = \frac{1}{2}\left[\mathrm{e}^{x^2}\right]_{0}^{1} = \frac{1}{2}(\mathrm{e}-1)$$

本例表明，选择积分次序也要考虑被积函数的特点. 很多函数的原函数不易找到，这时可以先积另一个变量，而将不易得到原函数的函数当常数处理. 例如，当遇到 $\int\frac{\sin x}{x}\mathrm{d}x$,

$\int\sin\frac{1}{x}\mathrm{d}x$, $\int\sin x^2\mathrm{d}x$, $\int\cos x^2\mathrm{d}x$, $\int\mathrm{e}^{x^2}\mathrm{d}x$, $\int\mathrm{e}^{-x^2}\mathrm{d}x$, $\int\mathrm{e}^{\frac{1}{x}}\mathrm{d}x$, $\int\frac{1}{\ln x}\mathrm{d}x$ 等积分式时，一定放在后面积分.

从以上例题看到，计算二重积分关键是如何化为二次积分，而在化二重积分为二次积分的过程中又要注意积分次序的选择. 选择积分次序要考虑两个因素，即被积函数和积分区域，其原则是要使两个积分都能积出来，且计算尽量简单.

3. 交换积分次序

因为二重积分化为二次积分时，有两种积分顺序，所以通过二重积分可以将已给的二次积分进行更换积分顺序，这种积分顺序的更换，称为交换积分次序. 交换积分次序有时可以简化问题的计算，有时如不交换次序难以计算出结果. 将二重积分改变积分次序的步骤是：先由所给二次积分，写出 D 的不等式表示，还原为积分区域 D，最好画出 D 的图形；然后将 D 按照选定的次序重新表示为不等式形式，写出新次序的二次积分.

例 9.2.5 更换累次积分 $\int_0^1 \mathrm{d}y \int_{y^2}^{1+\sqrt{1-y^2}} f(x,y)\mathrm{d}x$ 的次序.

解 由已知 y 的变化范围为

$$0 \leqslant y \leqslant 1$$

当 y 在区间 $[0,1]$ 上任意确定之后，x 的变化范围为

$$y^2 \leqslant x \leqslant 1 + \sqrt{1-y^2}$$

在坐标系中画出两条曲线

$$x = y^2 \quad 和 \quad x = 1 + \sqrt{1-y^2}$$

的图像，这样，积分区域 D 就画出来了，如图 9.2.11 所示，于是

$$\int_0^1 \mathrm{d}y \int_{y^2}^{1+\sqrt{1-y^2}} f(x,y)\mathrm{d}x = \iint\limits_D f(x,y)\mathrm{d}x\mathrm{d}y = \iint\limits_{D_1} f(x,y)\mathrm{d}x\mathrm{d}y + \iint\limits_{D_2} f(x,y)\mathrm{d}x\mathrm{d}y$$

$$= \int_0^1 \mathrm{d}x \int_0^{\sqrt{x}} f(x,y)\mathrm{d}y + \int_1^2 \mathrm{d}x \int_0^{\sqrt{2x-x^2}} f(x,y)\mathrm{d}y$$

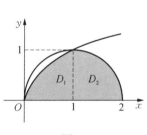

图9.2.11

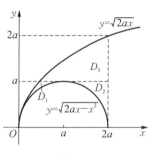

图9.2.12

例 9.2.6 交换下列二次积分的积分次序：

（1） $I = \int_0^{2a} \mathrm{d}x \int_{\sqrt{2ax-x^2}}^{\sqrt{2ax}} f(x,y)\mathrm{d}y \,(a>0)$ ；

（2） $\int_0^2 \mathrm{d}x \int_{\frac{x^2}{2}}^{\frac{x^2}{2}} f(x,y)\mathrm{d}y + \int_2^{2\sqrt{2}} \mathrm{d}x \int_0^{\sqrt{8-x^2}} f(x,y)\mathrm{d}y$.

解 （1）如图 9.2.12 所示，有

$$I = \iint\limits_D f(x,y)\mathrm{d}x\mathrm{d}y$$

其中 D 为由 $y = \sqrt{2ax-x^2}$ ，$y = \sqrt{2ax}$ ，$x = 2a$ 所围成的区域，即

$$D = D_1 \cup D_2 \cup D_3$$

由 $y = \sqrt{2ax}$ 解出

$$x = \frac{y^2}{2a}$$

由 $y = \sqrt{2ax - x^2}$ 解出

$$x = a \pm \sqrt{a^2 - y^2}$$

因此，按另一顺序把二重积分化为累次积分对三块小区域得

$$I = \int_0^a \mathrm{d}y \int_{\frac{y^2}{2a}}^{a - \sqrt{a^2 - y^2}} f(x, y)\mathrm{d}x + \int_0^a \mathrm{d}y \int_{a + \sqrt{a^2 - y^2}}^{2a} f(x, y)\mathrm{d}x + \int_a^{2a} \mathrm{d}y \int_{\frac{y^2}{2a}}^{2a} f(x, y)\mathrm{d}x$$

（2）如图 9.2.13 所示，积分区域由两部分组成：

$$D_1: \begin{cases} 0 \leqslant y \leqslant \dfrac{1}{2}x^2 \\ 0 \leqslant x \leqslant 2 \end{cases} \quad \text{和} \quad D_2: \begin{cases} 0 \leqslant y \leqslant \sqrt{8 - x^2} \\ 2 \leqslant x \leqslant 2\sqrt{2} \end{cases}$$

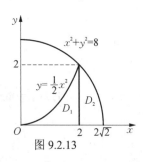

图 9.2.13

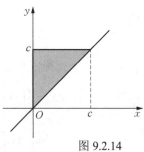

图 9.2.14

将 $D = D_1 \cup D_2$ 视为 Y-型区域，则

$$D: \begin{cases} \sqrt{2y} \leqslant x \leqslant \sqrt{8 - y^2} \\ 0 \leqslant y \leqslant 2 \end{cases}$$

于是

$$I = \iint\limits_D f(x, y)\mathrm{d}x\mathrm{d}y = \int_0^2 \mathrm{d}y \int_{\sqrt{2y}}^{\sqrt{8 - y^2}} f(x, y)\mathrm{d}x$$

改变积分次序可以作为证明积分等式的一种方法.

例 9.2.7 设 $f(x)$ 在区间 $[0, c]$ 上连续，证明：

$$\int_0^c \mathrm{d}y \int_0^y f(x)\mathrm{d}x = \int_0^c (c - x)f(x)\mathrm{d}x$$

证 由 $\int_0^c \mathrm{d}y \int_0^y f(x)\mathrm{d}x$ 得

$$D: \begin{cases} 0 \leqslant x \leqslant y \\ 0 \leqslant y \leqslant c \end{cases}$$

如图 9.2.14 所示，改变积分次序，有 $D: \begin{cases} x \leqslant y \leqslant c, \\ 0 \leqslant x \leqslant c, \end{cases}$ 所以

$$\text{左边} = \int_0^c \mathrm{d}x \int_x^c f(x)\mathrm{d}y = \int_0^c (c - x)f(x)\mathrm{d}x = \text{右边}$$

例 9.2.8 求 $\iint\limits_{D}| y - x^2 |\mathrm{d}x\mathrm{d}y$，其中 D：$0 \leqslant x \leqslant 1, 0 \leqslant y \leqslant 1$.

分析 当被积函数中有绝对值时，要考虑积分区域中不同范围脱去绝对值符号. 如图 9.2.15 所示，$y = x^2$ 将 D 分为 D_1 和 D_2 两部分.

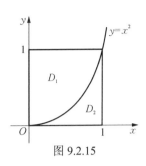
图 9.2.15

解 $\iint\limits_{D}| y - x^2 |\mathrm{d}x\mathrm{d}y = \iint\limits_{D_1}(y - x^2)\mathrm{d}x\mathrm{d}y + \iint\limits_{D_2}(x^2 - y)\mathrm{d}x\mathrm{d}y$

$$= \int_0^1 \mathrm{d}x \int_{x^2}^1 (y - x^2)\mathrm{d}y + \int_0^1 \mathrm{d}x \int_0^{x^2}(x^2 - y)\mathrm{d}y$$

$$= \int_0^1 \left(\frac{1}{2} - x^2 + \frac{1}{2}x^4 \right)\mathrm{d}x + \int_0^1 \frac{1}{2}x^4 \mathrm{d}x = \frac{11}{30}$$

4. 利用对称性和奇偶性简化二重积分的计算

利用被积函数的奇偶性和积分区域 D 的对称性，常会大大简化二重积分的计算. 如同在处理关于原点对称的区间上奇（偶）函数的定积分一样，在利用这一方法时，要同时兼顾到被积函数 $f(x,y)$ 的奇偶性和积分区域 D 的对称性两方面. 为应用方便，总结如下：

（1）若积分区域 D 关于 y 轴对称，则

（i）当 $f(-x,y) = -f(x,y)$，$(x,y) \in D$ 时，有

$$\iint\limits_{D}f(x,y)\mathrm{d}x\mathrm{d}y = 0$$

（ii）当 $f(-x,y) = f(x,y)$，$(x,y) \in D$ 时，有

$$\iint\limits_{D}(x,y)\mathrm{d}x\mathrm{d}y = 2\iint\limits_{D_1}f(x,y)\mathrm{d}x\mathrm{d}y$$

其中 $\qquad\qquad D_1 = \{(x,y)|(x,y) \in D, x \geqslant 0\}$

（2）若积分区域 D 关于 x 轴对称，则

（i）当 $f(x,-y) = -f(x,y)$，$(x,y) \in D$ 时，有

$$\iint\limits_{D}f(x,y)\mathrm{d}x\mathrm{d}y = 0$$

（ii）当 $f(x,-y) = f(x,y)$，$(x,y) \in D$ 时，有

$$\iint\limits_{D}f(x,y)\mathrm{d}x\mathrm{d}y = 2\iint\limits_{D_2}f(x,y)\mathrm{d}x\mathrm{d}y$$

其中 $\qquad\qquad D_2 = \{(x,y)|(x,y) \in D, y \geqslant 0\}$

例 9.2.9 计算 $\iint\limits_{D}y[1 + xf(x^2 + y^2)]\mathrm{d}x\mathrm{d}y$，其中积分区域 D 由曲线 $y = x^2$，$y = 1$ 所围成.

解 令 $g(x,y) = xyf(x^2 + y^2)$，因为 D 关于 y 轴对称，且 $g(-x,y) = -g(x,y)$，所以

$$\iint\limits_{D}xyf(x^2 + y^2)\mathrm{d}x\mathrm{d}y = 0$$

故 $\qquad\qquad I = \iint\limits_{D}y\mathrm{d}x\mathrm{d}y = \int_{-1}^1 \mathrm{d}x \int_{x^2}^1 y\mathrm{d}y = \frac{1}{2}\int_{-1}^1 (1 - x^4)\mathrm{d}x = \frac{4}{5}$

例 9.2.10　计算 $I = \iint\limits_{D}(xy+1)\mathrm{d}x\mathrm{d}y$，其中 D：$4x^2 + y^2 \leqslant 4$.

解　方法 1　先对 y 积分，积分区域为

$$D: \begin{cases} -1 \leqslant x \leqslant 1 \\ -2\sqrt{1-x^2} \leqslant y \leqslant 2\sqrt{1-x^2} \end{cases}$$

故　　$I = \int_{-1}^{1}\mathrm{d}x\int_{-2\sqrt{1-x^2}}^{2\sqrt{1-x^2}}(xy+1)\mathrm{d}y = \int_{-1}^{1}\left[\frac{1}{2}xy^2\right]_{-2\sqrt{1-x^2}}^{2\sqrt{1-x^2}}\mathrm{d}x + \int_{-1}^{1}4\sqrt{1-x^2}\mathrm{d}x = 0 + 4\cdot\frac{\pi}{2} = 2\pi$

方法 2　先对 x 积分，积分区域为

$$D: \begin{cases} -2 \leqslant y \leqslant 2 \\ -\frac{1}{2}\sqrt{4-y^2} \leqslant x \leqslant \frac{1}{2}\sqrt{4-y^2} \end{cases}$$

故　　$I = \int_{-2}^{2}\mathrm{d}y\int_{-\frac{1}{2}\sqrt{4-y^2}}^{\frac{1}{2}\sqrt{4-y^2}}(xy+1)\mathrm{d}x = \int_{-2}^{2}\left[\frac{1}{2}x^2 y\right]_{-\frac{1}{2}\sqrt{4-y^2}}^{\frac{1}{2}\sqrt{4-y^2}}\mathrm{d}y + \int_{-2}^{2}\sqrt{4-y^2}\mathrm{d}y = 2\pi$

方法 3　利用对称性有

$$I = \iint\limits_{D}xy\mathrm{d}x\mathrm{d}y + \iint\limits_{D}\mathrm{d}x\mathrm{d}y$$

因为积分区域 D 关于 y 轴对称，且函数 $f(x,y)=xy$ 关于 x 是奇函数，所以

$$\iint\limits_{D}xy\mathrm{d}x\mathrm{d}y = 0$$

又　　　　　　　　　　$\iint\limits_{D}\mathrm{d}x\mathrm{d}y = 2\pi$

故　　　　　　　　　　　　$I = 2\pi$

例 9.2.11　计算 $\iint\limits_{D}x^2 y^2\mathrm{d}x\mathrm{d}y$，其中 D：$|x|+|y|\leqslant 1$.

解　因为 D 关于 x 轴和 y 轴对称，且 $f(x,y)=x^2 y^2$ 关于 x 或关于 y 为偶函数，所以

$$I = 4\iint\limits_{D_1}x^2 y^2\mathrm{d}x\mathrm{d}y = 4\int_{0}^{1}\mathrm{d}x\int_{0}^{1-x}x^2 y^2\mathrm{d}y = \frac{4}{3}\int_{0}^{1}x^2(1-x)^3\mathrm{d}x = \frac{1}{45}$$

注　若直接在 D 上求二重积分，则要烦琐很多.

例 9.2.12　求两个底圆半径均为 a 的直交圆柱面所围几何体的体积.

解　如图 9.2.16 所示，设两圆柱面方程为

图 9.2.16

$$x^2 + y^2 = a^2,\qquad y^2 + z^2 = a^2$$

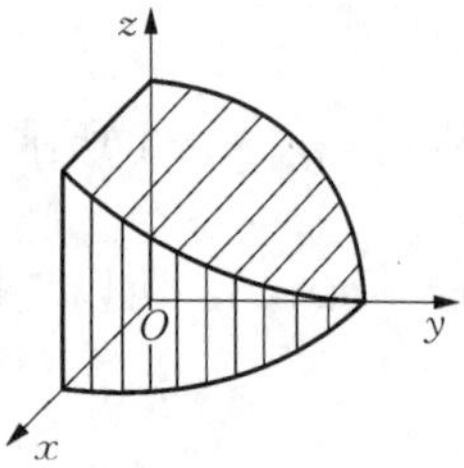

由几何体的对称性知，所求几何体的体积等于第 I 卦限部分体积的 8 倍. 设所求体积为 V，第 I 卦限部分的体积为 V_1，则 V_1 是以 $\frac{1}{4}$ 圆 D_1 为底、以圆柱面 $z = \sqrt{a^2-y^2}$ 为顶的曲顶柱体体积，其中

$$D_1 = \{(x,y)\,|\,x^2+y^2\leqslant a^2, x\geqslant 0, y\geqslant 0\}$$

因此　　　　　　　$V_1 = \iint\limits_{D_1}\sqrt{a^2-y^2}\mathrm{d}x\mathrm{d}y$

被积函数对变量 x 来说，形式更简单，从而考虑先对 x 求积分，于是

$$V_1 = \iint\limits_{D_1} \sqrt{a^2 - y^2}\,\mathrm{d}x\mathrm{d}y = \int_0^a \mathrm{d}y \int_0^{\sqrt{a^2-y^2}} \sqrt{a^2-y^2}\,\mathrm{d}x$$

$$= \int_0^a (a^2 - y^2)\mathrm{d}y = \left(a^2 y - \frac{1}{3}y^3\right)\Big|_0^a = \frac{2}{3}a^3$$

故所求体积为

$$V = 8V_1 = \frac{16}{3}a^3$$

例 9.2.13 某城市受地理限制呈直角三角形分布，斜边临一条河，由于交通关系，城市发展不太均衡，这一点可从税收状况反映出来. 若以两直角边为坐标轴建立直角坐标系，则位于 x 轴和 y 轴上的城市长度分别为 16 km 和 12 km，且税收情况与地理位置的关系大体上为

$$R(x, y) = 20x + 10y \,(万元/\mathrm{km}^2)$$

试计算该城市总的税收收入.

解 积分区域 D 由 x 轴，y 轴，直线 $\frac{x}{16} + \frac{y}{12} = 1$ 围成，可表示为

$$D = \left\{(x, y)\Big| 0 \leqslant y \leqslant 12 - \frac{3}{4}x, 0 \leqslant x \leqslant 16\right\}$$

于是，总税收收入为

$$L = \iint\limits_D R(x, y)\mathrm{d}\sigma = \int_0^{16} \mathrm{d}x \int_0^{12-\frac{3}{4}x} (20x + 10y)\mathrm{d}y = \int_0^{16}\left(720 + 150x - \frac{195}{16}x^2\right)\mathrm{d}x = 14\,080 \,(万元)$$

故该城市总的税收收入为 14 080 万元.

9.2.2 极坐标系中二重积分的计算

对于某些被积函数和某些积分区域，利用直角坐标系计算二重积分往往是很困难的，而在极坐标系中计算则比较简单. 下面介绍在极坐标系中二重积分 $\iint\limits_D f(x, y)\mathrm{d}\sigma$ 的计算方法.

在极坐标系中计算二重积分，需要将积分区域和被积函数都化为极坐标表示. 以直角坐标系的原点为极坐标系的极点，以 x 轴正半轴为极轴，引入极坐标变换：

$$x = r\cos\theta, \qquad y = r\sin\theta$$

同样，由于二重积分值与区域 D 的分法无关，为此，分割积分区域，用 r 取一系列的常数（得到一族圆心在极点的同心圆）和 θ 取一系列的常数（得到一族过极点的射线）的两组曲线将 D 分成小区域，如图 9.2.17 所示.

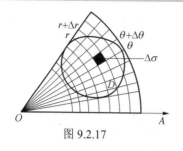

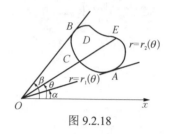

图 9.2.17   图 9.2.18

设 $\Delta\sigma$ 是半径为 r 和 $r+\Delta r$ 的两个圆弧以及极角为 θ 和 $\theta+\Delta\theta$ 的两条射线所围成的小区域，则

$$\Delta\sigma = \frac{1}{2}(r+\Delta r)^2\Delta\theta - \frac{1}{2}r^2\Delta\theta = r\Delta r\Delta\theta + \frac{1}{2}\Delta r^2\Delta\theta$$

于是，除去 $\Delta r\Delta\theta$ 的高阶无穷小量 $\frac{1}{2}\Delta r^2\Delta\theta$ 不计，$\Delta\sigma \approx r\Delta r\Delta\theta$，在极坐标系下的面积元素为 $d\sigma = r dr d\theta$. 再分别用 $x=r\cos\theta$，$y=r\sin\theta$ 代替被积函数中的 x, y，得到二重积分在极坐标系中的表达式为

$$\iint\limits_D f(x,y)d\sigma = \iint\limits_D f(r\cos\theta, r\sin\theta)r dr d\theta$$

下面分三种情况，给出在极坐标系中如何把二重积分化成二次积分：

（1）极点 O 在区域 D 外，D 由 $\theta=\alpha$，$\theta=\beta$，$r=r_1(\theta)$，$r=r_2(\theta)$ 围成（图 9.2.18），这时有公式

$$\iint\limits_D f(r\cos\theta, r\sin\theta)r dr d\theta = \int_\alpha^\beta d\theta \int_{r_1(\theta)}^{r_2(\theta)} f(r\cos\theta, r\sin\theta)r dr$$

（2）极点 O 在区域 D 的边界上，D 由 $\theta=\alpha$，$\theta=\beta$，$r=r(\theta)$ 围成（图 9.2.19），这时有公式

$$\iint\limits_D f(r\cos\theta, r\sin\theta)r dr d\theta = \int_\alpha^\beta d\theta \int_0^{r(\theta)} f(r\cos\theta, r\sin\theta)r dr$$

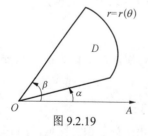

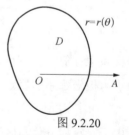

图 9.2.19   图 9.2.20

（3）极点 O 在区域 D 内，D 由 $r=r(\theta)$ 围成（图 9.2.20），这时有公式

$$\iint\limits_D f(r\cos\theta, r\sin\theta)r dr d\theta = \int_0^{2\pi} d\theta \int_0^{r(\theta)} f(r\cos\theta, r\sin\theta)r dr$$

例 9.2.14 计算 $\iint\limits_{D}e^{-x^2-y^2}\mathrm{d}x\mathrm{d}y$，其中 D：$x^2+y^2\leqslant R^2$.

解 积分区域 D 如图 9.2.21 所示，圆 $x^2+y^2=R^2$ 的极坐标方程为 $r=R$，则 D 可表示为 $0\leqslant r\leqslant R, 0\leqslant\theta\leqslant 2\pi$，于是

$$\iint\limits_{D}e^{-x^2-y^2}\mathrm{d}x\mathrm{d}y=\iint\limits_{D}e^{-r^2}r\mathrm{d}r\mathrm{d}\theta=\int_0^{2\pi}\mathrm{d}\theta\int_0^R e^{-r^2}r\mathrm{d}r=\int_0^{2\pi}\left[-\frac{1}{2}e^{-r^2}\right]_0^R\mathrm{d}\theta=\pi(1-e^{-R^2})$$

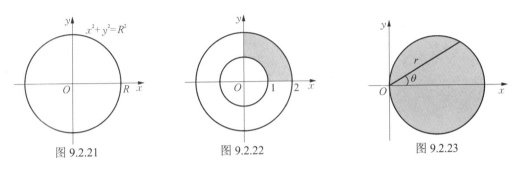

图 9.2.21　　　　　　　图 9.2.22　　　　　　　图 9.2.23

此例题如果采用直角坐标系来计算，则积分 $\int e^{-x^2}\mathrm{d}x$ 不能用初等函数表示，因而无法计算.

例 9.2.15 计算 $\iint\limits_{D}\dfrac{\sin(\pi\sqrt{x^2+y^2})}{\sqrt{x^2+y^2}}\mathrm{d}x\mathrm{d}y$，其中 D 是由 $1\leqslant x^2+y^2\leqslant 4$ 所确定的圆环域.

解 积分区域 D 如图 9.2.22 所示，由对称性，可只考虑第一象限部分 $D=4D_1$. 由被积函数的对称性有

$$\iint\limits_{D}\frac{\sin(\pi\sqrt{x^2+y^2})}{\sqrt{x^2+y^2}}\mathrm{d}x\mathrm{d}y=4\iint\limits_{D_1}\frac{\sin(\pi\sqrt{x^2+y^2})}{\sqrt{x^2+y^2}}\mathrm{d}x\mathrm{d}y=4\int_0^{\frac{\pi}{2}}\mathrm{d}\theta\int_1^2\frac{\sin\pi r}{r}r\mathrm{d}r=-4$$

例 9.2.16 计算 $\iint\limits_{D}\dfrac{y^2}{x^2}\mathrm{d}x\mathrm{d}y$，其中 D 是由曲线 $x^2+y^2=2x$ 所围成的平面区域.

解 积分区域 D 是以点 $(1,0)$ 为圆心、以 1 为半径的圆域，如图 9.2.23 所示. 其边界曲线的极坐标方程为 $r=2\cos\theta$，于是区域 D 的积分限为 $-\dfrac{\pi}{2}\leqslant\theta\leqslant\dfrac{\pi}{2}$，$0\leqslant r\leqslant 2\cos\theta$，所以

$$\iint\limits_{D}\frac{y^2}{x^2}\mathrm{d}x\mathrm{d}y=\iint\limits_{D}\frac{r^2\sin^2\theta}{r^2\cos^2\theta}r\mathrm{d}r\mathrm{d}\theta=\int_{-\frac{\pi}{2}}^{\frac{\pi}{2}}\mathrm{d}\theta\int_0^{2\cos\theta}\frac{\sin^2\theta}{\cos^2\theta}r\mathrm{d}r$$

$$=\int_{-\frac{\pi}{2}}^{\frac{\pi}{2}}2\sin^2\theta\mathrm{d}\theta=\int_{-\frac{\pi}{2}}^{\frac{\pi}{2}}(1-\cos 2\theta)\mathrm{d}\theta=\pi$$

例 9.2.17 计算 $\iint\limits_{D}(x^2+y^2)\mathrm{d}x\mathrm{d}y$，其中 D 为曲线 $x^2+y^2=2y$，$x^2+y^2=4y$ 及直线 $x-\sqrt{3}\,y=0$，$y-\sqrt{3}\,x=0$ 所围成的平面闭区域.

解 如图 9.2.24 所示，因为

$$x^2+y^2=2y\Rightarrow r=2\sin\theta$$
$$x^2+y^2=4y\Rightarrow r=4\sin\theta$$

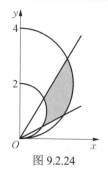

图 9.2.24

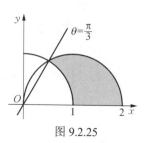

图 9.2.25

$$y - \sqrt{3}\,x = 0 \Rightarrow \theta_2 = \frac{\pi}{3}$$

$$x - \sqrt{3}\,y = 0 \Rightarrow \theta_1 = \frac{\pi}{6}$$

所以
$$\iint\limits_{D}(x^2+y^2)\mathrm{d}x\mathrm{d}y = \int_{\frac{\pi}{6}}^{\frac{\pi}{3}}\mathrm{d}\theta\int_{2\sin\theta}^{4\sin\theta}r^2\cdot r\mathrm{d}r = 60\int_{\frac{\pi}{6}}^{\frac{\pi}{3}}\sin^4\theta\mathrm{d}\theta = 15\left(\frac{\pi}{4}-\frac{\sqrt{3}}{8}\right)$$

例 9.2.18　计算 $\iint\limits_{D}xy\mathrm{d}x\mathrm{d}y$，其中 $D = \{(x,y)|y>0,\ 1\leqslant x^2+y^2\leqslant 2x\}$.

解　区域 D 如图 9.2.25 阴影部分所示，在极坐标中，有

$$D^* = \left\{(r,\theta)|1\leqslant r\leqslant 2\cos\theta, 0\leqslant\theta\leqslant\frac{\pi}{3}\right\}$$

于是
$$\iint\limits_{D}xy\mathrm{d}x\mathrm{d}y = \iint\limits_{D^*}r\cos\theta\cdot r\sin\theta\cdot r\mathrm{d}r\mathrm{d}\theta = \int_0^{\frac{\pi}{3}}\mathrm{d}\theta\int_1^{2\cos\theta}r^3\cos\theta\sin\theta\mathrm{d}r$$

$$= \int_0^{\frac{\pi}{3}}\cos\theta\sin\theta\left[\frac{1}{4}r^4\right]_1^{2\cos\theta}\mathrm{d}\theta = \int_0^{\frac{\pi}{3}}\cos\theta\sin\theta\left(4\cos^4\theta-\frac{1}{4}\right)\mathrm{d}\theta$$

$$= -\int_0^{\frac{\pi}{3}}\left(4\cos^5\theta-\frac{1}{4}\cos\theta\right)\mathrm{d}\cos\theta = \left[\frac{1}{8}\cos^2\theta-\frac{4}{6}\cos^6\theta\right]_0^{\frac{\pi}{3}} = \frac{9}{16}$$

一般说来，当被积函数 $f(x,y)$ 表达式中含有 x^2+y^2 或 $\dfrac{y}{x}$，而积分区域为圆形、扇形、圆环形时，在直角坐标系中计算往往很困难，通常都是在极坐标系中来计算.

例 9.2.19　计算球体 $x^2+y^2+z^2\leqslant 4a^2$ 被圆柱面 $x^2+y^2=2ax\ (a>0)$ 所截得的（含在圆柱面内的部分）立体的体积（图 9.2.26）.

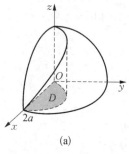

(a)

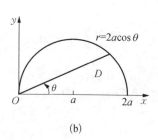

(b)

图 9.2.26

解 由对称性有

$$V = 4 \iint\limits_{D} \sqrt{4a^2 - x^2 - y^2} \, dxdy$$

其中 D 为半圆周 $y = \sqrt{2ax - x^2}$，x 轴所围成的区域，在极坐标系中，D 可表示为

$$0 \leqslant \theta \leqslant \frac{\pi}{2} \quad (0 \leqslant r \leqslant 2a\cos\theta)$$

于是

$$V = 4 \iint\limits_{D} \sqrt{4a^2 - x^2 - y^2} \, dxdy = 4 \int_0^{\frac{\pi}{2}} d\theta \int_0^{2a\cos\theta} \sqrt{4a^2 - r^2} \cdot r \, dr$$

$$= \frac{32}{3} a^3 \int_0^{\frac{\pi}{2}} (1 - \sin^3\theta) d\theta = \frac{32}{3} a^3 \left(\frac{\pi}{2} - \frac{2}{3} \right)$$

9.2.3 广义二重积分

在一元函数的定积分中，通过先在有限区间求定积分，然后让区间端点趋于无穷来计算极限，得到了在无界区间上的广义积分. 类似地，先通过计算有界区域上的二重积分，然后让有界区域趋于无界区域，通过极限把二重积分应用到无界区域上，得到广义二重积分. 当然，与无界区间的广义积分一样，如果极限存在，称广义二重积分收敛，且广义二重积分值就是那个极限值；如果极限不存在，称广义二重积分发散.

例 9.2.20 求广义二重积分 $I = \iint\limits_{D} \dfrac{1}{(1 + x^2 + y^2)^a} dxdy$，其中 $a \neq 1$，D 为整个 xOy 平面.

解 先在圆形域 $D_1 = \{(x, y) | x^2 + y^2 \leqslant R^2\}$ 上计算积分 $I(R)$，利用极坐标计算有

$$I(R) = \iint\limits_{D} \frac{dxdy}{(1 + x^2 + y^2)^a} = \int_0^{2\pi} d\theta \int_0^R \frac{r dr}{(1 + r^2)^a} = \frac{\pi}{1-a} \left[\frac{1}{(1+R^2)^{a-1}} - 1 \right]$$

令 $R \to +\infty$，则当 $a > 1$ 时，有

$$\lim_{R \to +\infty} I(R) = \lim_{R \to +\infty} \frac{\pi}{1-a} \left[\frac{1}{(1+R^2)^{a-1}} - 1 \right] = \frac{\pi}{1-a}(0-1) = \frac{\pi}{a-1}$$

即原积分收敛，且

$$I = \frac{\pi}{a-1}$$

当 $a < 1$ 时，有

$$\lim_{R \to +\infty} I(R) = \lim_{R \to +\infty} \frac{\pi}{1-a} \left[\frac{1}{(1+R^2)^{a-1}} - 1 \right] = +\infty$$

所以，原积分发散.

例 9.2.21 计算 $H = \iint\limits_{D} e^{-x^2 - y^2} dxdy$，其中 D 是第一象限，并由此计算泊松（Poisson）积分

$$I = \int_{-\infty}^{+\infty} e^{-x^2} dx = 2 \int_0^{+\infty} e^{-x^2} dx$$

解 先用直角坐标系计算 H：

$$H = \int_0^{+\infty} \mathrm{d}x \int_0^{+\infty} \mathrm{e}^{-x^2-y^2} \mathrm{d}y = \left(\int_0^{+\infty} \mathrm{e}^{-x^2} \mathrm{d}x \right) \left(\int_0^{+\infty} \mathrm{e}^{-y^2} \mathrm{d}y \right) = \left(\int_0^{+\infty} \mathrm{e}^{-x^2} \mathrm{d}x \right)^2$$

此时，无法再继续计算，但得到了 H 与 I 的关系：

$$H = \left(\frac{I}{2} \right)^2$$

然后用极坐标来计算 H，在 D_1：$x^2+y^2 \leqslant R^2$，$x \geqslant 0$，$y \geqslant 0$ 上计算得

$$\iint\limits_{D_1} \mathrm{e}^{-x^2-y^2} \mathrm{d}x\mathrm{d}y = \int_0^{\frac{\pi}{2}} \mathrm{d}\theta \int_0^R \mathrm{e}^{-r^2} r \mathrm{d}r = \int_0^{\frac{\pi}{2}} \left[-\frac{1}{2} \mathrm{e}^{-r^2} \right]_0^R \mathrm{d}\theta = \frac{\pi}{4}(1-\mathrm{e}^{-R^2})$$

所以 $\qquad H = \iint\limits_{D} \mathrm{e}^{-x^2-y^2} \mathrm{d}x\mathrm{d}y = \lim\limits_{R \to +\infty} \iint\limits_{D_1} \mathrm{e}^{-x^2-y^2} \mathrm{d}x\mathrm{d}y = \lim\limits_{R \to +\infty} \frac{\pi}{4}(1-\mathrm{e}^{-R^2}) = \frac{\pi}{4}$

又由 $H = \left(\dfrac{I}{2} \right)^2$ 得 $I = \sqrt{\pi}$，即

$$\int_{-\infty}^{+\infty} \mathrm{e}^{-x^2} \mathrm{d}x = \sqrt{\pi}$$

习　题　9.2

（A）

1. 将二重积分 $\iint\limits_{D} f(x,y) \mathrm{d}\sigma$ 化为直角坐标系中两次不同次序的累次积分，其中 D 给定如下：

（1）由曲线 $y = \ln x$，直线 $x = 2$，x 轴所围成的区域；

（2）由曲线 $y^2 = 8x$，$x^2 = y$ 所围成的区域；

（3）由 $x^2 + y^2 \leqslant 1$，$y \geqslant x$，$x \geqslant 0$ 所围成的区域；

（4）由 $xy = 2$，$y = 1 + x^2$，$x = 2$ 所围成的区域；

（5）由 $y^2 = x$，$y = 2 - x$ 所围成的区域.

2. 设函数 $f(x,y)$ 连续，且 $f(x,y) = xy + \iint\limits_{D} f(x,y) \mathrm{d}\sigma$，其中 D 由 $y=0, y=x^2, x=1$ 所围成，求 $f(x,y)$.

3. 画出积分区域，并计算下列二重积分：

（1）$\iint\limits_{D} xy \mathrm{d}\sigma$，其中 D 是由双曲线 $y = \dfrac{1}{x}$，直线 $y = x$，$x = 2$ 所围成的区域；

（2）$\iint\limits_{D} x \mathrm{d}x\mathrm{d}y$，其中 D 是由 $y = x^2$，$y = 4x - x^2$ 所围成的区域；

（3）$\iint\limits_{D} (x^2+y^2) \mathrm{d}\sigma$，其中 D 是以 $y=x, y=x+a, y=a$，$y=3a\,(a>0)$ 为边的平行四边形区域；

（4）$\iint\limits_{D} 4y^2 \sin(xy) \mathrm{d}x\mathrm{d}y$，其中 D 是由 $x=0, y=\sqrt{\dfrac{\pi}{2}}, y=x$ 所围成的区域；

（5）$\iint\limits_{D} \dfrac{\sin x}{x} \mathrm{d}x\mathrm{d}y$，其中 D 是由 $y=x^2+1, y=1, x=1$ 所围成的区域；

（6）$\iint\limits_{D} \mathrm{e}^{x^2} \mathrm{d}x\mathrm{d}y$，其中 D 是第一象限中由 $y = x$，$y = x^3$ 所围成的区域；

（7）$\iint\limits_{D} x \cos(x+y) \mathrm{d}\sigma$，其中 D 是顶点分别为点 $(0,0)$，$(\pi,0)$，(π,π) 的三角形闭区域；

（8）$\displaystyle\iint\limits_{D}(x+y)^2\mathrm{d}\sigma$，其中 $D=\{(x,y)\big|\,|x|+|y|\leqslant 1\}$；

（9）$\displaystyle\iint\limits_{D}\sin x\sin y\max\{x,y\}\mathrm{d}x\mathrm{d}y$，其中 $D:0\leqslant x\leqslant\pi,0\leqslant y\leqslant\pi$．

4. 积分区域 $D=\{(x,y)\big|a\leqslant x\leqslant b,c\leqslant y\leqslant d\}$，且被积函数为 $f(x)g(y)$，求证：

$$\iint\limits_{D}f(x)g(y)\mathrm{d}x\mathrm{d}y=\int_a^b f(x)\mathrm{d}x\cdot\int_c^d g(y)\mathrm{d}y$$

5. 改变下列二次积分的次序：

（1）$\displaystyle\int_1^2\mathrm{d}x\int_{2-x}^{\sqrt{2x-x^2}}f(x,y)\mathrm{d}y$；

（2）$\displaystyle\int_0^\pi\mathrm{d}x\int_0^{\sin x}f(x,y)\mathrm{d}y$；

（3）$\displaystyle\int_0^2\mathrm{d}y\int_{y^2}^{2y}f(x,y)\mathrm{d}x$；

（4）$\displaystyle\int_0^2\mathrm{d}x\int_x^{2x}f(x,y)\mathrm{d}y$；

（5）$\displaystyle\int_{-6}^2\mathrm{d}x\int_{\frac{x^2}{4}-1}^{2-x}f(x,y)\mathrm{d}y$；

（6）$\displaystyle\int_{-1}^1\mathrm{d}x\int_{-\sqrt{1-x^2}}^{1-x^2}f(x,y)\mathrm{d}y$；

（7）$\displaystyle\int_0^1\mathrm{d}x\int_0^{x^2}f(x,y)\mathrm{d}y+\int_1^3\mathrm{d}x\int_0^{\frac{3-x}{2}}f(x,y)\mathrm{d}y$；

（8）$\displaystyle\int_0^1\mathrm{d}x\int_0^{\sqrt{2x-x^2}}f(x,y)\,\mathrm{d}y+\int_1^2\mathrm{d}x\int_0^{2-x}f(x,y)\,\mathrm{d}y$；

（9）$\displaystyle\int_0^1\mathrm{d}y\int_0^{y^2}f(x,y)\mathrm{d}x+\int_1^2\mathrm{d}y\int_0^{\sqrt{2y-y^2}}f(x,y)\mathrm{d}x$．

6. 将下列二次积分化为极坐标形式：

（1）$\displaystyle\int_0^{2a}\mathrm{d}x\int_0^{\sqrt{2ax-x^2}}(x^2+y^2)\mathrm{d}y$；

（2）$\displaystyle\int_0^a\mathrm{d}x\int_0^x\sqrt{x^2+y^2}\mathrm{d}y$；

（3）$\displaystyle\int_0^1\mathrm{d}x\int_{x^2}^x(x^2+y^2)^{-\frac{1}{2}}\mathrm{d}y$；

（4）$\displaystyle\int_0^a\mathrm{d}y\int_0^{\sqrt{a^2-y^2}}(x^2+y^2)\mathrm{d}x$；

（5）$\displaystyle\int_0^{2R}\mathrm{d}y\int_0^{\sqrt{2Ry-y^2}}f(x^2+y^2)\mathrm{d}x$．

7. 利用极坐标计算下列积分：

（1）$\displaystyle\iint\limits_{D}\ln(1+x^2+y^2)\mathrm{d}x\mathrm{d}y$，其中 $D:1\leqslant x^2+y^2\leqslant 4$；

（2）$\displaystyle\iint\limits_{D}(x^2+y^2)\mathrm{d}x\mathrm{d}y$，其中 $D=\{(x,y)\big|2x\leqslant x^2+y^2\leqslant 4\}$；

（3）$\displaystyle\iint\limits_{D}\sqrt{R^2-x^2-y^2}\mathrm{d}x\mathrm{d}y\,(R>0)$，其中 $D=\{(x,y)\big|x^2+y^2\leqslant Rx\}$；

（4）$\displaystyle\iint\limits_{D}\arctan\frac{y}{x}\mathrm{d}x\mathrm{d}y$，其中 $D=\{(x,y)\big|1\leqslant x^2+y^2\leqslant 4,0\leqslant y\leqslant x\}$；

（5）$\displaystyle\iint\limits_{D}\sqrt{|x^2+y^2-4|}\mathrm{d}x\mathrm{d}y$，其中 $D:x^2+y^2\leqslant 16$．

8. 用适当的坐标系计算下列二重积分：

（1）$\displaystyle\iint\limits_{D}\frac{y\sin x}{x}\mathrm{d}\sigma$，其中 D 是由抛物线 $y^2=x$，直线 $y=x$ 所围成的区域；

（2）$\displaystyle\iint\limits_{D}y\mathrm{d}\sigma$，其中 $D:x^2+y^2\leqslant a^2,x\geqslant 0,y\geqslant 0$；

（3）$\displaystyle\iint\limits_{D}\frac{1+xy}{1+x^2+y^2}\mathrm{d}x\mathrm{d}y$，其中 $D=\{(x,y)\big|x^2+y^2\leqslant 1\}$；

（4）$\displaystyle\iint\limits_{D}\frac{x}{y^2}\mathrm{d}\sigma$，其中 D 是由直线 $x=2$，$y=x$，曲线 $xy=1$ 所围成的区域；

（5）$\displaystyle\iint_{D}\frac{xy}{x^2+y^2}\mathrm{d}\sigma$，其中 $D=\{(x,y)\,|\,y\geqslant x,1\leqslant x^2+y^2\leqslant 2\}$.

9. 计算二次积分：

（1）$\displaystyle\int_{1}^{3}\mathrm{d}x\int_{x-1}^{2}\sin y^2\mathrm{d}y$；　　　　　　　　（2）$\displaystyle\int_{0}^{2}\mathrm{d}x\int_{x}^{2}\mathrm{e}^{-y^2}\mathrm{d}y$.

10. 设平面薄片所占的闭区域 D 由直线 $x+y=2$，$y=x$，x 轴所围成，它的面密度 $\rho(x,y)=x^2+y^2$，求该薄片的质量.

11. 求由平面 $x=0$，$y=0$，$x=1$，$y=1$ 所围成的柱体被平面 $z=0$，$2x+3y+z=6$ 所截得的立体的体积.

12. 计算以 xOy 平面上的圆周 $x^2+y^2=ax$ 围成的闭区域为底、以曲面 $z=x^2+y^2$ 为顶的曲顶柱体的体积.

13. 为修建高速公路，要在山坡上开辟出一条长 500 m、宽 20 m 的通道，据测量，以出发点一侧为原点，往另一侧的方向为 x 轴 $(0\leqslant x\leqslant 20)$，往公路延伸方向为 y 轴 $(0\leqslant y\leqslant 500)$，且山坡高度为

$$z=10\left(\sin\frac{\pi}{20}x+\sin\frac{\pi}{500}y\right)$$

试计算所需挖掉的土方量.

14. 证明：$\displaystyle\int_{0}^{a}\mathrm{d}y\int_{0}^{y}\mathrm{e}^{m(a-x)}f(x)\mathrm{d}x=\int_{0}^{a}(a-x)\mathrm{e}^{m(a-x)}f(x)\mathrm{d}x\ (a>0)$，其中 $f(x)$ 为连续函数.

（B）

1. 求极限 $\displaystyle\lim_{n\to\infty}\sum_{i=1}^{n}\sum_{j=1}^{n}\frac{n}{(n+i)(n^2+j^2)}$.

2. 计算下列二重积分：

（1）$\displaystyle\iint_{D}|y^2-x^3|\mathrm{d}x\mathrm{d}y$，其中 D：$0\leqslant x\leqslant 1$，$|y|\leqslant 1$；

（2）$\displaystyle\iint_{D}|x^2+y^2-x|\mathrm{d}x\mathrm{d}y$，其中 D：$0\leqslant x\leqslant 1$，$0\leqslant y\leqslant x$.

3. 用极坐标计算下列二重积分：

（1）$\displaystyle\iint_{D}\mathrm{e}^{\frac{y}{x+y}}\mathrm{d}x\mathrm{d}y$，其中 $D=\{(x,y)\,|\,x>0,y>0,x+y\leqslant 1\}$；

（2）$\displaystyle\iint_{D}(\sqrt{x^2+y^2-2xy}+2)\mathrm{d}x\mathrm{d}y$，其中 $D=\{(x,y)\,|\,x^2+y^2\leqslant 1,x\geqslant 0,y\geqslant 0\}$；

（3）$\displaystyle\iint_{D}\sqrt{\frac{1-x^2-y^2}{1+x^2+y^2}}\mathrm{d}x\mathrm{d}y$，其中 $D=\{(x,y)\,|\,x^2+y^2\leqslant 1,y\geqslant|x|\}$.

4. 计算下列广义二重积分：

（1）$\displaystyle\iint_{D}x\mathrm{e}^{-y}\mathrm{d}x\mathrm{d}y$，其中 $D=\{(x,y)\,|\,y\geqslant x^2,x\geqslant 0\}$；

（2）$\displaystyle\iint_{0\leqslant x\leqslant y}\mathrm{e}^{-x-y}\mathrm{d}x\mathrm{d}y$；

（3）$\displaystyle\iint_{D}\mathrm{e}^{-x^2-y^2}\mathrm{d}x\mathrm{d}y$，其中 $D=\{(x,y)\,|-\infty<x<+\infty,-\infty<y<+\infty\}$.

5. 讨论并计算下列二重积分：

（1）$\displaystyle\iint_{D}\frac{1}{x^p y^q}\mathrm{d}\sigma$，其中 $D=\{(x,y)\,|\,xy\geqslant 1,x\geqslant 1\}$；

（2）$\displaystyle\iint_{D}\frac{1}{(x^2+y^2)^p}\mathrm{d}\sigma$，其中 $D=\{(x,y)\,|\,x^2+y^2\geqslant 1\}$.

6. 设 $f(x)$ 是区间 $[0,1]$ 上的连续正值函数，且单调减少，证明：

· 196 ·

$$\frac{\int_0^1 xf^2(x)\mathrm{d}x}{\int_0^1 xf(x)\mathrm{d}x} \leqslant \frac{\int_0^1 f^2(x)\mathrm{d}x}{\int_0^1 f(x)\mathrm{d}x}$$

7. 设 $f(u)$ 为可微分函数，且 $f(0)=0$，$f'(0)$ 存在，证明：

$$\lim_{t\to 0^+}\frac{\displaystyle\iint_{x^2+y^2\leqslant t^2} f(\sqrt{x^2+y^2})\mathrm{d}x\mathrm{d}y}{\frac{2}{3}\pi t^3} = f'(0)$$

8. 证明：若函数 $f(t)=\displaystyle\iint_{D_t} x\mathrm{d}\sigma$，其中 D_t 是直线 $x^2+y^2=t^2$ 与坐标轴围成的第一象限的区域，则

MATLAB
在积分中
的应用

$$\lim_{t\to 0}\frac{\ln(1+t^3)}{f(t)} = \frac{1}{3}$$

9. 设函数 $y=f(t)$ 满足 $f(t)=\mathrm{e}^{\pi t^2}+\displaystyle\iint_{x^2+y^2\leqslant t^2} f(\sqrt{x^2+y^2})\mathrm{d}x\mathrm{d}y$，求：

（1）$f(t)$ 所满足的微分方程； 　　　　　　　（2）$f(t)$.

小　结

一、学习要求

（1）理解二重积分的概念、几何意义及基本性质.

（2）熟练掌握在直角坐标系和极坐标系中计算二重积分的常用方法.

（3）会用二重积分解决几何学、经济学中的一些相关问题.

（4）会计算简单广义二重积分.

二、内容提要

1. 二重积分的概念

设函数 $f(x,y)$ 在闭区域 D 上有定义，将 D 任意分成 n 个小区域

$$\Delta\sigma_1, \Delta\sigma_2, \cdots, \Delta\sigma_n$$

其中 $\Delta\sigma_i$ 为第 i 个小区域，也为它的面积. 在每个小区域 $\Delta\sigma_i$ 上任取一点 (ξ_i, η_i)，作乘积 $f(\xi_i, \eta_i)\Delta\sigma_i$ $(i=1, 2, \cdots, n)$，并作和式 $\sum_{i=1}^{n} f(\xi_i, \eta_i)\Delta\sigma_i$. 若当各小区域的直径中的最大值 λ 趋于 0 时，此和式的极限存在，且极限值与区域 D 的分法无关，也与每个小区域 $\Delta\sigma_i$ 中点 (ξ_i, η_i) 的取法无关，则称此极限值为函数 $f(x,y)$ 在闭区域 D 上的二重积分，记为 $\displaystyle\iint_D f(x,y)\mathrm{d}\sigma$，即

$$\iint_D f(x,y)\mathrm{d}\sigma = \lim_{\lambda\to 0}\sum_{i=1}^{n} f(\xi_i, \eta_i)\Delta\sigma_i$$

当函数 $f(x,y) \geqslant 0$ 时，二重积分 $\iint\limits_{D} f(x,y)\mathrm{d}\sigma$ 表示以 $z=f(x,y)$ 为曲顶、D 为底面、母线平行于 z 轴的曲顶柱体的体积.

2. 二重积分的基本性质

性质 1 被积函数的常数因子可以提到二重积分号的外面，即
$$\iint\limits_{D} kf(x,y)\mathrm{d}\sigma = k\iint\limits_{D} f(x,y)\mathrm{d}\sigma$$

性质 2 函数的和（或差）的二重积分等于各个函数的二重积分的和（或差），即
$$\iint\limits_{D} [f(x,y)\pm g(x,y)]\mathrm{d}\sigma = \iint\limits_{D} f(x,y)\mathrm{d}\sigma \pm \iint\limits_{D} g(x,y)]\mathrm{d}\sigma$$

性质 2 可以推广到有限个代数和的情况.

性质 3 （积分区域的可加性） 如果闭区域 D 被有限条曲线分为有限个部分闭区域，那么在 D 上的二重积分等于在各部分闭区域上的二重积分的和.

例如，D 分为两个闭区域 D_1 和 D_2，则
$$\iint\limits_{D} f(x,y)\mathrm{d}\sigma = \iint\limits_{D_1} f(x,y)\mathrm{d}\sigma + \iint\limits_{D_2} f(x,y)\mathrm{d}\sigma$$

性质 4 若在区域 D 上有 $f(x,y)=1$，D 的面积为 σ，则
$$\iint\limits_{D} f(x,y)\mathrm{d}\sigma = \iint\limits_{D} 1\mathrm{d}\sigma = \sigma$$

性质 5 （保序性） 若在区域 D 上有 $f(x,y)\geqslant g(x,y)$，则
$$\iint\limits_{D} f(x,y)\mathrm{d}\sigma \geqslant \iint\limits_{D} g(x,y)\mathrm{d}\sigma$$

特别地，有

（i）若在区域 D 上 $f(x,y)\geqslant 0$，则
$$\iint\limits_{D} f(x,y)\mathrm{d}\sigma \geqslant 0$$

（ii）$\left|\iint\limits_{D} f(x,y)\mathrm{d}\sigma\right| \leqslant \iint\limits_{D} |f(x,y)|\mathrm{d}\sigma.$

性质 6 （二重积分估值定理） 设 M 和 m 分别是 $f(x,y)$ 在闭区域 D 上的最大值和最小值，σ 是 D 的面积，则
$$m\sigma \leqslant \iint\limits_{D} f(x,y)\mathrm{d}\sigma \leqslant M\sigma$$

性质 7 （二重积分中值定理） 设函数 $f(x,y)$ 在闭区域 D 上连续，σ 是 D 的面积，则在 D 上至少存在一点 (ξ,η)，使得下式成立：
$$\iint\limits_{D} f(x,y)\mathrm{d}\sigma = f(\xi,\eta)\sigma$$

3. 二重积分的计算

二重积分计算方法的核心就是把它化成累次定积分，并相继计算那些定积分. 化为累次定积分，首先要画出积分区域的图形，从而可以确定积分上、下限，同时还可以根

据图形选择积分方法. 若在直角坐标系中计算，还要考虑积分次序；若在极坐标系中就是先 r 后 θ.

（1）直角坐标系中，若积分区域 D 为 X-型区域：

$$\{(x,y)|a\leqslant x\leqslant b, \varphi_1(x)\leqslant y\leqslant\varphi_2(x)\}$$

则

$$\iint\limits_D f(x,y)\mathrm{d}x\mathrm{d}y=\int_a^b\mathrm{d}x\int_{\varphi_1(x)}^{\varphi_2(x)}f(x,y)\mathrm{d}y$$

若积分区域 D 为 Y-型区域：

$$\{(x,y)|c\leqslant y\leqslant d, \psi_1(y)\leqslant x\leqslant\psi_2(y)\}$$

则

$$\iint\limits_D f(x,y)\mathrm{d}x\mathrm{d}y=\int_c^d\left[\int_{\psi_1(y)}^{\psi_2(y)}f(x,y)\mathrm{d}x\right]\mathrm{d}y=\int_c^d\mathrm{d}y\int_{\psi_1(y)}^{\psi_2(y)}f(x,y)\mathrm{d}x$$

（2）极坐标系中，若 D：$\alpha\leqslant\theta\leqslant\beta$，$r_1(\theta)\leqslant r\leqslant r_2(\theta)$，则

$$\iint\limits_D f(r\cos\theta,r\sin\theta)r\mathrm{d}r\mathrm{d}\theta=\int_\alpha^\beta\mathrm{d}\theta\int_{r_1(\theta)}^{r_2(\theta)}f(r\cos\theta,r\sin\theta)r\mathrm{d}r$$

注 （1）在计算二重积分时，选择适当的坐标系及适当的积分顺序是很重要的. 一般地，当积分区域为圆域、环域或扇形区域，或者被积函数中含有 $\sqrt{x^2+y^2}$ 项时，常利用极坐标系.

（2）常利用二重积分证明不等式（关于定积分的），一般是将两个定积分的乘积转化为二次积分，然后化成重积分加以证明.

（3）在计算重积分时，特别应注意对称性的利用，这可大大减少计算量，读者可根据微元法的思想对对称性加以理解，切忌死记硬背.

总 习 题 9

1. 填空题：

（1）二重积分的积分区域 D：$1\leqslant x^2+y^2\leqslant 5$，则 $\iint\limits_D 4\mathrm{d}x\mathrm{d}y=$_____.

（2）二重积分 $\iint\limits_D xy\mathrm{d}x\mathrm{d}y=$_____，其中 D：$0\leqslant y\leqslant x^2,0\leqslant x\leqslant 1$.

（3）设 D：$|x|\leqslant 1,|y|\leqslant 1$，则 $\iint\limits_D(x-\sin y)\mathrm{d}x\mathrm{d}y=$_____.

（4）交换积分次序：$\int_0^1\mathrm{d}y\int_{\sqrt{y}}^{\sqrt{2-y^2}}f(x,y)\mathrm{d}x=$_____.

（5）设 D 是由 $x^2+y^2\leqslant 1$ 所围成的区域，则 $\iint\limits_D\sin(\sqrt{x^2+y^2})\mathrm{d}x\mathrm{d}y=$_____.

2. 选择题：

（1）设 $I=\int_0^1\mathrm{d}y\int_y^1\sin x^2\mathrm{d}x$，则 $I=$（   ）.

A. $\dfrac{1}{2}(1-\cos1)$ B. $1-\cos1$ C. $1+\sin1$ D. 积不出来

（2）设 $\iint\limits_D f(x,y)\mathrm{d}x\mathrm{d}y=\int_0^1\mathrm{d}x\int_0^{1-x}f(x,y)\mathrm{d}y$，则改变其积分次序后应为（   ）.

A. $\int_0^{1-x}\mathrm{d}y\int_0^1 f(x,y)\mathrm{d}x$ B. $\int_0^1\mathrm{d}y\int_0^{1-x}f(x,y)\mathrm{d}x$

C. $\int_0^1\mathrm{d}y\int_0^1 f(x,y)\mathrm{d}x$ D. $\int_0^1\mathrm{d}y\int_0^{1-y}f(x,y)\mathrm{d}x$

（3）设 D 是由 $x^2+y^2\leqslant a^2$ 所围成的区域，当 $a=($ ）时，$\iint\limits_D\sqrt{a^2-x^2-y^2}\mathrm{d}x\mathrm{d}y=\pi$.

A. 1 B. $\sqrt[3]{\dfrac{3}{2}}$ C. $\sqrt[3]{\dfrac{3}{4}}$ D. $\sqrt[3]{\dfrac{1}{2}}$

（4）设 D_1 是由 x 轴，y 轴，直线 $x+y=1$ 所围成的有界闭区域，f 是区域 $D:|x|+|y|\leqslant 1$ 上的连续函数，则二重积分 $\iint\limits_D f(x^2,y^2)\mathrm{d}x\mathrm{d}y=($ ）$\iint\limits_{D_1}f(x^2,y^2)\mathrm{d}x\mathrm{d}y$.

A. 2 B. 4 C. 8 D. $\dfrac{1}{2}$

3. 计算下列二重积分：

（1）$\iint\limits_D xy^2\mathrm{d}\sigma$，其中 D 是由 $y^2=2px$，$x=\dfrac{p}{2}(p>0)$ 所围成的区域；

（2）$\iint\limits_D(x^2+y^2-x)\mathrm{d}\sigma$，其中 D 是由直线 $y=2$，$y=x$，$y=2x$ 所围成的区域；

（3）$\iint\limits_D x^2y\cos(xy^2)\mathrm{d}x\mathrm{d}y$，其中 $D=\left\{(x,y)\Big|0\leqslant y\leqslant 2,0\leqslant x\leqslant\dfrac{\pi}{2}\right\}$；

（4）$\iint\limits_D x\mathrm{d}x\mathrm{d}y$，其中 $D=\left\{(x,y)\big|x^2+y^2\leqslant 2,x\geqslant y^2\right\}$；

（5）$\iint\limits_D(x+y)\mathrm{d}\sigma$，$D$ 是由 $y=x^2$，$y=4x^2$，$y=1$ 所围成的区域；

（6）$\iint\limits_D x(\sin y\mathrm{e}^{x^2+\cos y}-1)\mathrm{d}x\mathrm{d}y$，其中 $D:-1\leqslant x\leqslant\sin y,|y|\leqslant\dfrac{\pi}{2}$；

（7）$\iint\limits_D\dfrac{\sin y}{y}\mathrm{d}x\mathrm{d}y$，其中 $D=\{(x,y)|0\leqslant x\leqslant 1,\sqrt{x}\leqslant y\leqslant 1\}$；

（8）$\iint\limits_D x^2\mathrm{e}^{-y^2}\mathrm{d}\sigma$，其中 D 是由直线 $y=x$，$y=1$，$x=0$ 所围成的区域；

（9）$\iint\limits_D|x^2+y^2-2x|\mathrm{d}x\mathrm{d}y$，其中 $D=\{(x,y)|x^2+y^2\leqslant 4\}$.

4. 设 m,n 均为正整数，其中至少有一个是奇数，证明：
$$\iint\limits_{x^2+y^2\leqslant a^2}x^m y^n\mathrm{d}x\mathrm{d}y=0$$

5. 证明：$\int_a^b\mathrm{d}x\int_a^x(x-y)^{n-2}f(y)\mathrm{d}y=\dfrac{1}{n-1}\int_a^b(b-y)^{n-1}f(y)\mathrm{d}y$.

6. 画出积分区域，把积分 $I=\iint\limits_D f(x,y)\mathrm{d}x\mathrm{d}y$ 表示为极坐标形式的二次积分，其中积分区域 D 如下：

（1）$\{(x,y)|x^2+y^2\leqslant a^2\}(a>0)$； （2）$\{(x,y)|x^2+y^2\leqslant 2y\}$；

（3）$\{(x,y)|a^2\leqslant x^2+y^2\leqslant b^2\}(0<a<b)$； （4）$\{(x,y)|0\leqslant y\leqslant 1-x,0\leqslant x\leqslant 1\}$.

7. 设区域 D 位于直线 $y=0$ 的上方、圆 $x^2+y^2=1$ 的外部、$x^2+y^2-2x=0$ 的内部，求区域 D 的面积.

8. 计算 $\int_{-\infty}^{+\infty}\int_{-\infty}^{+\infty}\min\{x,y\}\mathrm{e}^{-x^2-y^2}\mathrm{d}x\mathrm{d}y$.

9. 设二元函数 $f(x,y)=\begin{cases}3\mathrm{e}^{-y},&0<x<y<+\infty,\\0,&\text{其他,}\end{cases}$ 求 $\int_{-\infty}^{+\infty}\int_{-\infty}^{+\infty}f(x,y)\mathrm{d}x\mathrm{d}y$.

参 考 答 案

习 题 6.1

（A）

1. （1）一；　（2）二；　（3）三；　（4）二.
2. （1）是；　（2）不是；　（3）是；　（4）是；　（5）是；　（6）是.
3. （1）$C = -25$；　（2）$C_1 = 0$，$C_2 = 1$.
4. 含有未知函数的导数或微分的方程称为微分方程. 微分方程的通解是指所含任意常数的个数与微分方程的阶数相等的解，特解是满足一定条件的不含任意常数的解.
5. 略.
6. $x^2 + 2xy - y^2 = -17$.
7. $y = (4 + 2x)\mathrm{e}^{-x}$.
8. $yy' + 2x = 0$.
9. （1）$y = \dfrac{4}{3}x^3 - x^2 + x + 1$；　（2）$y = \dfrac{1}{4}\mathrm{e}^{2x} - \dfrac{1}{2}x - \dfrac{1}{4}$；　（3）$y = \dfrac{1}{6}x^3 - 2x\ln x + \dfrac{5}{2}x - \dfrac{8}{3}$.

（B）

1. 略.
2. $y'' - y - x = 0$.
3. $f''(x) + f(x) = -\sin x, f(0) = 0, f'(0) = 1$.
4. $f(x) = \cos x - x\sin x + C$.
5. $x(P) + P \cdot x'(P) = 0$，$\dfrac{Ex}{EP} = \dfrac{P}{x} \cdot \dfrac{\mathrm{d}x}{\mathrm{d}P} = -1$.
6. $\dfrac{\mathrm{d}V(t)}{\mathrm{d}t} = kV(t)[V - V(t)]$，其中 V 为肿瘤体积的最大值.

习 题 6.2

（A）

1. （1）B；　（2）A；　（3）B；　（4）C；　（5）B.
2. （1）$y = \ln\left(\dfrac{\mathrm{e}^{2x}}{2} + C\right)$；　（2）$y = \mathrm{e}^{Cx}$；　（3）$y = C\mathrm{e}^{-x}$；　（4）$y = -\ln(1 + Cx)$；
　（5）$(\ln y)^2 + (\ln x)^2 = C$；　（6）$y^2 + 1 = Cx\mathrm{e}^{-x}$；　（7）$y = \sqrt[3]{\dfrac{3x^4}{4} + C} - 1$；　（8）$\sin x\sin y = C$.
3. （1）$y = \dfrac{C}{x^2}$；　（2）$y = \mathrm{e}^{-x}(x + C)$；　（3）$y = \dfrac{\sin x^2}{2x^2} + \dfrac{C}{x^2}$；　（4）$y = 2 + C\mathrm{e}^{-x^2}$；
　（5）$y = \dfrac{1}{7}x^3 + C\sqrt{x}$；　（6）$y = f(x) - 1 + C\mathrm{e}^{-f(x)}$；　（7）$x = \dfrac{\ln y}{2} + \dfrac{C}{\ln y}$；　（8）$x = -y\ln|y| + Cy$；
　（9）$x = -\dfrac{1}{2}y^2 + Cy^4$.
4. （1）$y = \dfrac{Cx^2}{2} + \dfrac{1}{2C}$；　（2）$y^2 = x^2\ln(Cx^2)$；　（3）$y = -x\ln(-\ln|Cx|)$；　（4）$y = x\mathrm{e}^{Cx}$.
5. （1）$2x^3 + 3x^2 = 2y^3 + 3y^2 - 5$；　（2）$y^2 = 4x^2 + 2x^2\ln x$；　（3）$y = \dfrac{1}{2}x^2 - \dfrac{1}{2}$.

6. $y = xe^{-x}$.

7. $y = -2x - 2 + 2e^x$.

8. $y(x) = (x+1)e^x$.

9. $v(t) = -\dfrac{mg}{k} + \left(\dfrac{mg}{k} + v_0\right)e^{-\frac{kt}{m}}$.

10. 500.

11. 6 s.

（B）

1. B.

2. （1） $(x+y)^2 + 1 = Ce^{x-y}$ ； （2） $\tan y = \dfrac{1}{3}(1+x^2) + \dfrac{C}{\sqrt{1+x^2}}$ ； （3） $\tan(x-y+1) = x + C$.

3. （1） $y = \dfrac{2x}{1+Cx^2}$ ； （2） $y^4 = -x^4 + Cx^2$ ； （3） $y^2 = \dfrac{e^{x^2}}{2x+C}$.

4. $f(x) = e^{-x}(x-1)$.

5. （1） $y = a(x^2 - x)$ ； （2） $a = 2$.

6. $x = \dfrac{2}{3}y + \dfrac{1}{3\sqrt{y}}$.

7. $f'(x) = -2\dfrac{f(x)}{x} + 3\left[\dfrac{f(x)}{x}\right]^2$ ， $f(x) = \dfrac{x}{1+x^3}$.

8. $300e^{-1}\,\text{g} \approx 110.4\,\text{g}$.

习　题　6.3

（A）

1. （1） $y = \dfrac{1}{9}e^{3x} - \sin x + C_1 x + C_2$ ； （2） $y = (x-2)e^x + C_1 x + C_2$ ； （3） $y = C_1 \ln|x| + C_2$ ；

（4） $y = -\dfrac{1}{2}x^2 - x + C_1 + C_2 e^x$ ； （5） $y = \dfrac{C_1}{4}(x+C_2)^2 + \dfrac{1}{C_1}$.

2. （1） $\arctan y = x + \dfrac{\pi}{4}$ ； （2） $y = \arcsin x$ ； （3） $y = \dfrac{4}{(x+2)^2}$.

3. $y = \dfrac{1}{3}x^3 - \dfrac{2}{3}x^2 + \dfrac{1}{3}$.

（B）

1. （1） $y = e^{C_1 e^x + C_2 e^{-x}}$ ； （2） $y = \ln(x^2 + C_1 x + C_2)$.

2. （1） $y^2 + x^2 + C_1 x + C_2 = 0$ ； （2） $y = C_2 e^{x^3 + C_1 x}$.

3. $y = e^x$.

4. $y = Cx^{\frac{1}{2k-1}}$.

习　题　6.4

（A）

1-2. 略.

3. A.

（B）

1. （1） $y = C_1\cos 2x + C_2\sin 2x - \dfrac{1}{4}x\cos 2x$ ； 　（2） $y'' + 4y = \sin 2x$ ；

（3） $y^* = \cos 2x + \dfrac{1}{8}\sin 2x - \dfrac{1}{4}x\cos 2x$.

习　题　6.5

（A）

1. （1）D；　（2）A；　（3）D；　（4）B；　（5）D.

2. 略.

3. （1） $C_1\mathrm{e}^{-4x} + C_2\mathrm{e}^{-3x}$ ；　（2） $(C_1 + C_2 x)\mathrm{e}^{6x}$ ；　（3） $C_1 + C_2\mathrm{e}^{-x}$ ；　（4） $\mathrm{e}^{2x}(C_1\cos x + C_2\sin x)$ ；

（5）当 $\mu < 0$ 时 $y = C_1\mathrm{e}^{-\sqrt{-\mu}x} + C_2\mathrm{e}^{\sqrt{-\mu}x}$ ，当 $\mu > 0$ 时 $y = C_1\cos\sqrt{\mu}x + C_2\sin\sqrt{\mu}x$ ，当 $\mu = 0$ 时 $y = C_1 + C_2 x$.

4. $y'' - 5y' + 6y = 0,\ y = C_1\mathrm{e}^{2x} + C_2\mathrm{e}^{3x}$.

5. $a = 2, b = 2$.

6. （1） $y = C_1\mathrm{e}^{-x} + C_2\mathrm{e}^{\frac{1}{2}x} + \mathrm{e}^{x}$ ；　（2） $y = C_1\mathrm{e}^{-2x} + C_2\mathrm{e}^{x} - \dfrac{1}{2}x^2 - \dfrac{1}{2}x - \dfrac{3}{4}$ ；

（3） $y'' - 5y' + 6y = C_1\mathrm{e}^{2x} + C_2\mathrm{e}^{3x} - x\mathrm{e}^{2x}$ ；　（4） $y = C_1\mathrm{e}^{x} + C_2\mathrm{e}^{-2x} + \left(-\dfrac{1}{2}x + \dfrac{5}{4}\right)\mathrm{e}^{-x}$ ；

（5） $y = (C_1 + C_2 x)\mathrm{e}^{3x} + x^2\left(\dfrac{1}{6}x + \dfrac{1}{2}\right)\mathrm{e}^{3x}$ ；　（6） $y = C_1\cos 2x + C_2\sin 2x + \dfrac{1}{4}x\sin 2x$.

7. $y = C_1\mathrm{e}^{x} + C_2\mathrm{e}^{-2x} + x\left(\dfrac{1}{6}x - \dfrac{1}{9}\right)\mathrm{e}^{x} - \dfrac{3}{20}\cos 2x + \dfrac{1}{20}\sin 2x$.

8. （1） $y = 4\mathrm{e}^{x} + 2\mathrm{e}^{3x}$ ；　（2） $y = (2 + x)\mathrm{e}^{-\frac{1}{2}x}$ ；　（3） $y = \sin 3x$ ；　（4） $y = -5\mathrm{e}^{x} + \dfrac{7}{2}\mathrm{e}^{2x} + \dfrac{5}{2}$ ；

（5） $y = -\mathrm{e}^{-x} + \mathrm{e}^{x} + x(x-1)\mathrm{e}^{x}$ ；　（6） $y = \mathrm{e}^{2x} + (-x^2 - x + 1)\mathrm{e}^{x}$.

9. $a = -3, b = 2, c = -1, y = C_1\mathrm{e}^{x} + C_2\mathrm{e}^{2x} + x\mathrm{e}^{x}$.

（B）

1. B.

2. （1） $y = \mathrm{e}^{-2x}(C_1\cos x + C_2\sin x) + \mathrm{e}^{x}$ ；　（2） $y'' + 4y' + 5y = 10\mathrm{e}^{x}$ ；　（3） $y = \mathrm{e}^{-2x}(-\cos x + 2\sin x) + \mathrm{e}^{x}$.

3. $\dfrac{1 + \mathrm{e}^{\pi}}{1 + \pi}$.

4. 设 $\dfrac{\mathrm{d}^2 y}{\mathrm{d}t^2} - \dfrac{\mathrm{d}y}{\mathrm{d}t} - 6y = \mathrm{e}^{3t}$ ，　 $y = C_1\mathrm{e}^{-2\sqrt{x}} + C_2\mathrm{e}^{3\sqrt{x}} + \dfrac{1}{5}\sqrt{x}\mathrm{e}^{3\sqrt{x}}$.

5. $f(x) = \mathrm{e}^{x}$.

习　题　6.6

1. $x(t) = \dfrac{N}{1 + \dfrac{N - x_0}{x_0}\mathrm{e}^{-kNt}}$.

2. $Q = \mathrm{e}^{-\frac{3}{2}P^2}$.

3. 1.05 km.

4. （1）原细菌数的 8 倍；　（2）1 250.

5. $m(t) = 54\mathrm{e}^{-\frac{3}{100}t}$，$m(60) = 54\mathrm{e}^{-1.8} \approx 8.92614$．

6. $\dfrac{\sqrt{2}}{8}M_0$．

7. 0.0387%．

习　题　6.7

（A）

1. （1）否，否；　（2）是，是．

2. （1）7；　（2）6．

3. 略.

4. （1）$y_t = C$；　（2）$y_t = C \cdot 2^t$；　（3）$y_t = C\left(-\dfrac{3}{2}\right)^t$．

5. （1）$y_t = -\dfrac{3}{4} + C \cdot 5^t$；　（2）$y_t = -6t^2 - 12t - 18 + C \cdot 2^t$；　（3）$y_t = C(-3)^t + \left(\dfrac{1}{5}t - \dfrac{2}{25}\right)2^t$；

  （4）$y_t = t\left(\dfrac{1}{4}t - \dfrac{1}{4}\right) \cdot 2^t + C \cdot 2^t$；　（5）$y_t = C \cdot 3^t - \dfrac{1}{2}t + \dfrac{1}{4}$；

  （6）$y_t = \begin{cases} C \cdot \alpha^t + \dfrac{1}{\mathrm{e}^{\beta} - \alpha}\mathrm{e}^{\beta t}, & \mathrm{e}^{\beta} \neq \alpha, \\ C \cdot \alpha^t + \dfrac{1}{\alpha}t\alpha^t, & \mathrm{e}^{\beta} = \alpha. \end{cases}$

6. （1）$y_t = 3t + 2$；　（2）$y_t = \dfrac{1}{2}t^2 - \dfrac{1}{2}t + 2$；　（3）$y_t = 3 \cdot 2^t + t \cdot 2^{t-1}$；　（4）$y_t = 2 + 3(-7)^t$．

7. （1）$y_t = C \cdot 2^t - 5$；　（2）$y_t = C_1 + C_2 \cdot 2^t + \dfrac{1}{4} \cdot 5^t$；　（3）$y_t = (\sqrt{2})^{t+2}\cos\dfrac{\pi}{4}t$；

  （4）$y_t = 4t - \dfrac{2}{3} + \dfrac{5}{3} \cdot (-2)^t$；　（5）$y_t = \left(6 - \dfrac{38}{9}t + \dfrac{2}{9}t^2\right)\left(\dfrac{3}{2}\right)^t$；　（6）$y_t = \dfrac{1}{9} - \dfrac{1}{9} \cdot 4^t + \dfrac{1}{12}t \cdot 4^t$．

（B）

1. $Y_t = C(1 + \gamma - \alpha\gamma)^t + \dfrac{\beta}{1 - \alpha}$，$C_t = \alpha C(1 + \gamma - \alpha\gamma)^t + \dfrac{\beta}{1 - \alpha}$，$I_t = (1 - \alpha)C(1 + \gamma - \alpha\gamma)^t$．

2. $Y_t = C\left(\dfrac{\delta\gamma}{\delta\gamma - \alpha}\right)^t - \dfrac{\beta}{\alpha}$，$S_t = \alpha C\left(\dfrac{\delta\gamma}{\delta\gamma - \alpha}\right)^t$，$I_t = \dfrac{\alpha}{\delta}C\left(\dfrac{\delta\gamma}{\delta\gamma - \alpha}\right)^t$．

3. $D_n(t) = C_1\lambda_1^t + C_2\lambda_2^t$，其中 $\lambda_1 = 2ab + 2 - 2\sqrt{2ab + 1}$，$\lambda_2 = 2ab + 2 + 2\sqrt{2ab + 1}$．

4. $y_{t+1} = 1.1y_t + 200$，$y_0 = 1000$；2.83 倍．

5. $P_t = C\left(\dfrac{1}{2}\right)^t + \dfrac{3}{4}$．

6. $y_t = C_1(4t^3 - t) + C_2(3t^2 - t) + t$．

总习题 6

1. （1）一；　（2）三；　（3）三．

2. （1）齐次；　（2）非齐次；　（3）非齐次．

3. （1）$y^2 + 1 = C(x^2 - 1)$；　（2）$\sqrt{1 - y^2} = C + \dfrac{1}{3x}$；　（3）$y = \mathrm{e}^{-x}(x + C)$；

  （4）$x = \mathrm{e}^{\sin y}(y + C)$；　（5）$\ln|(y + 2x)| + \dfrac{x}{y + 2x} = C$．

4. (1) $y = \ln\dfrac{e^{2x}+1}{2}$； (2) $y = \dfrac{-\cos x + \pi - 1}{x}$； (3) $x^2 + y^2 - x - y = 0$.

5. $y = \sqrt[3]{x}$.

6. (1) $T = 20 + 80\left(\dfrac{1}{2}\right)^{\frac{1}{20}t}$； (2) 40 ℃； (3) 60 min.

7. (1) $y = C_1 x^3 + C_2 x + C_3$； (2) $y = \dfrac{x^3}{9} + x + C_1 \ln|x| + C_2$； (3) $y e^y = e^{x+1}$；

  (4) $y = -x + \ln(e^{2x} + 1) + 1 - \ln 2$.

8. (1) $y = C_1 + C_2 e^{-\frac{5}{2}x} + \dfrac{1}{3}x^3 - \dfrac{3}{5}x^2 + \dfrac{7}{25}x$； (2) $y = C_1 e^{-x} + C_2 e^{-2x} + x\left(\dfrac{3}{2}x - 3\right)e^{-x}$；

  (3) $y = e^x(C_1 \cos x + C_2 \sin x) + \dfrac{1}{2}x \sin x e^x$； (4) $y = e^{-x} - e^{4x}$； (5) $y = e^{2x} \sin 3x$.

9. $u'' + u' - 2u = 0$，$y = x(C_1 e^x + C_2 e^{-2x})$.

10. $f(x) = \dfrac{1}{2} e^{\pi(x-1)} - \dfrac{1}{2}\cos \pi x - \dfrac{1}{2}\sin \pi x$.

11. $yy'' + (y')^2 + 1 = 0$.

12. $y = 2e^{2x} - e^x$.

13. $p(x) = \tan x$，$y = C_1 e^{\sin x} + C_2 e^{-\sin x}$.

14. $v = 2\,160 \ln 2 \approx 1\,497\ \mathrm{m}^3/\mathrm{min}$.

15. $6\ln 3 \approx 6.59$.

16. 略.

17. $f(x) = x e^{x+1}$.

18. 略.

19. (1) $y_t = C + \left(\dfrac{1}{2}t - \dfrac{1}{4}\right)3^t + \dfrac{1}{3}t$； (2) $y_t = \dfrac{2}{9}(-1)^t + \left(\dfrac{t}{3} - \dfrac{2}{9}\right)\cdot 2^t$；

  (3) $y_t = C_1(-2)^t + C_2 3^t + \left(\dfrac{1}{15}t^2 - \dfrac{2}{25}t\right)3^t$； (4) $y_t = 3 + 3t + 2t^2$； (5) $y_t = -t + t^2$.

习 题 7.1

（A）

1. (1) $\dfrac{1}{3}$； (2) $\dfrac{41}{99}$.

2. B.

3. (1) 收敛； (2) 收敛； (3) 收敛； (4) 收敛； (5) 发散.

4. (1) 发散； (2) 发散； (3) 收敛； (4) 发散； (5) 发散.

5. (1) 63 百万元； (2) 61.5 百万元.

6-8. 略.

（B）

1. 略.

2. (1) 收敛于 $\dfrac{1}{4}$； (2) 收敛于 $\dfrac{3}{4}$.

3. (1) $u_n = \dfrac{1}{2n(2n-1)}$； (2) $\displaystyle\sum_{n=1}^{+\infty} \dfrac{1}{2n(2n-1)}$； (3) 收敛，且收敛于 $\ln 2$.

4. 收敛，$s = \dfrac{\pi}{4}$.

习 题 7.2

（A）

1. （1）收敛； （2）发散； （3）收敛； （4）发散； （5）发散； （6）收敛； （7）收敛；

（8）收敛； （9）当 $a>1$ 时收敛，当 $0<a\leqslant1$ 时发散.

2. （1）当 $x\geqslant1$ 时发散，当 $0<x<1$ 时收敛； （2）发散； （3）收敛； （4）发散； （5）收敛；

（6）当 $a>1$ 时发散，当 $0<a<1$ 时收敛，当 $a=1$，$0<s\leqslant1$ 时发散，当 $a=1$，$s>1$ 时收敛.

3. （1）收敛； （2）收敛； （3）发散； （4）发散.

4. （1）收敛； （2）收敛； （3）收敛； （4）收敛； （5）收敛； （6）发散.

5. 收敛.

6. 略.

7. A.

8-9. 略.

（B）

1. 略.

2. D.

3. D.

4. $k=-1$.

5. 略.

6. 收敛.

7. （1）1； （2）略.

8. 级数 $\displaystyle\sum_{n=1}^{\infty}\left[\dfrac{1}{n}-\ln\left(1+\dfrac{1}{n}\right)\right]$ 收敛.

9-10. 略.

习 题 7.3

（A）

1. （1）收敛； （2）收敛； （3）收敛； （4）收敛.

2. （1）绝对收敛； （2）绝对收敛； （3）发散； （4）绝对收敛； （5）绝对收敛；

（6）发散； （7）发散； （8）条件收敛； （9）发散.

3-4. 略.

5. B.

6. A.

7. D.

（B）

1. D.

2. C.

3. C.

4. B.

5. C.

6. 收敛.

7-9. 略.

10. 当 $p > \dfrac{1}{2}$ 时收敛，当 $\dfrac{1}{2} < p \leqslant 1$ 时条件收敛，当 $p > 1$ 时绝对收敛.

习　题　7.4

（A）

1. （1）$(-1,1)$；　　（2）$[-1,1]$；　　（3）$\left[-\dfrac{1}{2}, \dfrac{1}{2}\right]$；　　（4）$[-2,2]$；　　（5）$[-1,1)$；　　（6）$x = 0$；

（7）$(-\infty, +\infty)$；　（8）$[-1,1]$；　（9）$[-1,1]$；　（10）$[-1,1]$；　（11）$(-\sqrt{2}, \sqrt{2})$；　（12）$\left(-\dfrac{\sqrt{2}}{2}, \dfrac{\sqrt{2}}{2}\right)$；

（13）$[-2,0]$；　　（14）$[-1,0]$；　　（15）$(-3,1]$.

2. （1）$\dfrac{1}{2}\ln\dfrac{1+x}{1-x}$ $(-1 < x < 1)$；　　（2）$\dfrac{2x}{(1-x)^3}$ $(-1 < x < 1)$；

（3）$\begin{cases} -\ln(1-x) + \dfrac{\ln(1-x)}{x} + 1, & x \in [-1,0) \cup (0,1), \\ 0, & x = 0, \\ 1, & x = 1. \end{cases}$

3. $\dfrac{a}{(a-1)^2}$.

4. 5.

5. 3 980 万元.

（B）

1. （1）$(0,4)$；　　（2）$\left(\dfrac{1}{e}, e\right)$；　　（3）$(-1,1)$.

2. $\begin{cases} -\dfrac{x}{2}\ln(1-x) + \dfrac{\ln(1-x)}{2x} + \dfrac{2+x}{4}, & x \in [-1,0) \cup (0,1), \\ 0, & x = 0, \\ \dfrac{3}{4}, & x = 1; \end{cases}$　　$-\dfrac{3}{4}\ln 2 + \dfrac{5}{8}$.

3. 收敛域 $[-1,1]$；　$S(x) = \begin{cases} -\ln(1-x) + \dfrac{\ln(1-x)}{x^2} + \dfrac{2+x}{2x}, & x \in [-1,0) \cup (0,1), \\ 0, & x = 0, \\ \dfrac{3}{2}, & x = 1. \end{cases}$

4. （1）正确；　　（2）不一定.

5. $[-2,2)$.

6. $(-2,4)$.

7. B.

8. $\dfrac{2}{3}e^{-\frac{1}{2}x}\cos\dfrac{\sqrt{3}}{2}x+\dfrac{1}{3}e^{x}$.

习　题　7.5

（A）

1. $\tan x=x+\dfrac{1+2\sin^{2}(\theta x)}{3\cos^{4}(\theta x)}x^{3}\ (0<\theta<1)$.

2. $f(x)=x-x^{2}+\dfrac{1}{2!}x^{3}+\cdots+\dfrac{(-1)^{n-1}}{(n-1)!}x^{n}+o(x^{n})$.

3. （1）$f(x)=\displaystyle\sum_{n=0}^{+\infty}\dfrac{(\ln a)^{n}}{n!}x^{n}\ (-\infty<x<+\infty)$;　（2）$f(x)=\ln 2+\displaystyle\sum_{n=1}^{+\infty}\dfrac{(-1)^{n-1}}{n\cdot 2^{n}}(x-2)^{n}\ (0<x\leqslant 4)$.

4. （1）$\displaystyle\sum_{n=0}^{+\infty}\dfrac{(-1)^{n}}{n!}x^{2n}\ (-\infty<x<+\infty)$;　（2）$\displaystyle\sum_{n=0}^{+\infty}\dfrac{(\ln 2)^{n}}{n!}x^{n}\ (-\infty<x<+\infty)$;

（3）$\displaystyle\sum_{n=1}^{+\infty}\dfrac{-2^{n}}{n}x^{n}\ \left(-\dfrac{1}{2}\leqslant x<\dfrac{1}{2}\right)$;　（4）$1+\displaystyle\sum_{n=1}^{+\infty}\dfrac{(2n-1)!!x^{2n}}{2^{n}n!}\ (-1<x<1)$;

（5）$\displaystyle\sum_{n=0}^{+\infty}\dfrac{(-1)^{n}x^{n+2}}{n!}\ (-\infty<x<+\infty)$;　（6）$\displaystyle\sum_{n=1}^{+\infty}\dfrac{(-1)^{n-1}4^{n}x^{2n}}{2\cdot(2n)!}\ (-\infty<x<+\infty)$;

（7）$\displaystyle\sum_{n=0}^{+\infty}\dfrac{1}{3}\left[(-1)^{n}-\left(\dfrac{1}{2}\right)^{n}\right]x^{n}\ (-1<x<1)$;　（8）$\displaystyle\sum_{n=1}^{+\infty}nx^{n-1}\ (-1<x<1)$;

（9）$x+\displaystyle\sum_{n=1}^{+\infty}\dfrac{(-1)^{n+1}x^{n+1}}{n(n+1)}\ (-1<x\leqslant 1)$.

5. （1）$\displaystyle\sum_{n=0}^{+\infty}\dfrac{(x-1)^{n}}{3^{n+1}}\ (-2<x<4)$;　（2）$\displaystyle\sum_{n=0}^{+\infty}(-1)^{n}\left(\dfrac{1}{2^{n+2}}-\dfrac{1}{2^{2n+3}}\right)(x-1)^{n}\ (-1<x<3)$.

6. $\cos 1-\sin 1$.

（B）

1. $\ln 2+\displaystyle\sum_{n=1}^{+\infty}\left[\dfrac{(-1)^{n-1}}{n}-\dfrac{1}{n\cdot 2^{n}}\right](x-1)^{n}\ (0<x\leqslant 2)$.

2. $\displaystyle\sum_{n=1}^{+\infty}\dfrac{nx^{n-1}}{(n+1)!}\ (x\neq 0)$ ，证明略.

3. （1）$\displaystyle\sum_{n=0}^{+\infty}\dfrac{(-1)^{n}}{2n+1}x^{2n+1}\ (-1<x<1)$;　（2）$-98!$;　（3）$\dfrac{\pi}{4}$.

4. $(x+1)e^{x}$;　$2e+e\displaystyle\sum_{n=0}^{+\infty}\left[\dfrac{1}{n!}+\dfrac{2}{(n+1)!}\right](x-1)^{n+1}\ (-\infty<x<\infty)$.

习　题　7.6

（A）

1. （1）$0.156\,43$;　（2）$1.036\,8$;　（3）$0.218\,8$.

2. （1）$0.544\,8$;　（2）1.305 ;　（3）0.487 .

（B）

1. （1）e^3; （2）$2\ln\dfrac{3}{2}$; （3）$\cos 3$; （4）$\dfrac{1}{2}\arctan 2$.

总复习 7

1. （1）$\dfrac{2}{(3n+1)(3n-2)}$，$\dfrac{2}{3}$; （2）绝对收敛; （3）$(-1,5)$; （4）发散.

2. （1）A; （2）A; （3）D; （4）B; （5）B; （6）C.

3. （1）错误; （2）错误; （3）错误.

4. （1）收敛; （2）收敛.

5. （1）条件收敛; （2）绝对收敛; （3）绝对收敛.

6. 略.

7. （1）$\left[-\dfrac{4}{3},-\dfrac{2}{3}\right)$; （2）$[1,3]$.

8. $\dfrac{1}{2}x^2\arctan x+\dfrac{1}{2}(\arctan x-x)\ (-1\leqslant x\leqslant 1)$.

9. （1）1; （2）$\dfrac{1}{3}\left(\ln 2+\dfrac{\sqrt{3}}{3}\pi\right)$.

10. $y^{(n)}(0)=\begin{cases}0, & n=2k-1,\\ 2(-1)^{k-1}(2k-1)!, & n=2k.\end{cases}$

11. 123 万元.

习 题 8.1

（A）

1. 到 xOy,xOz,yOz 平面的距离分别为 $5,3,4$; 到 x 轴，y 轴，z 轴的距离分别为 $\sqrt{34},\sqrt{41},5$.

2. $(-3,7,0)$.

3. 关于 xOy 平面的对称点为 $(2,-1,-4)$，关于 yOz 平面的对称点为 $(-2,-1,4)$，关于 xOz 平面的对称点为 $(2,1,4)$.

4. $(x-1)^2+(y-2)^2+(z+2)^2=9$.

5. （1）平面; （2）xOy 坐标平面; （3）球; （4）圆柱; （5）旋转抛物面;
   （6）圆锥; （7）单叶双曲面; （8）双叶双曲面; （9）椭球.

（B）

1. $5x^2+5y^2+5z^2+50x+18y+18z-37=0$；球.

2. 略.

习 题 8.2

（A）

1. （1）开集，无界集; （2）有界集; （3）开集，开区域，无界集; （4）闭集，闭区域，有界集.

2. (1) $(x+y)^2-\left(\dfrac{y}{x}\right)^2$; (2) $\dfrac{x^2(1-y)}{1+y}$.

3. (1) $\{(x,y)\,|\,y^2>2x-1\}$; (2) $\{(x,y)\,|\,x\geqslant\sqrt{y},y\geqslant0\}$; (3) $\{(x,y)\,|\,-x\leqslant y<x\}$.

(4) $\{(x,y,z)\,|\,4<x^2+y^2+z^2\leqslant9\}$; (5) $\{(x,y,z)\,|\,(x,y)\neq(0,0)\}$.

4. 略.

5. (1) 1; (2) $-\dfrac{1}{4}$; (3) 2; (4) 0; (5) e; (6) 0; (7) 2; (8) 0; (9) 1.

6. (1) 在 $y^2=2x$ 上间断; (2) 在 $x^2+y^2=1$ 上间断; (3) 在定义域 $y^2\geqslant2x$ 上均连续.

7. (1) 在点 $(x,0)(x\neq0)$ 处间断，其他点连续; (2) 在 $\mathbf{R}^2$ 上连续; (3) 在点 $(0,0)$ 处间断.

（B）

1. $\alpha>2$.

2. 略.

3. (1) e; (2) 0; (3) $\ln2$; (4) 不存在.

4. (1) 在同一时刻，随着离火山距离的增加，火山灰的密度减少;

(2) 距离相同时，火山灰随着时间的流逝逐渐增加.

习 题 8.3

（A）

1. (1) $\dfrac{\partial z}{\partial x}=3x^2y-y^3,\dfrac{\partial z}{\partial y}=x^3-3y^2x$;

(2) $\dfrac{\partial z}{\partial x}=y\cos(xy)-y\sin(2xy),\dfrac{\partial z}{\partial y}=x\cos(xy)-x\sin(2xy)$;

(3) $\dfrac{\partial u}{\partial x}=\dfrac{y}{z}\cdot x^{\frac{y}{z}-1},\dfrac{\partial u}{\partial y}=\dfrac{1}{z}\cdot x^{\frac{y}{z}}\cdot\ln x,\dfrac{\partial u}{\partial z}=-\dfrac{y}{z^2}\cdot x^{\frac{y}{z}}\cdot\ln x$;

(4) $\dfrac{\partial u}{\partial x}=\dfrac{z(x-y)^{z-1}}{1+(x-y)^{2z}},\dfrac{\partial u}{\partial y}=\dfrac{-z(x-y)^{z-1}}{1+(x-y)^{2z}},\dfrac{\partial u}{\partial z}=\dfrac{(x-y)^z\ln(x-y)}{1+(x-y)^{2z}}$;

(5) $\dfrac{\partial z}{\partial x}=\dfrac{\frac{1}{y}\sec^2\frac{x}{y}}{\tan\frac{x}{y}},\dfrac{\partial z}{\partial y}=\dfrac{-\frac{x}{y^2}\sec^2\frac{x}{y}}{\tan\frac{x}{y}}$; (6) $\dfrac{\partial z}{\partial x}=\dfrac{1}{\sqrt{x^2+y^2}},\dfrac{\partial z}{\partial y}=\dfrac{\frac{y}{\sqrt{x^2+y^2}}}{x+\sqrt{x^2+y^2}}$.

2. $f_x(1,0)=1$.

3. $\dfrac{\pi}{4}$.

4. B.

5. 略.

6. (1) $\dfrac{\partial^2 z}{\partial x^2}=2\cos(x^2+y^2)-4x^2\sin(x^2+y^2)$, $\dfrac{\partial^2 z}{\partial x\partial y}=\dfrac{\partial^2 z}{\partial y\partial x}=-4xy\sin(x^2+y^2)$,

$\dfrac{\partial^2 z}{\partial y^2}=2\cos(x^2+y^2)-4y^2\sin(x^2+y^2)$;

（2）$\dfrac{\partial^2 z}{\partial x^2} = \dfrac{y^2}{\sqrt{1+x^2y^2}} - \dfrac{x^2y^4}{(1+x^2y^2)^{\frac{3}{2}}}$，$\dfrac{\partial^2 z}{\partial x\partial y} = \dfrac{\partial^2 z}{\partial y\partial x} = \dfrac{2xy}{\sqrt{1+x^2y^2}} - \dfrac{x^3y^3}{(1+x^2y^2)^{\frac{3}{2}}}$，

$\dfrac{\partial^2 z}{\partial y^2} = \dfrac{x^2}{\sqrt{1+x^2y^2}} - \dfrac{x^4y^2}{(1+x^2y^2)^{\frac{3}{2}}}$ ；

（3）$\dfrac{\partial^2 z}{\partial x^2} = y^4 e^{xy^2}$，$\dfrac{\partial^2 z}{\partial x\partial y} = \dfrac{\partial^2 z}{\partial y\partial x} = 2ye^{xy^2}(1+xy^2)$，$\dfrac{\partial^2 z}{\partial y^2} = 2xe^{xy^2}(1+2xy^2)$.

7. （1） 0 ； （2） $\dfrac{\partial^3 z}{\partial x\partial y^2} = -3x^2\sin y + 6y\cos x$.

8. 略.

9. $f(x,y) = \dfrac{3}{2}x^2 - xy + 4$.

10. $\dfrac{\partial Q}{\partial K}\Big|_{(100,100)} = 0.375, \dfrac{\partial Q}{\partial L}\Big|_{(100,100)} = 1.125$. 当 $k=100$ ， $L=100$ 时，若 $L=100$ 保持不变，K 增加 1 个单位，

Q 增加 0.375 个单位；若 $K=100$ 保持不变，L 增加 1 个单位，Q 增加 1.125 个单位.

11. （1） -0.1 ； （1） -2 .

（B）

1. $1 + \dfrac{y}{2x^2}$.

2. （1） $\dfrac{\partial z}{\partial x} = (1+xy)^{x+y}\left[\ln(1+xy) + \dfrac{y(x+y)}{1+xy}\right]$，$\dfrac{\partial z}{\partial y} = (1+xy)^{x+y}\left[\ln(1+xy) + \dfrac{x(x+y)}{1+xy}\right]$ ；

（2） $\dfrac{\partial f}{\partial x} = \cos x^2, \dfrac{\partial f}{\partial y} = -\cos y^2$ ； （3） $\dfrac{\partial f}{\partial x} = -ze^{x^2z^2}, \dfrac{\partial f}{\partial y} = ze^{y^2z^2}, \dfrac{\partial f}{\partial z} = ye^{y^2z^2} - xe^{x^2z^2}$.

3. $f_{xx}(0,0) = 0, f_{xy}(0,0) = 0$.

4. 略.

5. 不连续，可偏导，$f_x(0,0) = f_y(0,0) = 0$.

习 题 8.4

（A）

1. （1） $dz = e^{2xy}\left[2y\cos(x+y) - \sin(x+y)\right]dx + e^{2xy}\left[2x\cos(x+y) - \sin(x+y)\right]dy$ ；

（2） $du = y\cos(x+y)dx + \left[\sin(x+y) + y\cos(x+y)\right]dy - 2zdz$ ；

（3） $dz = \dfrac{ydx}{x^2+y^2} - \dfrac{xdy}{x^2+y^2}$ ； （4） $dz = \dfrac{1}{\sqrt{x^2+y^2}}dx + \dfrac{\dfrac{y}{\sqrt{x^2+y^2}}}{x+\sqrt{x^2+y^2}}dy$ ；

（5） $du = \dfrac{x}{\sqrt{x^2+y^2+z^2}}dx + \dfrac{y}{\sqrt{x^2+y^2+z^2}}dy + \dfrac{z}{\sqrt{x^2+y^2+z^2}}dz$ ；

（6） $dz = y(x^2+y^2)^{xy}\left[\ln(x^2+y^2) + \dfrac{2x^2}{x^2+y^2}\right]dx + x(x^2+y^2)^{xy}\left[\ln(x^2+y^2) + \dfrac{2y^2}{x^2+y^2}\right]dy$.

2. $dz = \dfrac{1}{3}dx + \dfrac{2}{3}dy$.

3. （1） $dz = \dfrac{1}{y}dx - \dfrac{x}{y^2}dy$ ； （2） $\Delta z = -\dfrac{1}{102}, dz = -0.01$.

4. $\mathrm{d}z = -0.01\mathrm{e}$.

5. （1）2.95； （2）0.502 300.

6. 对角线大约减少 2.8 mm，面积大约减少 0.014 m^2.

7. 17.6π cm^3.

8. A.

9. $m = \dfrac{1}{2}, n = 3$.

（B）

1. D.

2. 可微， $\mathrm{d}z\big|_{(0,1)} = 2\mathrm{d}x - \mathrm{d}y.$

3. 连续，偏导数存在，可微， $\mathrm{d}z\big|_{(0,0)} = \dfrac{\pi}{2}\mathrm{d}y$.

4. 略.

5. 函数连续，偏导数存在，可微，一阶偏导数连续.

习 题 8.5

（A）

1. $\mathrm{d}z\big|_{(1,2)} = 4\mathrm{d}x - 2\mathrm{d}y$.

2. （1） $\dfrac{1}{\sqrt{1-(3t-4t^3)^2}}(3-12t^2)$ ； （2） $(\cos t - 6t^2)\mathrm{e}^{\sin t - 2t^3}$ ；

（3） $\mathrm{e}^{2t}(2\sin t + \cos t) + \mathrm{e}^{3t}(3\sin t\cos^2 t + \cos^3 t - 2\sin^2 t\cos t)$ ； （4） $\dfrac{(x+1)\mathrm{e}^x}{1+x^2\mathrm{e}^{2x}}$.

3. （1） $\dfrac{\partial z}{\partial x} = -\dfrac{2y^2}{x^3}\ln(x^2+y^2) + \dfrac{2y^2}{x(x^2+y^2)}$ ， $\dfrac{\partial z}{\partial y} = \dfrac{2y}{x^2}\ln(x^2+y^2) + \dfrac{2y^3}{x^2(x^2+y^2)}$ ；

（2） $\dfrac{\partial z}{\partial x} = 2xf_1' + 2yf_2', \dfrac{\partial z}{\partial y} = 2yf_1' + 2xf_2'$.

4. 略.

5. $\dfrac{\partial z}{\partial x} = x^3 y^2 \mathrm{e}^{3x-2y^2}(4+3x), \dfrac{\partial z}{\partial y} = 2x^4 y\mathrm{e}^{3x-2y^2}(1-2y^2), \dfrac{\partial^2 z}{\partial x\partial y} = 2x^3(4+3x)y(1-2y^2)\mathrm{e}^{3x-2y^2}$.

6. （1） $\dfrac{\partial u}{\partial x} = f_1' + yf_2', \dfrac{\partial u}{\partial y} = f_1' + xf_2'$ ； （2） $\dfrac{\partial u}{\partial x} = \dfrac{1}{y}f_1', \dfrac{\partial u}{\partial y} = -\dfrac{x}{y^2}f_1' + \dfrac{1}{z}f_2', \dfrac{\partial u}{\partial z} = -\dfrac{y}{z^2}f_2'$ ；

（3） $\dfrac{\partial u}{\partial x} = 2xf_1' + z\mathrm{e}^{xz}f_2', \dfrac{\partial u}{\partial y} = 2yf_1', \dfrac{\partial u}{\partial z} = x\mathrm{e}^{xz}f_2' + f_3'$ ； （4） $\dfrac{\partial z}{\partial x} = \dfrac{3f_1'}{x} - \dfrac{f}{x^2}, \dfrac{\partial z}{\partial y} = -\dfrac{f_1' + \sin yf_2'}{x}$ ；

（5） $\dfrac{\partial u}{\partial r} = f_1' + 2rf_2', \dfrac{\partial u}{\partial s} = f_1' + 2sf_2', \dfrac{\partial u}{\partial t} = f_1' + 2tf_2'$.

7-10. 略.

11. $f_y(x, 2x) = -2x + 1$.

12. $f(u) = -\dfrac{u}{4} - \dfrac{1}{16} + \dfrac{1}{16}\mathrm{e}^{4u}$.

（B）

1. （1） $\dfrac{\partial^2 z}{\partial x^2} = 2f'(x^2+y^2) + 4x^2 f''(x^2+y^2), \dfrac{\partial^2 z}{\partial x\partial y} = 4xyf''(x^2+y^2)$, $\dfrac{\partial^2 z}{\partial y^2} = 2f'(x^2+y^2) + 4y^2 f''(x^2+y^2)$ ；

（2）$\dfrac{\partial^2 z}{\partial x^2} = y^2 f''_{11}, \dfrac{\partial^2 z}{\partial x \partial y} = f'_1 + xy f''_{11} + y f''_{12}, \dfrac{\partial^2 z}{\partial y^2} = x^2 f''_{11} + 2x f''_{12} + f''_{22}$；

（3）$\dfrac{\partial^2 z}{\partial x^2} = -\sin x f'_1 + \mathrm{e}^{x+y} f'_3 + \cos^2 x f''_{11} + 2\cos x \mathrm{e}^{x+y} f''_{13} + \mathrm{e}^{2x+2y} f''_{33}$，

$\quad\quad \dfrac{\partial^2 z}{\partial x \partial y} = \cos x(-\sin y f''_{12} + f''_{13}\mathrm{e}^{x+y}) + \mathrm{e}^{x+y} f'_3 + \mathrm{e}^{x+y}(-\sin y f''_{32} + f''_{33}\mathrm{e}^{x+y})$，

$\quad\quad \dfrac{\partial^2 z}{\partial y^2} = -\cos y f'_2 + \mathrm{e}^{x+y} f'_3 + \sin^2 y f''_{22} - 2\sin y \mathrm{e}^{x+y} f''_{23} + \mathrm{e}^{2x+2y} f''_{33}$.

2. $\dfrac{\partial^2 z}{\partial x \partial y} = \mathrm{e}^y (f'_1 + f''_{13}) + x\mathrm{e}^{2y} f''_{11} + x\mathrm{e}^y f''_{21} + f''_{23}$.

3. $\dfrac{\partial^2 z}{\partial x \partial y} = y f''(xy) + f'(x+y) + y f''(x+y)$.

4. 略.

5. $f(u) = C_1 \mathrm{e}^{-u} + C_2 \mathrm{e}^u$.

6. $f(x) = \ln x$.

7. $a = -2$.

8. $a = \dfrac{1}{4}, b = -\dfrac{1}{4}$.

习 题 8.6

（A）

1. 能确定 $x = x(y,z)$ 和 $y = y(x,z)$.

2. $\dfrac{\mathrm{d}y}{\mathrm{d}x} = \dfrac{\mathrm{e}^y}{1 - x\mathrm{e}^y}$.

3. $\dfrac{\mathrm{d}y}{\mathrm{d}x} = \dfrac{y^2}{1 - xy}$.

4. $\dfrac{\mathrm{d}y}{\mathrm{d}x} = \dfrac{x+y}{x-y}$.

5. $\dfrac{\partial z}{\partial x} = \dfrac{yz - x^2}{z^2 - xy}, \dfrac{\partial z}{\partial y} = \dfrac{xz - y^2}{z^2 - xy}$.

6. $\dfrac{\partial z}{\partial x} = \dfrac{1 + y^2 z^2}{1 + y^2 z^2 + y}, \dfrac{\partial z}{\partial y} = -\dfrac{z}{1 + y^2 z^2 + y}$.

7. $\dfrac{\partial x}{\partial y} = \dfrac{y}{2-x}, \dfrac{\partial x}{\partial z} = \dfrac{z}{2-x}$.

8. $\mathrm{d}z = \dfrac{2x^2 - xyf\left(\dfrac{z}{x}\right) + yzf'\left(\dfrac{z}{x}\right)}{xyf'\left(\dfrac{z}{x}\right) - 2xz}\mathrm{d}x + \dfrac{2y - xf\left(\dfrac{z}{x}\right)}{yf'\left(\dfrac{z}{x}\right) - 2z}\mathrm{d}y$.

9. $\dfrac{\partial z}{\partial x} = \dfrac{z}{x+z}, \dfrac{\partial z}{\partial y} = \dfrac{z^2}{(x+z)y}$. $\dfrac{\partial^2 z}{\partial x \partial y} = \dfrac{xz^2}{(x+z)^3 y}$.

10. $\dfrac{\partial^2 z}{\partial x \partial y}\bigg|_{(0,0)} = -\dfrac{3}{25}$.

11. $\dfrac{\partial^2 z}{\partial x^2} = \dfrac{2z^2 - 2z - z^3}{x^2(z-1)^3}$.

12. $\dfrac{dy}{dx} = \dfrac{-x - 6xz}{2y + 6yz}, \dfrac{dz}{dx} = \dfrac{x}{1+3z}$.

13. $\dfrac{\partial u}{\partial x} = \dfrac{2v + uy}{4uv - xy}, \dfrac{\partial v}{\partial x} = \dfrac{-2u^2 - x}{4uv - xy}, \dfrac{\partial u}{\partial y} = \dfrac{-2v^2 - y}{4uv - xy}, \dfrac{\partial v}{\partial y} = \dfrac{2u + xv}{4uv - xy}$.

（B）

1. 略.

2. b.

3. 略.

4. （1）$dz = \dfrac{2x - \varphi'(x+y+z)}{1 + \varphi'(x+y+z)}dx + \dfrac{2y - \varphi'(x+y+z)}{1 + \varphi'(x+y+z)}dy$；　（2）$\dfrac{\partial u}{\partial x} = -\dfrac{2(2x+1)\varphi''(x+y+z)}{[1 + \varphi'(x+y+z)]^3}$.

5. $\dfrac{\partial u}{\partial x} = 2xf_1' + \left(z + \dfrac{xe^x}{e^x + e^y}\right)f_2', \dfrac{\partial u}{\partial y} = 2yf_1' + \dfrac{xe^y}{e^x + e^y}f_2'$.

6. $\dfrac{\partial u}{\partial x} = \dfrac{uf_1'(2vyg_2' - 1) + f_2'g_1'}{(1 - xf_1')(2vyg_2' - 1) + f_2'g_1'}, \dfrac{\partial v}{\partial x} = \dfrac{g_1'(1 - xf_1' - uf_1')}{(1 - xf_1')(2vyg_2' - 1) + f_2'g_1'}$,

$\dfrac{\partial u}{\partial y} = \dfrac{(2vyg_2' - 1 - g_2'v^2)f_2'}{(1 - xf_1')(2vyg_2' - 1) + f_2'g_1'}, \dfrac{\partial v}{\partial y} = \dfrac{(xf_1' - 1)g_2'v^2 - f_2'g_1'}{(1 - xf_1')(2vyg_2' - 1) + f_2'g_1'}$.

习 题 8.7

（A）

1. （1）极大值 8；　（2）极大值 1；　（3）极小值 -28，极大值 28；　（4）极大值 36；

（5）极小值 $-\dfrac{e}{2}$；　（6）无极值.

2. 最小值 -4，最大值 4.

3. 最小值 0，最大值 1.

4. 极小值 $\dfrac{a^2 b^2}{a^2 + b^2}$.

5. $\dfrac{13}{2}$.

6. 等腰直角三角形.

7. $x = 3, y = 2$（千件），利润最大为 $L(3,2) = 23$（万元）.

8. $p = \dfrac{1 - ak + ac_0 - ak\ln M}{a - a^2 k}$.

9. （1）$x = \dfrac{3}{4}, y = \dfrac{5}{4}$；　（2）$x = 0, y = \dfrac{3}{2}$.

10. $x_1 = 6\left(\dfrac{P_2\alpha}{P_1\beta}\right)^\beta, x_2 = 6\left(\dfrac{P_1\beta}{P_2\alpha}\right)^\alpha$.

（B）

1. A.

2. A.

3. C.

4. 极大值点$(-9, -3)$，极大值-3，极小值点$(9, 3)$，极小值3.

5. 略.

6. $\dfrac{\pi}{\sqrt{6}}$.

7. 长方体为正方体时，且边长为$\dfrac{2a}{\sqrt{3}}$.

8. 最大值$6\sqrt{2}$，最小值$\dfrac{4\sqrt{3}}{3}$.

总 习 题 8

1.（1）充分条件，必要条件；　（2）必要条件，充分条件；　（3）充分条件；　（4）充分条件；

（5）2；　（6）$\left(\dfrac{\pi}{e}\right)^2$；　（7）$2xyf\left(\dfrac{x}{y}\right)$；　（8）$-\dfrac{1}{2}$.

2. $\left\{(x, y)\Big|x^2 + y^2 < 1, y^2 \leqslant 4x\right\}$，$\dfrac{\sqrt{2}}{\ln\frac{3}{4}}$.

3.（1）$y = -x$；　（2）$y^2 = 2x$.

4.（1）1；　（2）e^2；　（3）不存在.

5-6. 略.

7.（1）$\dfrac{\partial z}{\partial x} = yx^{y-1}, \dfrac{\partial z}{\partial y} = x^y \ln x$；　（2）$\dfrac{\partial z}{\partial x} = ye^{xy}, \dfrac{\partial z}{\partial y} = xe^{xy}$；　（3）$\dfrac{\partial z}{\partial x} = \dfrac{y}{x^2+y^2}, \dfrac{\partial z}{\partial y} = \dfrac{-x}{x^2+y^2}$；

（4）$\dfrac{\partial z}{\partial x} = e^{x^2+y^2}[2x\sin(xy) + y\cos(xy)], \dfrac{\partial z}{\partial y} = e^{x^2+y^2}[2y\sin(xy) + x\cos(xy)]$.

8. 略.

9. $\psi(t)\varphi(t)^{\psi(t)-1}\varphi'(t) + \varphi(t)^{\psi(t)}\ln(\varphi(t))\psi'(t)$.

10. 略.

11. $\dfrac{\partial z}{\partial x} = e^{-u}(v\cos v - u\sin v), \dfrac{\partial z}{\partial y} = e^{-u}(v\sin v + u\cos v)$.

12.（1）$\dfrac{e^x - y^2}{2xy - \cos y}$；　（2）$\dfrac{\dfrac{y}{x} - \ln y}{\dfrac{x}{y} - \ln x}$.

13.（1）$\dfrac{\partial z}{\partial x} = 3f_1' + 4f_2', \dfrac{\partial z}{\partial y} = 2f_1' - 3f_2'$；　（2）$\dfrac{\partial z}{\partial x} = 2xf_1' + ye^{xy}f_2', \dfrac{\partial z}{\partial y} = -2yf_1' + xe^{xy}f_2'$；

（3）$\dfrac{\partial u}{\partial x} = f_1' + yf_2' + yzf_3', \dfrac{\partial u}{\partial y} = xf_2' + xzf_3', \dfrac{\partial u}{\partial z} = xyf_3'$.

14. 略.

15. $-2e^{-x^2y^2}$.

16. 最大值4，最小值-64.

17. 最大值125，最小值-75.

18. $P_1 = 80, \quad P_2 = 120.$

19. $x = 90, y = 140.$

20. 长为 $\dfrac{1}{3}C$ ，宽为 $\dfrac{1}{6}C.$

21. $z = \dfrac{y^3}{3x^3} + C$.

22. $\dfrac{\mathrm{d}z}{\mathrm{d}x} = \dfrac{a-x}{z}, \dfrac{\mathrm{d}y}{\mathrm{d}x} = \dfrac{a-2x}{2y}.$

23. $\dfrac{\partial z}{\partial x} = yf_1' + 2f_2', \dfrac{\partial^2 z}{\partial x \partial y} = f_1' + xyf_{11}'' + (2x - 3y)f_{12}'' - 6f_{22}''.$

24. 极小值 $-\dfrac{8}{7}$ ，极大值 1.

习 题 9.1

（A）

1. 略.

2. （1）$I_1 < I_3 < I_2$；　（2）$I_2 < I_1 < I_3$；　（3）$I_1 < I_2$；　（4）$I_1 < I_2 < I_3$.

3. （1）$\displaystyle\iint\limits_{D} \ln(x+y) \mathrm{d}x\mathrm{d}y > \iint\limits_{D} [\ln(x+y)]^2 \mathrm{d}x\mathrm{d}y$；　（2）$\displaystyle\iint\limits_{D} \ln(x+y) \mathrm{d}x\mathrm{d}y < \iint\limits_{D} [\ln(x+y)]^2 \mathrm{d}x\mathrm{d}y$.

4. （1）负号；　（2）正号.

5. （1）2π；　（2）$\dfrac{1}{6}$；　（3）$\dfrac{1}{3}\pi a^3$.

6. （1）$0 \leqslant I \leqslant 2$；　（2）$36\pi \leqslant I \leqslant 100\pi$；　（3）$\dfrac{100}{51} \leqslant I \leqslant 2$；　（4）$0 \leqslant I \leqslant \pi^2$；　（5）$0 \leqslant I \leqslant 2$.

7. 略.

8. （1）0；　（2）0；　（3）$4I$.

（B）

1. $4f(0,0)$.

2. $\pi f(0,0)$.

3-7. 略.

习 题 9.2

（A）

1. （1）$\displaystyle\int_1^2 \mathrm{d}x \int_0^{\ln x} f(x,y)\mathrm{d}y = \int_0^{\ln 2} \mathrm{d}y \int_{e^y}^2 f(x,y)\mathrm{d}x$；　（2）$\displaystyle\int_0^2 \mathrm{d}x \int_{x^2}^{2\sqrt{2x}} f(x,y)\mathrm{d}y = \int_0^4 \mathrm{d}y \int_{\frac{y^2}{8}}^{\sqrt{y}} f(x,y)\mathrm{d}x$；

（3）$\displaystyle\int_0^{\frac{\sqrt{2}}{2}} \mathrm{d}x \int_x^{\sqrt{1-x^2}} f(x,y)\mathrm{d}y = \int_0^{\frac{\sqrt{2}}{2}} \mathrm{d}y \int_0^y f(x,y)\mathrm{d}x + \int_{\frac{\sqrt{2}}{2}}^1 \mathrm{d}y \int_0^{\sqrt{1-y^2}} f(x,y)\mathrm{d}x$；

（4）$\displaystyle\int_1^2 \mathrm{d}x \int_{\frac{2}{x}}^{1+x^2} f(x,y)\mathrm{d}y = \int_1^2 \mathrm{d}y \int_{\frac{2}{y}}^2 f(x,y)\mathrm{d}x + \int_2^5 \mathrm{d}y \int_{\sqrt{y-1}}^2 f(x,y)\mathrm{d}x$；

（5）$\displaystyle\int_0^1 \mathrm{d}x \int_{-\sqrt{x}}^{\sqrt{x}} f(x,y)\mathrm{d}y + \int_1^4 \mathrm{d}x \int_{-\sqrt{x}}^{2-x} f(x,y)\mathrm{d}y = \int_{-2}^1 \mathrm{d}y \int_{y^2}^{2-y} f(x,y)\mathrm{d}x.$

2. $xy + \dfrac{1}{8}.$

3. （1）$\dfrac{15}{8} - \dfrac{1}{2}\ln 2$；　（2）$\dfrac{8}{3}$；　（3）$14a^4$；　（4）$\pi - 2$；　（5）$\sin 1 - \cos 1$；

（6）$\dfrac{e}{2}$；　（7）$-\dfrac{3}{2}\pi$；　（8）$\dfrac{2}{3}$；　（9）$\dfrac{5}{2}\pi$.

4. 略.

5.（1）$\displaystyle\int_0^1 dy \int_{2-y}^{1+\sqrt{1-y^2}} f(x,y)dx$；　（2）$\displaystyle\int_0^1 dy \int_{\arcsin y}^{\pi-\arcsin y} f(x,y)dx$；　（3）$\displaystyle\int_0^4 dx \int_{\frac{x}{2}}^{\sqrt{x}} f(x,y)dy$；

（4）$\displaystyle\int_0^2 dy \int_{\frac{y}{2}}^{y} f(x,y)dx + \int_2^4 dy \int_{\frac{y}{2}}^{2} f(x,y)dx$；　（5）$\displaystyle\int_{-1}^0 dy \int_{-2\sqrt{y+1}}^{2\sqrt{y+1}} f(x,y)dx + \int_0^8 dy \int_{-2\sqrt{y+1}}^{2-y} f(x,y)dx$；

（6）$\displaystyle\int_{-1}^0 dy \int_{-\sqrt{1-y^2}}^{\sqrt{1-y^2}} f(x,y)dx + \int_0^1 dy \int_{-\sqrt{1-y}}^{\sqrt{1-y}} f(x,y)dx$；　（7）$\displaystyle\int_0^1 dy \int_{\sqrt{y}}^{3-2y} f(x,y)dx$；

（8）$\displaystyle\int_0^1 dy \int_{1-\sqrt{1-y^2}}^{2-y} f(x,y)dx$；　（9）$\displaystyle\int_0^1 dx \int_{\sqrt{x}}^{1+\sqrt{1-x^2}} f(x,y)dy$.

6.（1）$\displaystyle\int_0^{\frac{\pi}{2}} d\theta \int_0^{2a\cos\theta} r^3 dr$；　（2）$\displaystyle\int_0^{\frac{\pi}{4}} d\theta \int_0^{\frac{a}{\cos\theta}} r^2 dr$；　（3）$\displaystyle\int_0^{\frac{\pi}{4}} d\theta \int_0^{\frac{\sin\theta}{\cos^2\theta}} dr$；

（4）$\displaystyle\int_0^{\frac{\pi}{2}} d\theta \int_0^{a} r^3 dr$；　（5）$\displaystyle\int_0^{\frac{\pi}{2}} d\theta \int_0^{2R\sin\theta} f(r^2) r dr$.

7.（1）$\pi(5\ln 5 - 2\ln 2 - 3)$；　（2）$\dfrac{13}{2}\pi$；　（3）$\dfrac{3\pi-4}{9}R^3$；　（4）$\dfrac{3\pi^2}{64}$；　（5）$2\pi\left(\dfrac{8}{3}+8\sqrt{3}\right)$.

8.（1）$\dfrac{1}{2}(1-\sin 1)$；　（2）$\dfrac{a^3}{3}$；　（3）$\pi\ln 2$；　（4）$\dfrac{9}{4}$；　（5）0.

9.（1）$\sin^2 2$；　（2）$\dfrac{1}{2}(1-e^{-4})$.

10. $\dfrac{4}{3}$.

11. $\dfrac{7}{2}$.

12. $\dfrac{3}{32}\pi a^4$.

13. $\dfrac{4\times 10^5}{\pi}$.

14. 略.

（B）

1. $\dfrac{\pi}{4}\ln 2$.

2.（1）$\dfrac{43}{66}$；　（2）$\dfrac{\pi}{64}+\dfrac{1}{24}$.

3.（1）$\dfrac{1}{2}(e-1)$；　（2）$\dfrac{2}{3}(\sqrt{2}-1)+\dfrac{\pi}{2}$；　（3）$\dfrac{\pi^2}{8}-\dfrac{\pi}{4}$.

4.（1）$\dfrac{1}{2}$；　（2）$\dfrac{1}{2}$；　（3）π.

5.（1）当 $p>q>1$ 时 $\displaystyle\iint_D \dfrac{1}{x^p y^q} d\sigma = \dfrac{1}{(q-1)(p-q)}$，其他情况发散；

（2）当 $p\leqslant 1$ 时 $\displaystyle\iint_D \dfrac{1}{(x^2+y^2)^p} d\sigma$ 发散，当 $p>1$ 时 $\displaystyle\iint_D \dfrac{1}{(x^2+y^2)^p} d\sigma = \dfrac{\pi}{p-1}$.

6-8. 略.

9.（1）$f'(t) - 2\pi t f(t) = 2\pi t e^{\pi t^2}$；　（2）$f(t) = e^{\pi t^2}(\pi t^2 + 1)$.

总 习 题 9

1. （1）16π； （2）$\dfrac{1}{12}$； （3）0； （4）$\displaystyle\int_0^1 \mathrm{d}x \int_0^{x^2} f(x,y)\mathrm{d}y + \int_1^{\sqrt{2}} \mathrm{d}x \int_0^{\sqrt{2-x^2}} f(x,y)\mathrm{d}y$；

  （5）$2\pi(\sin 1 - \cos 1)$．

2. （1）A； （2）D； （3）B； （4）B．

3. （1）$\dfrac{1}{21}p^5$； （2）$\dfrac{13}{6}$； （3）$-\dfrac{\pi}{16}$； （4）$\dfrac{22}{15}$； （5）$\dfrac{2}{5}$； （6）$\dfrac{\pi}{4}$； （7）$\sin 1 - \cos 1$；

  （8）$\dfrac{1}{6} - \dfrac{1}{3\mathrm{e}}$； （9）$9\pi$．

4-5. 略．

6. （1）$\displaystyle\int_0^{2\pi} \mathrm{d}\theta \int_0^a rf(r\cos\theta, r\sin\theta)\,\mathrm{d}r$； （2）$\displaystyle\int_0^{\pi} \mathrm{d}\theta \int_0^{2\sin\theta} rf(r\cos\theta, r\sin\theta)\,\mathrm{d}r$；

  （3）$\displaystyle\int_0^{2\pi} \mathrm{d}\theta \int_a^b rf(r\cos\theta, r\sin\theta)\,\mathrm{d}r$； （4）$\displaystyle\int_0^{\frac{\pi}{2}} \mathrm{d}\theta \int_0^{\frac{1}{\sin\theta+\cos\theta}} rf(r\cos\theta, r\sin\theta)\,\mathrm{d}r$．

7. $\dfrac{\pi}{6} + \dfrac{\sqrt{3}}{4}$．

8. $-\dfrac{\sqrt{2\pi}}{2}$．

9. 3．